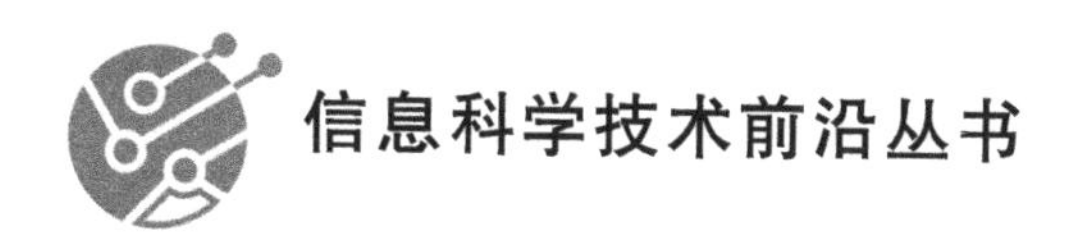

微生物关联推断生物信息学研究及应用

杨煜清　朱丛敏　著

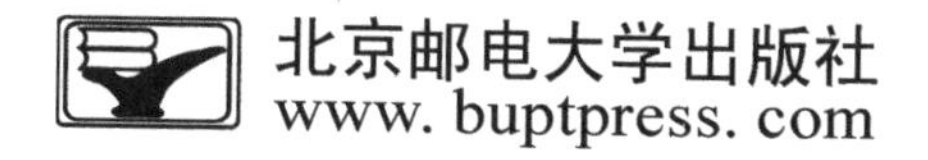

内容简介

了解微生物之间以及微生物与环境之间如何交互，是微生物生态学的重要研究课题。然而，由于传统的基于实验室培养的研究方法存在一定局限性，因此，生物学家对真实环境中微生物群落内部的交互了解甚少。宏基因组测序及人工智能技术的发展使得研究人员可以通过分析微生物基因组序列来了解真实环境中微生物的组成和丰度，并构建关联推断算法分析微生物群落中的复杂交互作用。本书首先对微生物宏基因组测序及其分析流程进行介绍，其次详细介绍了构建关联推断算法需要考虑的问题，最后对基于统计和人工智能的多种微生物关联推断算法进行探讨，并阐述了基于自然语言构建微生物关联知识图谱的新思路。在关联推断算法的介绍过程中，本书以基于肠道菌群疾病的辅助诊断和太湖蓝藻水华问题为例，介绍了相关方法在微生物研究中的应用。

图书在版编目（CIP）数据

微生物关联推断生物信息学研究及应用 / 杨煜清，朱丛敏著. -- 北京 ：北京邮电大学出版社，2025.
ISBN 978-7-5635-7398-1

Ⅰ. Q811.4

中国国家版本馆 CIP 数据核字第 20255X5A09 号

策划编辑：刘纳新　**责任编辑**：王晓丹　杨玉瑶　**责任校对**：张会良　**封面设计**：七星博纳

出版发行：北京邮电大学出版社
社　　址：北京市海淀区西土城路 10 号
邮政编码：100876
发 行 部：电话：010-62282185　传真：010-62283578
E-mail：publish@bupt.edu.cn
经　　销：各地新华书店
印　　刷：保定市中画美凯印刷有限公司
开　　本：720 mm×1 000 mm　1/16
印　　张：15.5
字　　数：276 千字
版　　次：2025 年 1 月第 1 版
印　　次：2025 年 1 月第 1 次印刷

ISBN 978-7-5635-7398-1　　定　价：89.00 元

·如有印装质量问题，请与北京邮电大学出版社发行部联系·

前　　言

了解微生物之间以及微生物与环境之间如何交互，是微生物生态学的重要研究课题。然而，由于传统的基于实验室培养的研究方法存在一定局限性，因此，生物学家对真实环境中微生物群落内部的交互了解甚少。高通量测序技术的发展促进了人们对微生物的认知，生物学家对微生物在生态系统的物质循环、信号传递和能量转换等方面的作用进行了广泛研究。宏基因组学通过对微生物群落基因组进行一次性地采样测序，能够得到整个群落的物种和功能组成，因而成为目前研究微生物的主流手段，被广泛应用于各种环境微生物的研究中。宏基因组测序技术的发展使得研究人员可以通过分析微生物的基因序列来了解真实环境中微生物的组成和丰度，然后构建关联推断算法分析微生物群落中复杂的交互作用。

然而，测序数据的产生过程和微生物交互的复杂性为关联推断算法的设计带来了一系列挑战。现有的关联推断算法大部分仅针对一到两个问题，如组成成分偏差、间接关联或非线性关联等进行设计，没有综合考虑影响微生物关联推断的各个因素。本书针对现有关联推断算法存在的问题，介绍了两位作者所提出的多种微生物关联推断算法，这些方法较为全面地考虑了测序数据产生的特点和微生物交互的规律。并且近年来人工智能技术的发展以及海量微生物组学数据的积累，为微生物关联推断算法开拓了新的研究思路。本书进一步探讨了基于机器学习模型的微生物与疾病独立关联关系分析、大规模微生物关联知识图谱自动化构建与基于代谢通路的多物种关联分析方法。在介绍微生物关联推断算法的过程中，作者以湖泊富营养化导致的蓝藻水华暴发这一全球性环境问题为例，借助宏基因组学方法，分析了蓝藻藻块中的微生物群落，利用多种关联分析方法进一步探索了水华的暴发机制。本书通过对宏基因组测序技术、宏基因组学数据分析流程及多种微生物关联推断方法进行介绍，帮助读者深入了解微生物关联推断这一重要生物信息学问题的研究现状、挑战及发展趋势。

本书的结构如下：第 1 章介绍了宏基因组学与宏基因组测序技术的发展历程；第 2 章对宏基因组学数据分析流程进行梳理；第 3 章重点分析了设计关联推断算

法需要考虑的问题；第 4 章至 6 章分别介绍了 3 种新的关联推断算法，包括基于宏基因组数据推导微生物之间以及微生物和环境之间的布尔蕴含网络的 BIMS 方法，考虑组成成分偏差和环境因素影响等问题构建的宏基因组对数正态-狄利克雷-多项式模型，通过对环境因素的分布做假设而建立的考虑环境变化的多关联网络推断算法；第 7 章探讨了基于机器学习模型分析微生物群落与人体肠道疾病的独立关联方法；第 8 章阐述了如何基于自然语言处理技术自动构建微生物关联知识图谱；第 9 章展示了宏基因组测序技术及微生物关联分析在蓝藻水华暴发问题中的应用；第 10 章总结了本书的主要观点，并对微生物关联推断的未来发展做出展望。

本书的研究由国家自然科学基金（项目编号：82202299、62203060）资助与支持。作者长期致力于宏基因组学与微生物关联推断算法的相关研究和实践工作，希望通过本书为相关领域的研究学者、专家及从业人员提供有价值的信息和启示。基于对该领域全面且深入的了解，作者期望读者能够更好地应对实际问题和挑战，为社会的进步和发展做出贡献。倘若您对本书有任何疑问、意见或建议，欢迎与两位作者联系。

目　　录

第1章　绪论 …… 1

1.1　宏基因组学概述 …… 1

1.1.1　第二代测序技术 …… 6

1.1.2　鸟枪法宏基因组测序技术 …… 8

1.1.3　16S rRNA 基因宏基因组测序技术 …… 9

1.1.4　微生物组成与丰度估计 …… 10

1.1.5　宏基因组学的应用 …… 12

1.2　微生物关联推断研究意义 …… 14

1.2.1　海洋微生物关联推断 …… 14

1.2.2　人类肠道微生物关联推断 …… 15

1.3　微生物关联推断研究成果 …… 17

1.3.1　通用关联推断算法 …… 18

1.3.2　OTU-OTU 关联推断算法 …… 18

1.3.3　EF-OTU 关联推断算法 …… 19

1.3.4　非线性关联推断算法 …… 19

1.3.5　其他关联推断算法 …… 19

第2章　宏基因组学分析流程 …… 20

2.1　16S rRNA 测序数据分析 …… 21

2.1.1　测序数据预处理 …… 21

2.1.2　可操作分类单元划分 …… 22

2.1.3　物种注释 …… 23

2.1.4 多样性分析 …… 23
2.2 宏基因组学数据分析 …… 24
2.2.1 测序数据预处理与组装 …… 25
2.2.2 基因预测与功能注释 …… 26
2.2.3 功能丰度谱构建与分析 …… 26
2.2.4 物种丰度谱构建与分析 …… 27
2.2.5 代谢通路富集分析 …… 28
2.3 分箱与基因组构建 …… 29
2.3.1 分箱原理与已有方法介绍 …… 29
2.3.2 分箱结果质量评估和去冗余 …… 31
2.3.3 物种鉴定 …… 32

第3章 关联推断算法简介 …… 34

3.1 关联推断中存在的问题 …… 36
3.1.1 组成成分偏差 …… 36
3.1.2 过度散布 …… 37
3.1.3 间接关联 …… 38
3.1.4 环境因素 …… 40
3.1.5 非线性关联与时间变化 …… 40
3.2 关联推断算法 …… 42
3.2.1 通用关联推断算法 …… 42
3.2.2 OTU-OTU 关联推断算法 …… 43
3.2.3 EF-OTU 关联推断算法 …… 46
3.2.4 非线性关联推断算法 …… 47
3.2.5 其他关联推断算法 …… 48

第4章 基于宏基因组数据构建布尔蕴含网络的 BIMS 算法 …… 49

4.1 BIMS 方法介绍 …… 50
4.1.1 BIMS 算法流程 …… 50
4.1.2 OTU 丰度与环境数据预处理 …… 53

4.1.3　布尔蕴含关系推断 …… 53
4.1.4　布尔蕴含关系网络构建 …… 56
4.1.5　扩展到三维布尔蕴含关系 …… 56
4.2　BIMS 功效的仿真实验 …… 59
4.2.1　仿真数据集的产生 …… 59
4.2.2　仿真结果 …… 60
4.2.3　BIMS 功效讨论 …… 62
4.2.4　三维仿真结果分析 …… 64
4.3　真实数据分析与讨论 …… 67
4.3.1　真实数据 …… 67
4.3.2　二维布尔网络构建与分析 …… 67
4.3.3　三维布尔网络构建与分析 …… 73
4.4　BIMS 方法研究讨论 …… 75

第 5 章　基于层次贝叶斯模型的静态关联推断 …… 77

5.1　模型结构 …… 78
5.2　模型参数估计 …… 81
5.3　实验数据生成和处理 …… 85
5.3.1　仿真数据生成及评价 …… 85
5.3.2　TARA 海洋数据处理 …… 87
5.3.3　结肠癌数据处理 …… 88
5.3.4　西英吉利海峡数据处理 …… 88
5.4　实验结果和讨论 …… 88
5.4.1　仿真实验结果 …… 88
5.4.2　TARA 海洋数据实验结果 …… 101
5.4.3　结肠癌数据实验结果 …… 106
5.4.4　西英吉利海峡数据实验结果 …… 107

第 6 章　基于环境变化的多关联网络推断 …… 110

6.1　模型假设 …… 111

6.2　模型结构 …… 112
6.3　基于 EM 算法的参数估计 …… 113
6.4　基于分治算法的参数估计 …… 115
6.5　实验数据生成和处理 …… 118
6.5.1　仿真数据生成 …… 118
6.5.2　评价指标 …… 118
6.5.3　美国肠道项目数据集处理 …… 119
6.6　实验结果和讨论 …… 119
6.6.1　仿真实验结果 …… 119
6.6.2　结肠癌数据集实验结果 …… 127
6.6.3　TARA 海洋数据集结果 …… 130
6.6.4　美国肠道微生物项目实验结果 …… 134

第 7 章　人体肠道微生物与疾病的关联研究 …… 138

7.1　数据收集与分析 …… 141
7.1.1　数据收集 …… 141
7.1.2　数据处理 …… 142
7.1.3　机器学习模型训练与评估 …… 142
7.1.4　确定疾病的微生物标志物 …… 143
7.2　主要结果 …… 144
7.2.1　数据描述 …… 144
7.2.2　将肠道微生物群信息添加到人类变量中显著增强了肠道微生物与 IBD 的关联强度 …… 144
7.2.3　将肠道微生物群信息添加到人类变量中提高了肠道微生物与 IBS、CDI 和 UH 的关联强度 …… 147
7.2.4　将肠道微生物群信息添加到人类变量中对肠道微生物与 DI、SIBO、LI 和 CD 的关联强度没有影响 …… 149
7.3　讨论 …… 150
7.3.1　与人体疾病有关的重要微生物 …… 150
7.3.2　与人体疾病有关的重要变量 …… 151

7.3.3　去除益生菌、维生素 B 补充剂和维生素 D 补充剂摄入频率 …… 152
7.3.4　不同疾病的最佳模型和模型性能随 OTU 数的变化而变化 …… 153

第 8 章　基于自然语言的微生物关联网络构建 …… 157

8.1　数据采集及预处理 …… 159
8.2　实体标注及命名体识别 …… 159
8.3　关联提取和筛选 …… 160
8.4　关联网络结果统计 …… 160
8.5　软件架构和实现 …… 163

第 9 章　关联推断在水体微生物中的应用与研究 …… 164

9.1　蓝藻水华微生物 …… 164
9.1.1　蓝藻水华的概念 …… 164
9.1.2　太湖蓝藻水华微生物 …… 165
9.1.3　太湖蓝藻水华的宏基因组学研究 …… 166
9.1.4　样本采集 …… 167
9.1.5　半定量活检和扫描电镜分析 …… 170
9.1.6　DNA 提取与高通量测序 …… 170
9.2　数据分析 …… 171
9.2.1　16S rRNA 测序数据分析 …… 171
9.2.2　宏基因组测序数据分析 …… 172
9.2.3　两种优势藻藻块的比较分析 …… 173
9.3　主要结果 …… 174
9.3.1　数据描述和环境数据分析 …… 174
9.3.2　优势蓝藻属的交替演变 …… 175
9.3.3　附着细菌的交替演变 …… 179
9.3.4　生态网络的交替演变 …… 182
9.3.5　蓝藻藻块组成变化的驱动因子 …… 184
9.4　讨论 …… 186
9.4.1　水华中不同藻属的季节演变现象 …… 186

9.4.2 蓝藻和附着细菌的共生关系 …… 187

第10章 总结与展望 …… 190

10.1 总结 …… 190
10.2 展望 …… 191

参考文献 …… 193

第1章

绪　论

基因测序的发展为生物学家研究微生物提供了新的手段，生物学家可以利用宏基因组学的方法了解自然环境或人体中微生物的组成，并进一步研究微生物之间和微生物与环境之间的交互作用，最终利用得到的微生物交互的知识来更有效地干预和改造微生物群落。关联推断在生物学家研究微生物群落内部交互机制的过程中扮演着重要角色，其作为宏基因组学中的重要问题得到了广泛的研究。关联推断的结果影响着微生物交互发现的可解释性和可靠性，准确高效的关联推断能够为利用微生物进行环境治理和人体健康状况评估提供新的线索。本章首先对宏基因组学进行概述，重点介绍与关联推断相关的基因测序技术和微生物丰度估计过程，然后简要介绍关联推断方法的研究现状。

1.1　宏基因组学概述

微生物在大约35亿年前首次出现在地球上，包括原核微生物、真核微生物和病毒。大量生产者、部分消费者和绝大部分分解者都是微生物，它与地球上的碳氮循环及动植物的生存息息相关，因此对微生物的研究具有极其重要的意义。传统的微生物研究方法是在实验室中对某一类微生物进行分离、纯种培养，如图1.1所示，但是在自然界中只有很少量的微生物是可以人工分离培养的，据估计能纯种培养的种类仅占到全部微生物的不到1%[1-2]。此外，在真实环境中微生物极少生活在单个种群中，它们相互依存且依赖于某个特定的环境条件，一旦分离就会死亡，因此基于克隆式培养方法得到的微生物无法代表其在自然界中真正的状态。然而，高通量测序技术的发展帮助我们克服了这些局限。我们现在可以基于分子生物学技术，直接从微生物所生存的自然环境的群体中提取全部的DNA、RNA、蛋白质和代谢产物进行测序和计算分析，一次性地了解样本中微生物物种组成、潜在功能组成、实时功能组成和代谢组成，如图1.1所示。

彩图1.1

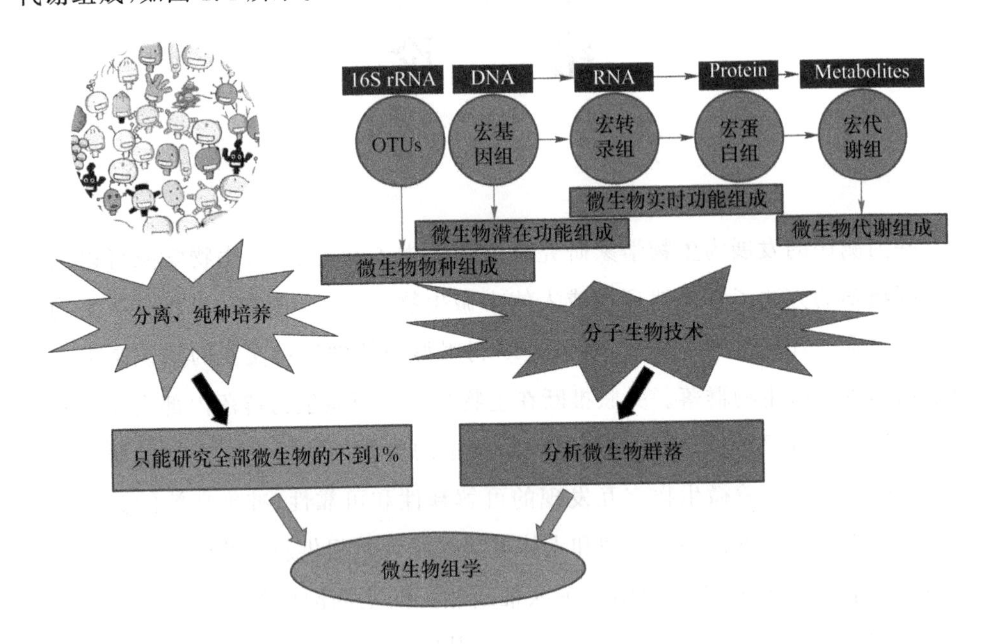

图1.1　微生物分子生物学研究策略

宏基因组学是以基因测序技术为手段，对真实环境中微生物的基因结构、功能、物种组成多样性，以及微生物群落动态交互进行研究的学科[4-5]。传统的在实验室环境中对单一物种进行培养的研究方式，可以研究的微生物种类极为有限，仅占自然环境中微生物所有种类的不到1%[6]，并且难以还原微生物所处的真实环境，研究结论与真实情况存在偏差。宏基因组学与传统的微生物研究方式相比，其最大特点是不需要对真实环境中的微生物进行独立培养。宏基因组学能够将环境中所有微生物的基因纳入研究范围，然后借助计算方法分析测序结果来研究科学问题。

宏基因组学的出现一方面得益于基因测序技术的进步及其成本的显著降低[7]，另一方面在于计算方法及计算能力的提升。与第一代测序技术相比，第二代测序技术（Next Generation Sequencing，NGS）在测序通量和读段覆盖率上有了显著的提升，并且测序时间显著缩短，测序费用显著降低。以人的全基因组测序为例，相较于第一代测序技术，Illumina 测序技术使得测序费用降低了至少 100 倍[8]。测序技术的普及有效地扩充了微生物基因组数据库，例如，16S rRNA 基因数据库 SILVA[9]、GreenGenes[10] 和 RDB(Ribosomal Database Project)[11]，以及全基因组数据库 GenBank[12] 和 IMG/M (Integrated Microbial Genomes & Microbiomes)[13-14]。16S rRNA 基因处于微生物基因组中较为保守的区域，可以通过序列比对的方式来对微生物进行物种鉴别分类。微生物的功能受到不同基因的调控，全基因组的序列比对能够提供环境中微生物群落的功能概况。这些微生物基因资源为通过宏基因组学的方法研究真实环境中的微生物提供了保障。考虑真实环境的微生物群落结构较为复杂，并且宏基因组测序会产生大量的基因序列，因而，我们需要高效的计算方法和高性能的计算机进行测序数据分析处理。为了获取测序结果中的基因功能和物种组成信息，研究人员开发了一系列序列比对工具，如 Bowtie[15]、BWA[16] 和 Diamond[17] 等，这些专用软件有效缩短了数据分析的时间。另外，计算机科学领域高性能计算和 FPGA 等专用硬件的发展，进一步提升了分析效率。

宏基因组学测序分析的基本流程如图 1.2 所示，主要包含 6 个步骤。第一步是样本采集。样本采集的质量直接影响着后续的测序分析结果，采样过程需要考虑采样时间、采样地点或位置、采样方式、样本量和感兴趣的环境变量。实验设计者需要制定严格完备的采样方案，以保证采集的样本足够支持后续的操作，并应采集备份样本来保证在后续流程出错时能够进行重复实验。第二步是对样本进行过滤。过滤的目的是尽可能去掉不需要的杂质并且保留感兴趣的微生物的遗传物质，例如，从人体内采集的样本需要去掉人体细胞，从自然环境中采集的样本需要过滤部分真核生物。当然，在测序之后也可以通过序列比对的方式进一步去除异常的序列。第三步是进行细胞溶解和 DNA 提取。DNA 提取的过程也会影响下游基因和物种组成的分析[18]，该过程需要考虑不同类型的微生物细胞溶解的难度。有研究[18]通过比较 MetaHIT[19] 和 HMP(Human Microbiome Project)[20] 这两个宏基因组研究项目所推荐的 DNA 提取方法发现了显著的微生物分布的差别。接下来的第四步和第五步就是通过构建文库进行基因测序的过程。构建文库通常首先会将长的 DNA 序列随机打断成短片段，并筛选出某一长度范围的片段；然后会在片段两端附着接头和引物，利用聚合酶链式反应(PCR)对片段进行扩增得到

DNA 文库。PCR 扩增的过程可能会因为对引物的偏好性引入系统误差[21]。这里需要注意当原始 DNA 量满足测序要求时，PCR 不是必需的。第二代测序技术主要有 Illumina 测序和 454 焦磷酸测序两种方法[22]，建库测序的原理不尽相同。考虑关联推断方法对基因测序过程进行了建模，故本书将在 1.1.1 小节对第二代测序技术进行单独介绍。在得到测序结果之后进行第六步，利用计算方法对短序列进行处理。短序列处理通常首先会做质量控制，去掉测序质量较低、测序过程中错误产生或样本污染的序列。后续的分析会根据研究人员在测序过程中是利用鸟枪法进行全基因组测序，还是对微生物的标记基因(如 16S rRNA 基因)进行测序分为两套数据分析流程。

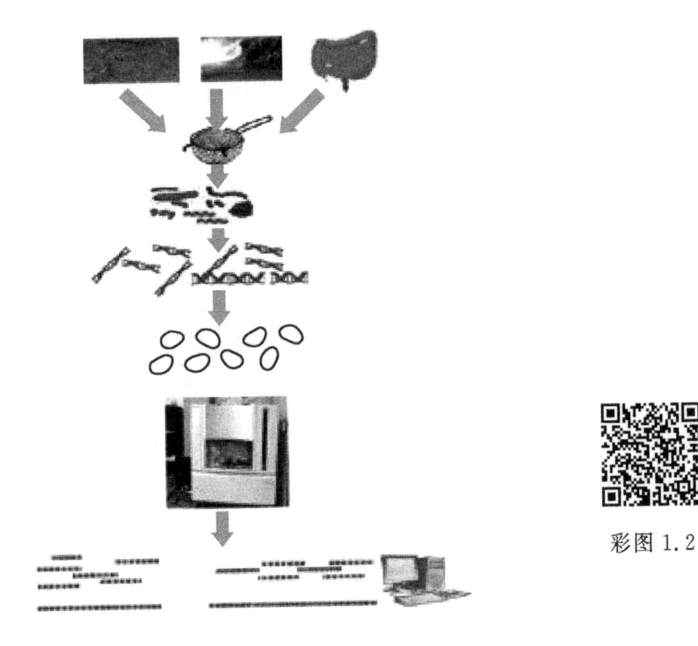

图 1.2　宏基因组学测序分析基本流程

鸟枪法宏基因组测序技术得到的短序列可能来自多种微生物的基因组的不同区域，它通常会借助序列拼接工具，如 IDBA-UD[23]、MEGAHIT[24] 和 metaSPAdes[25] 等，对短序列进行拼接，以得到较长的连续读段。长读段可以直接被比对到微生物的参考基因组上进行注释，从而获取当前样本的基因和功能信息。另外，可以借助基因预测工具，如 FragGeneScan[26]、Prodigal[27]、AnnoTree[28] 和 PHASTER[29] 等分析未在参考基因组中出现过的基因片段，进一步构建当前微生物群落的基因目录集合。考虑当前对于微生物分类注释信息大多到物种(Species)层级，更精确的菌株(Strain)层级的基因组因为相似度较高而难以区分,故通过分箱(Binning)分析方法最大化地利用序列信息来构建微生物菌株层级的基因组也是目前研究的热点[30-32]。与鸟枪法宏基因组测序数据分析相比,对标记基因的数据分析则较为简单。以 16S rRNA 宏基因组测序为例,在获得样本中的所有 16S rRNA 基因序列之后,标记基因数据分析首先会通过对序列直接按照相似度进行聚类得到 16S rRNA 序列簇(Clusters);然后对每个序列簇进行注释得到对微生物物种组成和丰度的估计。由于本书中的关联推断方法直接依赖于样本中微生物丰度估计的结果,故在下文中我们会对微生物丰度估计的方法做详细介绍。

通过宏基因组学的方法获取样本中的基因、功能和物种组成信息之后,便可以通过比较基因组学的方法来获取同种环境下基因和物种的变化情况,比较不同环境中微生物的差别,同时可以借助关联推断算法进一步分析基因或物种和环境的交互关系。在宏基因组学的帮助下,微生物学家不仅对自然环境如海洋、土壤、沉积物、海岸和污泥等[33-37]中的微生物进行了广泛的研究,而且对动物和人体相关的微生物进行了比较分析[38-40]。从 EMI Metagenomics 平台上收录的宏基因组学研究数据可以看出,截至 2018 年,生物学家共研究了 1 970 个微生物,贡献了超过 10 万个测序样本[41]。随着宏基因组学研究的深入和数据量的积累,生物学家逐渐从初期的利用小样本测序了解环境或人体中微生物的多样性,发展为利用大样本量、多时间点和多因素的数据,分析微生物群落的动态及微生物内部和微生物与其他因素之间的交互作用与关系。

Gilbert 等[42]通过 16S rRNA 宏基因组测序技术对西英吉利海峡不同位置不同深度的微生物进行了长达 6 年的采样研究,并在采样过程中测量了多种环境因素,包括温度、盐分、叶绿素和磷酸盐等,分析了影响微生物丰度的环境因素。TARA Oceans 项目[43]将海洋微生物的研究扩展到了全球范围,通过在全球 68 个观测点进行采样,分析了 243 个、数据量达 7.2 TB 的海洋微生物宏基因组测序样本,对海洋微生物的功能多样性、群落结构进行了比较,同时项目组也分析了采集到的 18 种环境因素对微生物多样性的影响。对人体微生物的研究更能体现上述的发展趋势。人类微生物组计划(Human Microbiome Project, HMP)最初的目标是通过宏基因组测序技术了解健康人不同部位的微生物基因组[44]。截至 2011 年 HMP 已经对 300 名健康人类的 18 个身体部位的微生物做了采样测序,并且其中 279 人在两个时间点做了采样[45]。通过比较分析发现了健康人类之间微生物组成的显著多样性、健康人类自身微生物组成的稳定性和不同人微生物功能和代谢通路的相对稳定性[46]。为了更进一步了解人体微生物内部以及微生物和宿主的交互,HMP 项目在 2014 年进入了第二阶段,即整合的人类微生物组计划(Integrative Human Microbiome Project, iHMP),iHMP 开始对不同人群进行采样研究,包括早产儿的母亲,炎症性肠病、糖尿病等慢性病人群,希望借助多组学的手段来寻找影响人类健康的微生物因素[47]。Mcdonald 等[48]更是通过众筹的方式发起了新的 16S rRNA 宏基因组测序计划,即美国肠道项目(American Gut Project)。该项目通过收集上万名来自美国、英国和澳大利亚市民的肠道样本及其生活方式和健康状况等信息,来研究肠道微生物和人类饮食、生活方式及疾病的关系。

下面将介绍宏基因组学中涉及的测序技术。

1.1.1 第二代测序技术

在第二代测序技术中,454 焦磷酸测序和 Illumina 测序是最重要的两种测序方法[22]。其中,454 焦磷酸测序仪是最早的二代测序仪,在 2004 年就实现了商业化使用,有着读段较长、运行时间较短的特点。Illumina 测序后来居上,凭借其价格较低、通量较高的优势,目前已经主导了二代测序产业。454 焦磷酸测序因难以与 Illumina 测序竞争而被罗氏公司逐渐关停。本书所用的宏基因组数据均来自 Illumina 测序仪得到的测序结果,故下文将侧重介绍 Illumina 测序技术。

虽然两种测序技术原理不同,但是 DNA 文库制备过程是基本类似的[49],如图 1.3 所示。DNA 文库制备首先需将提取的基因序列片段化为测序仪所需的长度范围,可以利用声波或者酶等方式进行随机打断;然后对筛选出的序列进行末端修复并且添加 A 尾,再连接特定的接头。图 1.3 对接头做了简化,实际上接头除了标记片段的起始位置外,通常还会包含条码序列(Barcode)和引物序列(Primer)。条码序列会标记该片段所属的样本,引物序列会在之后的 PCR 扩增或者碱基测序过程中发挥作用。测序过程中 PCR 扩增不是必需的步骤,只有当初始 DNA 文库量不满足测序要求时,才需要进一步的 PCR 扩增来达到测序仪的上机量。

接下来在开始测序之前,需要进行模板制备,454 焦磷酸测序和 Illumina 测序分别采用桥式 PCR 和乳液 PCR(emulsion PCR, emPCR)的方式[50]进行,如图 1.4 所示。这两种技术都是通过捕捉荧光信号来判断碱基的种类,为了将序列荧光信

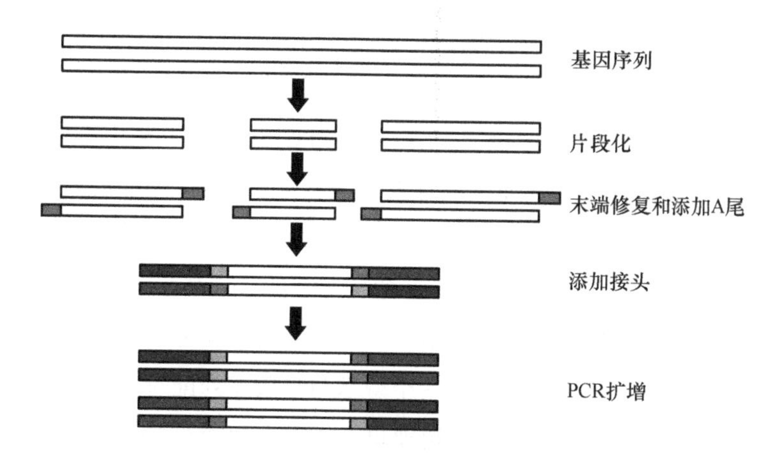

图 1.3　DNA 文库制备基本流程

号放大到足以被捕捉识别,需要对单条 DNA 片段进一步扩增。emPCR 扩增的过程是首先将单链的 DNA 序列与油水乳液构成的小液珠(Bead)结合,该液珠被设计为仅能与单条序列结合;然后每条 DNA 序列在液珠中单独扩增,产生大量的拷贝序列;最后将乳液去除,完成模板制备。而桥式 PCR 则是首先将 DNA 序列一端固定在排满引物的流通池(Flow Cell)上;然后序列的另一端会与其附近的匹配的引物连接成桥状,再通过扩增产生序列的拷贝;最后不断重复这个过程就会在每个 DNA 序列附近产生由相同序列构成的簇,从而构建测序模板。

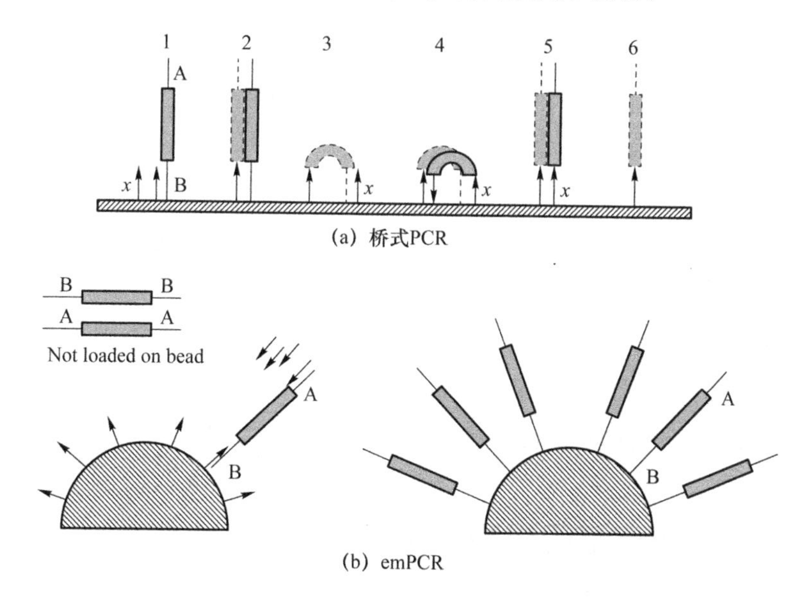

图 1.4　桥式 PCR 与 emPCR 示意图

在扩增完成之后，进入测序阶段。对于454焦磷酸测序，每个液珠中的DNA序列簇都会进入PTP(PicoTierPlate)板上单独的孔洞(Well)中，之后包含不同荧光信号的4类脱氧核苷三磷酸(dNTP)会依次(T、A、C和G)加入PTP板中参与DNA合成。每次碱基配对都会通过化学发光反应释放对应的光学信号，外部的高分辨率CCD(Charge-coupled Device)装置捕捉到光学信号后将其转换为对应的碱基信号。Illumina测序则采用了循环可逆终止的方法(Cyclic Reversible Termination, CRT)来边合成边测序。每一轮测序中都会加入4种改造过的dNTP作为可逆终止子(Reversible Terminator)。一旦一个碱基与母版序列配对，该碱基3′端将阻碍其余碱基继续进行反应，即每轮只能增加单个碱基。每个新加入的dNTP的3′端默认均会阻碍继续合成，但可以通过对应的酶控制3′端的状态，从而管理聚合的进程。在开始下一轮时，需先去掉当前碱基3′端的阻碍，然后继续进行聚合反应。每次碱基配对时发出的荧光信号同样会被成像系统捕捉识别，得到对应的碱基。Illumina基因测序的一个特点是可以进行双端测序(Pair-end)，即分别从一个DNA片段的正向和反向进行测序。通过这种方式，一方面能够弥补Illumina测序序列较短的问题，另一方面可以通过两段序列的成对关系来辅助序列比对和突变检测。

Illumina测序需要通过DNA簇的荧光颜色来判断当前位置的碱基，这个过程中会有误差存在。最普遍的就是单核苷酸的替换错误，单碱基错误率在0.1%左右[51]，可能是PCR时的偏差或聚合反应时的错误导致的[52]。此外，同一DNA簇中测序轮数不同步也会导致系统误差，包括向前同步错误(Pre-phasing)和向后同步错误(Post-phasing)。向前同步错误指的是上一轮试剂未清除干净导致的两个或多个核苷酸在同一测序轮数一起配对，向后同步错误指的是当前碱基的3′端状态未及时改变导致当前序列整体碱基配对和其他序列相比轮数后移。这些系统误差随着轮数累积达到一定程度时，将影响通过颜色判断碱基类别的准确性，故Illumina测序所得序列的末端测序质量通常较低。正是这些测序误差，需要我们在得到测序结果后进行序列质量控制，过滤掉不可靠的序列。

1.1.2 鸟枪法宏基因组测序技术

鸟枪法宏基因组测序技术的原理与Illumina测序一致，但是在DNA文库制备过程中，鸟枪法包含了样本中所有微生物的DNA，如图1.5所示。鸟枪法提取的DNA不仅包含常用于进行物种鉴定的16S rRNA基因序列，还会混合微生物行使功能的基因序列。另外，鸟枪法对于未知微生物的基因序列也有较高的敏感度，可以通过对难以比对到现有参考基因组上的序列进行拼接和Binning等操作来做进一步分析[53]。

鸟枪法宏基因组测序技术的出现晚于16S rRNA基因测序，尽管该技术能够产生很丰富的测序数据，但是它有很多计算上的挑战。由于测序结果是多种微生物基因短序列的混合，故判断短序列产生自何种微生物的基因组是很困难的，特别是当两种微生物的基因组很相似时。在比较微生物或者某一段序列的数量上也会遇到问题，因为采集到的序列只是基因组的一部分，同一个基因组上不同位置序列的覆盖度和丰度都有区别，所以无法直接做比较。另外，鸟枪法测序也很容易包含污染序列，特别是微生物宿主的DNA序列，需要在分析之前进行过滤，否则会影响对于微生物丰度和多样性的判断。相比于16S rRNA基因测序，鸟枪法的费用是相对高的。特别是对于包含较丰富种类的微生物的复杂环境进行采样测序，通常需要产生较高的通量才能保证基因覆盖度。由于微生物关联推断主要关心的是微生物的物种数量，故本书针对的更多是16S rRNA基因宏基因组测序产生的数据。

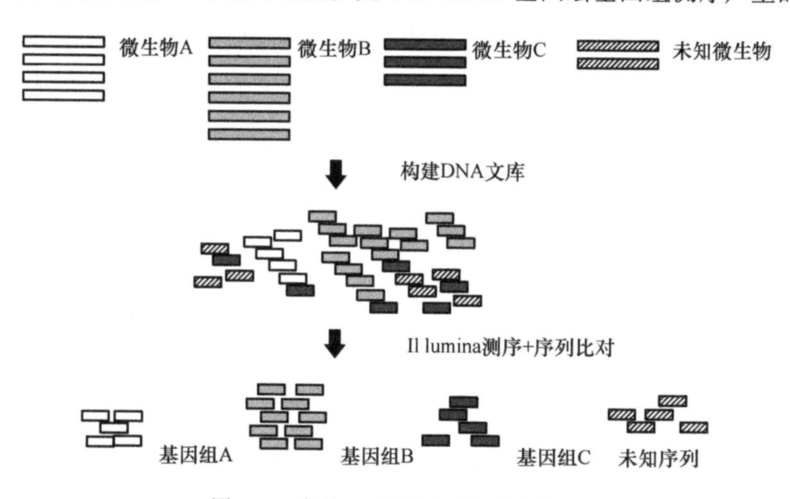

图1.5　鸟枪法宏基因组测序示意图

1.1.3　16S rRNA基因宏基因组测序技术

16S rRNA基因序列是了解环境中微生物群落系统发育和分类的关键基因，

16S rRNA 基因宏基因组测序也因其快速廉价的特点得到生物学家的青睐[54]。16S rRNA 是原核生物的 3 种核糖体 RNA(23S、16S 和 5S)之一，其中，能够转录翻译为该 rRNA 的基因就是 16S rRNA 基因。16S rRNA 基因长度大约为 1 550 bp，是 30S 核糖体小亚基(30S Ribosomal Small Subunit，30S SSU)的一部分，包含 8 个高保守区域和 9 个可变区。编码微生物核糖体 RNA 的基因与其他 DNA 序列相比具有一致性和高保守性的特点，故很早就被用在系统发育研究中[55]。16S rRNA 基因长度适中(23S rRNA 基因长度为 3 300 bp，5S rRNA 基因长度为 120 bp)，足够用于系统发育和分类分析，并且其序列的改变能够反映物种进化的信息。又因对 16S rRNA 基因测序相对容易和快速，使其最终被选为了标准的标志基因。通常两段 16S rRNA 基因序列差异超过 3%就被认为属于不同的物种。

由于 16S rRNA 基因序列长度仍然远超 Illumina 测序的读段长度(Illumina Miseq 为 2×300bp)，故只能对其特定区域进行测序。16S rRNA 基因包含 9 个高变区，一级结构如图 1.6 所示，故需要选择对微生物区分度较高的区域进行测序。Chakravorty 等[56]比较了不同的高变区选择策略在区分致病菌方面的效果，研究发现，V2 和 V3 区域的序列对于属水平的细菌区分效果最好，但无法通过单一变区区分所有细菌。张军毅等[57]同时分析了 16S rRNA 基因的高变区、引物选择、测序平台及测序样本类型之间的关系，发现不同测序平台和不同环境样本的最优 16S rRNA 基因的高变区和引物都是不同的，测序区域需要同时考虑可变性和保守性。在确定好测序区域和引物之后，便可以在制备文库时，通过 PCR 对目标区域进行定向扩增，得到 16S rRNA 基因文库。后续的测序过程与鸟枪法宏基因组测序一致。

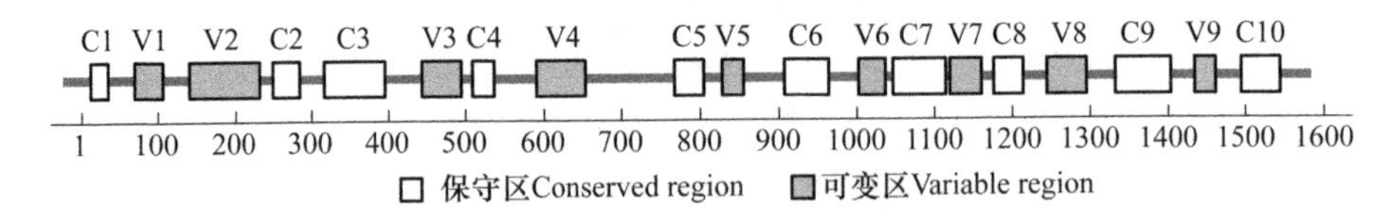

图 1.6　16S rRNA 基因一级结构示意图

1.1.4　微生物组成与丰度估计

关联推断需要基于微生物在样本中的数量或者丰度进行，故需要基于测序结果进行微生物组成和丰度估计。微生物组成和丰度估计对于鸟枪法和16S rRNA基因两种宏基因组测序方法,有着两套不同的分析流程。

对于鸟枪法宏基因组测序产生的序列,由于它们可能来自不同微生物基因组的不同部分,故需要先对序列或者经过拼接的长片段进行物种分类判断,然后再通过累计微生物的序列数量进行丰度计算。我们已知进行物种分类最直接的方法是利用基因序列比对工具,如BLAST,输出序列匹配的微生物基因组。但是随着微生物基因组数据库的迅速扩充和测序通量的增大,对于每个序列均进行比对是非常耗时的。为了提升序列分类和物种丰度估计的性能,出现了基于标志基因(Marker Gene)序列和基于K-mer的两种主要的序列分类算法[58]。这两种算法的思路均是对当前的微生物基因组数据库建立索引,来优化序列比对查找的效率。

基于标志基因的方法是首先在基因组数据库中寻找分支进化特定的、单拷贝的基因序列,然后根据这些序列对某一个或某些关联的微生物物种进行区分。这种方法并不需要考虑无法与标志基因匹配的段序列,而且寻找标志基因的过程只需要做一次,故可以有效缩短物种分类和丰度估计的时间,其中代表性的方法有MetaPhlAn[59-60],Phylosift[61]和mOTU[62]。以MetaPhlAn为例,其选择的标志基因必须是编码序列,并且该序列在物种水平或某一分类级别上对微生物具有特异性,同时这些标记序列需要满足在相关的基因组中比较保守并且尽量不在不相关的基因组中出现。在构建好标志基因集合之后,便可以通过快速比对软件,如Bowtie,将样本中的短序列比对到标志基因上。最后通过比对每个物种基因组标志基因序列上的短序列数和标志基因长度的加权平均值,即可得到物种丰度的估计。基于K-mer的序列分类方法,如Kraken[63],则是需要构建K-mer和微生物基因组的对应结构数据库,记录包含每个K-mer的微生物名称,在序列比对时,只对K-mer进行查找和判断即可。对于对应多种微生物的K-mer,Kraken直接记录多种微生物的最低公共祖先(Lowest-common Ancestor,LCA)。另一种基于的K-mer的方法CLARK则更简单,它只记录物种水平和属水平的K-mer,其余的均丢弃[64]。比较这两类方法可以发现,基于K-mer的方法更有效地利用了测序样本中的所有序列,通常该方法对于物种分类的敏感度会比基于标志基因的方法高[65]。

针对16S rRNA基因测序数据的物种分类和丰度估计流程则较为简单直接,普遍使用基于操作分类单位(Operational Taxonomic Unit,OTU)的估计方式。基于OTU的方式对于物种的定义是通过计算的手段得到的,通常需要先根据相似性对 16S rRNA 基因序列做聚类,然后对每个聚类得到的序列簇做微生物物种注释[66]。聚类得到的每个序列簇可以认为属于同一级别的物种分类,例如,以 97%的序列相似性聚类得到的结果可以认为同一序列簇属于相同的物种。由于基于标志基因测序的方式需要对该基因序列通过 PCR 扩增,这个过程容易产生噪声序列和嵌合体序列,故在做聚类之前需要先把这些非自然存在的序列去除。对于噪声序列,可以利用测序结果中 16S rRNA 序列的丰度分布情况,对罕见序列进行过滤合并[67]。嵌合体序列指的是在 PCR 过程中,不同的片段序列被人工合成在同一段序列中,这会对后续微生物组成和丰度估计造成影响,现有的软件大部分是假设这类序列丰度低于样本中自然存在的序列丰度来做嵌合体序列检测[68]。

在对 16S rRNA 基因序列做聚类时,目前普遍使用的是无需序列比对的方法。因为这类方法找到的 OTU 较为稳定,其中,UCLUST[69] 和 CD-HIT[70] 的使用范围最广。UCLUST 是一种启发式的聚类方法,该方法首先统计不同种类的 16S rRNA 基因序列并根据其出现次数做降序排列,然后挑选一些序列作为种子。聚类过程中,将当前序列与每个序列簇做比对,计算其与序列簇的种子序列的相似度。如果相似度较高,则将当前序列归入该序列簇;否则将当前序列作为新的种子加入序列簇集合中。CD-HIT 的聚类过程与 UCLUST 类似,不同点在于 CD-HIT 初始排序时使用的是测序得到的标志序列的长度。除了这类启发式的方法,也有研究人员利用机器学习模型来做 OTU 聚类,如 CROP[71] 和 DACE[72],通过算法自适应决定 OTU 数目和 OTU 丰度估计的问题。目前,对于 16S rRNA 宏基因组测序数据的分析处理已经较为成熟,从序列的质量控制、聚类和注释都较好地整合在了各种工具中,如 QIIME[73] 和 MOTHUR[74]。经过序列聚类得到不同的 OTU 之后,便可以对每个 OTU 的代表序列进行比对和注释,从而了解该 OTU 的物种分类。OTU 中的序列数目即为该物种在当前样本中的丰度。

1.1.5 宏基因组学的应用

自从 1998 年 Handelsman 等在针对土壤微生物的研究中提出宏基因组这一概念后,经过 20 余年的逐渐发展和完善[75],微生物组学已经有了广泛的应用。随着新测序技术的不断出现和生物信息学研究方法的不断发展,生物学家已经相继开展了针对不同环境的微生物组学研究,包括土壤[76]、海洋[77]、废水[78]、大气[79]、沉积物[80]、人体(肠道、皮肤等)[81-82]和动植物[83]等。2004年,美国能源部下属的一个研究小组曾研究酸性矿井水这种极端环境下的细菌,该研究通过DNA测序组装细菌的整个基因组[3]。文特研究所(Venter Institute)和基因研究所(The Institute of Genomic Research)同年进行了另一项海洋微生物的研究,对大西洋马尾藻海中的微生物宏基因组进行测序,发现了大量新基因[84]。欧洲主导的Tara Ocean联盟提出的海洋微生物计划(TARA Oceans Project)也在2015年取得了巨大进展,他们在全球各个大洋采集海洋微生物样本,然后通过测序和计算分析找到了超过4 000万种功能基因[85-89],丰富了海洋微生物库,促进了我们对海洋微生物多样性的认识。这些对环境微生物的研究不仅帮助我们深入了解地球环境,探索如何治理环境污染,还能够帮助我们发现新的药物或工业使用的化合物[90]。

除了对各种自然环境中的微生物的研究不断增加,人体环境中的微生物也越来越受到研究人员的重视。人体微生物群落的变化与人体的健康息息相关,微生物不但寄生于人体消化系统,协助消化,而且在免疫方面它也能保护人体免受有害细菌的攻击。为了研究人体微生物与人体健康的关系[91],从2008年开始美国国家卫生院就投入大量资金开始了人体微生物基因组研究计划HMP(Human Microbiome Project)[92]。美国HMP计划研究了人体各个部位的微生物群落的分布和功能,研究对象跨越不同种族、地域,取得的进展也有目共睹[81,93]。值得注意的是,人体肠道微生物作为人体的第二基因组受到了越来越多的重视,其与人体健康的关系有了不少重要的发现。例如,研究发现肠道微生物群落的变化与饮食[94]、肥胖[95]、2型糖尿病[96]、免疫系统[97]、肝硬化[98]和肠道炎症[99]等都有密切的关系。著名的美国人肠道微生物计划(American Gut Project)开始于2013年,采用群众募资的方式让大众参与,该计划已经收集了来自41个国家的2万多人的肠道微生物数据,并收集了研究对象的日常饮食习惯和疾病情况,研究对象跨越多个种族、地域。我国对微生物基因组的研究虽然起步较晚,但进步却很快。以华大基因为代表,通过与欧洲METAHIT CONSORTIUM建立合作,华大基因对欧洲人及中国人的肠道微生物宏基因组测序分析,发现新的基因。这些研究计划逐渐产生和积累了大量环境微生物和人体微生物测序的公开大数据,如果能借助大数据分析手段结合生物信息学工具对这些大量的测序数据进行深度学习和挖掘,可以帮助回答关键的科学问题,发现新的科学知识。

1.2 微生物关联推断研究意义

理解微生物群落中微生物之间和微生物与环境之间的交互关系是微生物生态学中重要的研究课题[100]，其目的在于研究微生物如何参与地球环境变化，催化生物的化学反应和维持生态系统的稳定性与多样性，最终能够对微生物群落进行有效的干预和治理。微生物的生命不仅受到其他微生物的影响，同时也与周围的环境因素有关，如温度、盐分、酸碱度和其他营养物质[4]。随着测序技术的进步，生物学家对于各种环境中的微生物种类和组成有了清晰的认识，但是对于微生物群落内部的交互作用仍缺乏了解。之前的基于实验室培养的微生物研究手段和生态系统建模的方法难以模拟真实的环境条件，现在借助 16S rRNA 和鸟枪法宏基因组测序的手段，生物学家可以利用关联推断方法来研究真实环境中微生物群落的交互动态。下面我们从海洋微生物和人类肠道微生物两个角度对微生物关联推断的意义及利用关联推断取得的研究成果进行介绍。

1.2.1 海洋微生物关联推断

海洋环境是地球上最大的生物栖息地，其面积约占地球表面的 70%。海洋环境是多种多样的，在热带光照充足的水面和深度达上万米、压强超过 100 Mpa 的海底都存在着不同的微生物群落[101]。海洋微生物包括细菌、古细菌、原生生物、真菌和病毒，它们或属于光养和化能营养的初级生产者，或是非自养的二级生产者。海洋微生物通过分解生态圈中的营养物质，处理参与全球生化循环的重要元素，如碳、氮、磷、硫和铁等[102]，其处理量占总量的一半以上。早期基于标记基因 16S rRNA 或 18S rRNA 宏基因组测序研究的主要关注点为分析物种的系统发育。与动物和植物的研究不同，生物学家对于微生物之间的交互，微生物如何参与营养物质的竞争，微生物物种间如何共生及微生物在其他的生化过程中扮演什么角色均知之甚少[103]。

随着研究的深入，生物学家开始借助宏基因组测序技术分析海洋微生物的组成和丰度及其变化规律和变化模式，并且借助关联推断方法探索环境因素与其他微生物因素如何影响特定微生物的数量变化。Cram等[103]对南加利福尼亚海域进行了为期3年的按月采样，并收集了该海域的温度、盐分和营养盐等理化因子的测量值。他们通过关联推断方法，分析了16S rRNA测序样本(包括96个细菌OTU、97个真核微生物OTU和4个古生菌OTU)及每个样本对应的环境因素。该研究发现了一些特定的OTU之间具有普遍的依赖关系，例如，SAR11、原生藻菌、蓝藻细菌和氨氧化古菌，这预示物种之间竞争或者捕食的负相关也是普遍存在的。并且他们还发现了某种甲藻和未知真核生物之间可能存在的共生或寄生关系。Gilbert等[42]通过对西英吉利海峡的微生物群落进行了为期6年的16S rRNA采样测序研究，分析了水表微生物群落季节性的变化模式，并且发现环境因素对于细菌丰度变化的影响大于原生生物。通过多因素关联推断，他们发现昼长能够解释超过65%的微生物多样性。为了考察微生物的关联网络和深度的关系，Cram等[104]在圣佩德罗海洋5个不同的深度进行采样，研究了同一深度和不同深度的微生物的关联。他们发现在海洋透光层、叶绿素最大深度和890 m深度处均存在着负关联为主的模块，预示着不同环境状态之间的过渡，并且发现跨深度的细菌关联中，有2/3的关联均具有时间滞后性，这表明深层的微生物丰度会随着浅层微生物丰度的变化逐渐改变。另外，通过关联推断研究人员也发现了在浮游细菌内部明显的共出现关联[105]，Osterholz等[106]进一步分析了溶解有机物和浮游细菌群落的关系。在TARA Oceans项目中，Lima-Mendez等[107]在全球范围内对浮游生物群落的交互进行了研究。他们发现只用环境因素无法解释所有浮游生物的丰度变化，并且浮游生物的关联网络与所处地域相关。另外，食草生物、病毒和初级生产者之间的交互也可以通过关联推断识别出来。

1.2.2 人类肠道微生物关联推断

人类肠道黏膜由上皮细胞、肠道黏膜固有层和黏膜基层组成。人类肠道中生长着大约十万亿到百万亿的微生物细胞，数量超过人体细胞总数的10倍，并且所有肠道微生物构成的基因组基因数量是人体基因的150倍以上[108-110]。随着研究的深入，肠道微生物逐渐被视作人体的一个超级器官，不仅为人体提供着营养物质，合成必需的维生素和消化纤维素等，而且还能促进血管生成和改善神经系统的功能，与人体关系密切。随着宏基因组测序技术的发展，目前发现的肠道细菌的种类大约有 1 000 种，并且大部分是厌氧型细菌，系统分类上以拟杆菌和厚壁菌为主[111]。肠道微生物从我们出生开始便伴随着我们的成长，在婴儿时期肠道微生物变化较快，随着年龄的增长逐渐趋于稳定[112]，其组成和结构在不同种族甚至不同个体之间都有明显的差别。近年来，肠道微生物与人饮食、生活方式、用药和疾病之间的关系成为研究热点，生物学家和医学家希望了解肠道微生物如何影响人类健康，并且希望通过调节肠道微生物来治疗疾病和改善人类的健康状况。

肠道微生物与肥胖、糖尿病和肝脏疾病的关联已经被相继证实[113-118]。Ley 等[119]最早通过 16S rRNA 宏基因组测序，比较肥胖人群和体型偏瘦人群的肠道微生物组成发现肥胖人群的拟杆菌比例会相对较低，并且通过比较肥胖和偏瘦的双胞胎发现肥胖与微生物多样性减少相关联[120]。Qin 等通过比较中国糖尿病患者与健康人的肠道宏基因组发现 2 型糖尿病患者的肠道微生物中某些产生丁酸盐的细菌数量减少，并且多种机会致病菌的数量增加。Larsen 等[121]发现了 2 型糖尿病患者粪便中的梭状芽孢杆菌和厚壁菌数量减少，β-变形菌高度富集且与血糖浓度呈正相关。肝脏与肠道菌群密切相关并且研究人员发现多种肝脏相关的疾病与肠道微生物失衡有关。非酒精性脂肪肝与拟杆菌数量的增多和厚壁菌数量的减少有关，并且菌群失衡会导致肝脏脂肪变性和炎症[122]。Yan 等通过小鼠实验发现酒精性肝病可能伴随着拟杆菌和嗜黏蛋白阿克曼菌（Akkermansia muciniphila，Akk）相对丰度的增加，以及乳杆菌、明串珠菌和乳球菌相对丰度的减少[123]。炎症性肠病（Inflammatory Bowel Disease，IBD）包括溃疡性结肠炎（Ulcerative Colitis，UC）和克罗恩病（Crohn's Disease，CD）两种，在发达国家较为频发。由于 IBD 本身是一种特发性肠道炎症性疾病，故其与微生物相关的研究也较多。目前已知的和 IBD 相关的微生物中，拟杆菌和埃希氏菌属在 IBD 患者中相对丰度偏高，而罗氏菌属、真细菌、柔嫩梭菌和 Akk 等的相对丰度在 IBD 患者中则逐渐降低[124-126]。另外，肠道微生物与艾滋病[127]、慢性心脏病[128]、焦虑[129]、孤独症[130]和风湿性关节炎[131]的关联也被研究人员报道，这些研究均显示出肠道微生物与人类疾病的紧密联系。

生活和饮食方式对人的肠道微生物也有着重要的影响[132-135]。很早便有营养学家研究发现动物高蛋白饮食会增加肠道微生物的多样性，并且会影响双歧杆菌、拟杆菌、理研菌、嗜胆菌等微生物的数量。高脂肪饮食能够增加梭菌和拟杆菌的数量并减少乳酸菌的数量。纤维素和益生元的食用则会提高细菌丰度和肠道基因的多样性[126]。为了量化分析肠道微生物对于饮食改变的反应速度和可重复性，David 等比较了以动物为主和以植物为主的两种饮食方式对于人体肠道微生物的影响。他们发现肠道菌群能够快速响应这两种饮食，而且饮食导致的菌群差异大于个体之间的差异。动物为主的饮食增加了胆汁耐受的微生物数量并且降低了厚壁菌门微生物的丰度[136]。

除了疾病和饮食与肠道微生物紧密相关，人的遗传物质和肠道内的分泌物也可能对其肠道微生物的组成有影响。Goodrich 等[137]通过对 416 对双胞胎的肠道微生物样本和人体基因组进行测序，分析了超过 1 000 个肠道样本，发现了与人基因型最相关的微生物类别是克里斯滕氏菌科（Christensenellaceae）。该类微生物与其他可能具有遗传性的细菌和古生菌有着共出现的关系，并且在 BMI 较低的个体中富集。Zhernakova 等[138]通过对 1 135 个荷兰人进行深度测序，分析了 126 种外源性和内在的宿主因子对微生物组成的影响，发现嗜铬粒蛋白 A（Chromogranin A，CgA）与 61 种微生物相关联，这些微生物占据微生物组总数的一半以上。

通过分析肠道微生物如何影响人类健康以及微生物和饮食的关联，生物学家希望最终能够通过合理饮食来改善肠道微生物，从而促进人类健康[139]。Zeevi 等通过研究微生物、饮食和血糖反应的关系对这一目标进行了很好的探索[140]。通过对 800 人进行连续的血糖水平监测，利用移动终端记录他们的饮食、锻炼和睡眠时间，并且对肠道微生物进行宏基因组测序。Zeevi 等分析了微生物和其他因素对血糖水平的影响，并构建了根据个人的微生物组成预测饮食方式的机器学习模型。最后对模型预测的饮食效果进行评估，进一步验证该实验方案的可行性。随着测序技术及检测手段的不断进步，我们能够采集到的微生物种类及其他环境因素的数量也会不断增长，准确分析微生物之间及微生物与其他因素之间的关联将为生物学家的研究提供极大的帮助。

1.3 微生物关联推断研究成果

微生物关联推断的目的在于分析微生物群落中微生物之间，和微生物与环境因素之间的交互关系，考虑基于宏基因组测序技术获取的微生物丰度信息。故关联推断的重点是了解微生物的丰度变化规律，以及环境因素的改变如何影响微生物的数量。

在关联推断的过程中，需要考虑微生物丰度是随时间、空间、环境因素或者宿主状态的改变而不断动态变化的。以不同的时间尺度去研究微生物关联，例如，按照每天、每月或每季的频率进行采样，或是在不同地点进行采样分析。同时需要注意到，关联和生物学家研究的交互的差别。关联推断的结果是数量上的相关规律，与真实环境中的物种交互，如寄生、共生、捕食或者互利共生的概念是不一样的[141]。

当前已经有很多关联推断方法被应用于宏基因组测序数据分析，根据这些方法的通用性、关注的变量类型、能否考虑非线性关联及其他，将关联推断的方法分为5类，如表1.1所示。通用性即适用领域，指关联推断方法是通用的还是专门用于宏基因组数据关联推断；关注的变量类型即只关注微生物之间的关联还是能够同时考虑微生物与环境因素的关联；非线性关联指的是微生物群落中的关联可能随着时间或者环境因素的改变而发生变化。下面对这5类关联推断方法进行概述。

表1.1　宏基因组学关联推断算法分类

类型	方法名称
通用关联推断算法	PCC，SCC，Bray-Curtis，KL散度[107]
OTU-OTU关联推断算法	CCREPE[142]，SparCC[143]，REBACCA[144]，CCLasso[145]，SPIEC-EASI[146]，gCoda[147]
EF-OTU关联推断算法	DiriMulti[148]，Mint[149]，离散Lotka-Volterra系统[150]
非线性关联推断算法	LSA[151]，eLSA[152]，FASTLSA[153]
其他关联推断算法	MENs[154]，BioMiCo[155]

1.3.1　通用关联推断算法

通用的关联推断指的是应用较为广泛，不限于宏基因组学领域的关联推断方法，例如，皮尔逊相关系数（Pearson Correlation Coefficient，PCC）、斯皮尔曼相关系数（Spearman Rank Correlation Coefficient，SCC）、Bray-Curtis相异度和KL散度，这些方法被生物学家频繁使用[156-158]。

1.3.2　OTU-OTU关联推断算法

第二类方法是专门针对16S rRNA测序宏基因组数据设计的，用于推断OTU

之间的关联。这类方法通常假设环境中的微生物关联是稳定的,而且不考虑环境因素的影响。目前常用的方法有 CCREPE[142]、SparCC[143]、REBACCA[144]、CCLasso[145]、SPIEC-EASI[146]和 gCoda[147]等。

1.3.3 EF-OTU 关联推断算法

第三类方法能够考虑 OTU 与环境因素(Environmental Factor,EF)之间的关联。DiriMulti[148]和 Mint[149]方法利用层次贝叶斯模型对微生物关联结构进行建模,同时考虑影响微生物丰度的其他微生物和环境因素;离散 Lotka-Volterra 系统[150]利用一阶微分方程将微生物的丰度转化为其他 OTU 和 EF 的作用,利用微分方程组中变量的系数来确定关联的大小和方向。

1.3.4 非线性关联推断算法

非线性关联推断考虑了微生物的交互随着时间和环境因素的改变而动态变化的特点。目前生物学家应用较多的是 LSA[154]及基于 LSA 的改进方法,如 eLSA[155]和 FASTLSA[156],这类方法捕捉的是微生物关联之间具有时间延迟的特点,并且能够考虑局部的关联性。

1.3.5 其他关联推断算法

除了上述 4 类主要的关联推断方法外,还有一些其他的方法因为原理不同无法归入这 4 类,如 MENs[154]和 BioMiCo[155]。

第2章

宏基因组学分析流程

宏基因组学研究主要包括两个方面:①通过 16S rRNA 基因测序对样本中的靶标基因进行分析,研究微生物群落的组成;②通过宏基因组测序技术对样本中所有 DNA 序列进行分析,了解微生物群落潜在功能。因此,对测序数据的分析是宏基因组学研究的重要基础。随着高通量测序技术的发展,很多针对宏基因组学数据处理的算法相继诞生。目前在已知的研究中,研究人员基本倾向于按照自己的习惯或者针对自己使用的数据类型选择分析工具和搭建分析流程。但是,不同分析工具和不同参数所搭建的分析流程往往会产生不同的结果,使得其他研究人员无法快速地重现已有研究的结果。另外,通过不同分析流程所产生的结果也没法直接进行比较分析或者数据库构建。如果需要进行跨课题的数据整合,那么往往需要对测序数据重新进行统一的分析,这浪费了大量时间。缺乏统一的数据分析流程,会极大地限制研究人员对数据的综合挖掘和深入理解。因此,随着高通量测序技术对微生物研究的支持,规范化的测序数据分析流程愈发重要。

如今针对宏基因组学测序数据,虽然已经有一些集成化的在线或者离线分析平台,但这些平台往往存在不同的弊端。比如针对 16S rRNA 测序数据的 QIIME (Quantitative Insights into Microbial Ecology)[159],虽然相对完整和规范化,但是该平台只能基于 16S rRNA 测序数据进行多样性分析,并不涉及拷贝数分析和整合环境因子的关联性分析等。针对宏基因组测序数据的典型在线平台有 MG-RAST[160] 和 EBI Metagenomcis [161] 等。研究人员可以通过将测序数据上传至这些在线平台,对每个测序样本进行基本的数据分析,这些平台提供的功能主要是质量控制、物种识别、基因预测和对不同样本进行简单比较。平台虽然提供了一键化的基本分析,但是这些分析都是基于短的测序序列进行的,没有提供数据拼接和基于拼接数据的基因预测。考虑编码基因长度普遍比高通量测序的读长要长，故上述平台显然会降低基因预测与功能分析的准确性。另外，如果想利用这些在线平台，需要进行测序数据的上传和分析结果的下载。而宏基因组测序数据的数据量一般较大(约5～10 GB/样本)，这会导致数据传输耗时较长[160-161]。因此针对大数据的宏基因组测序数据，搭建更为高效和准确的离线分析流程是必要的。

目前，典型的离线宏基因组分析流程有MetaMOS[162]和MOCAT[163]，它们都弥补了在线分析流程的弊端，可以进行测序数据的拼接和基于拼接数据的基因预测。但这些离线分析平台也存在局限性。最明显的就是它们都是对单个样本进行处理，而不是针对宏基因组课题进行整体设计，未提供多样本的数据整合。尤其是针对后续的基因和功能的分析都是基于单个样本的基因预测结果，这降低了样本中基因原本的复杂度，且减弱了不同样本间的功能丰度谱的可比性。另外，离线分析平台还缺少针对宏转录组测序数据的集成化分析流程。故现有的分析流程的完整性、兼容性和可重复性都尚有不足。本章分别对16S rRNA测序数据和宏基因组学数据的典型分析流程进行详细介绍。

2.1 16S rRNA测序数据分析

16S rRNA测序数据的获取方式是，对于样本中提取的所有物种基因组DNA分子，首先利用特定的探针绑定目标高变区位置，然后使用PCR将对应区域的碱基序列提取出来，最后对该序列进行测序，得到FASTQ格式的碱基序列文件。对于16S rRNA测序数据处理的基本流程如图2.1所示，主要包括测序数据预处理，可操作分类单元划分(OTU)，物种注释及多样性分析等。

2.1.1 测序数据预处理

测序数据预处理主要包括质量控制、双端序列连接和去嵌合体。测序过程是一个可能会受环境干扰的化学反应，环境干扰可能会导致碱基识别错误，产生一定的测序错误。因此，测序数据预处理首先需要对测序数据进行质量控制。典型测序平台会对每个碱基的测序质量打分并编码成ASCII码对应字符与碱基序列一并存放到 FASTQ 文件中输出。在进行数据预处理时，首先，通过 FastQC[164] 对控制碱基质量、读段长度等多种质量指标做评估，并用 FASTX-Toolkit 根据质量评估结果对测序数据进行质量控制；然后，对双端序列（Paried-end Reads），利用序列重叠部分将序列延长进行拼接，在拼接过程中需要考虑错配问题，即如果碱基不相同，使用质量高的碱基；最后，由于 PCR 过程中复制到一半的 DNA 分子可能会脱落与其他模板链结合继续形成嵌合体（Chimera），因此，在预处理过程中需要去除嵌合体。分析流程中，我们以 Greengene[10] 为参考序列数据库，使用 ChimeraSlayer[165] 软件来检测并剔除嵌合体序列。通过这样一系列的数据预处理，我们可以得到高质量的测序数据（Clean Data）。

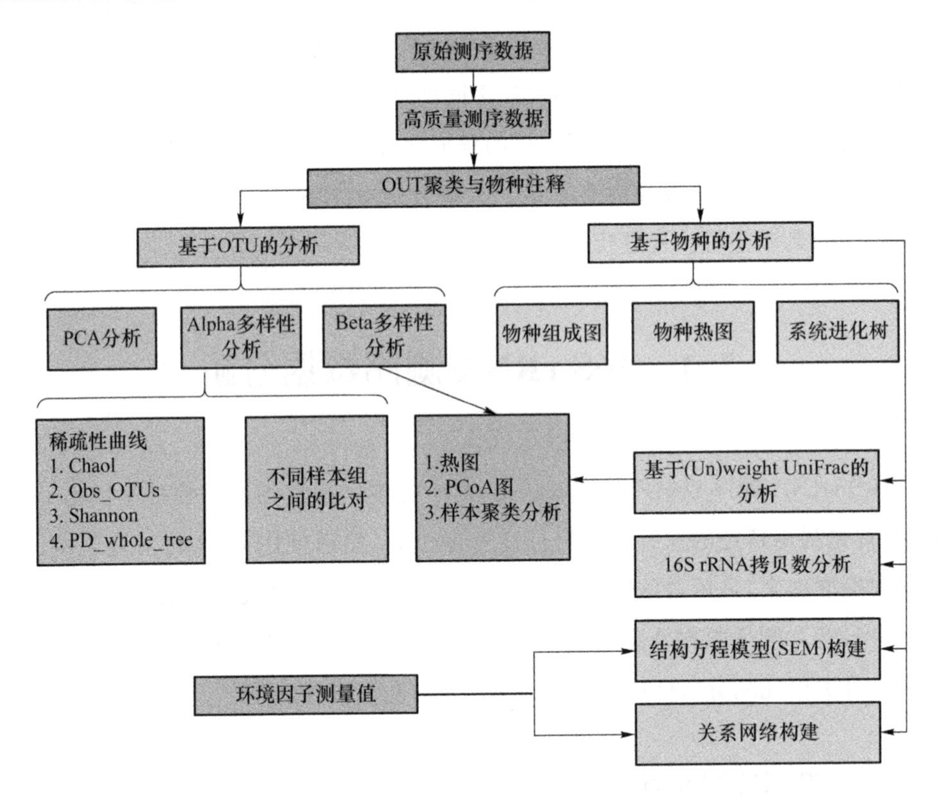

图 2.1　16S rRNA 微生物多样性分析流程

2.1.2　可操作分类单元划分

可操作分类单元（OTU）的划分是指通过对高质量序列进行比对，将相似度大于给定阈值的序列聚类得到的序列集合。目前 OTU 聚类主要有 3 种,层次聚类(Mothur[74] 和 ESPRIT[166])、基于统计模型的聚类(CROP[167])和启发式聚类(UCLUST 和 CD-HIT[168])。前两种方法不适用于大规模数据,因此分析流程中我们采用启发式聚类,聚类的思路是通过特定准则选择一些序列作为种子,将按指定标准排序后的其他序列与种子序列进行比较,然后将其划分到某类中或者成为新种子。这种方法极大地减少了序列比对次数,适用于大规模数据。但因为该算法的效果与初始种子的选择有较大关系,所以可以使用公共数据库中的参考序列作为初始种子,也就是基于参考序列(Reference-based)的聚类方法。QIIME[159] 中给出的 Subsampled Open-refernence Clustering 的 OTU 聚类方法,结合了基于参考序列(reference-based)的聚类方法和不使用参考序列(de novo)的聚类方法。该聚类方法可以在保证计算效率的同时,尽可能地使用更多数据,使测序信息的利用率最大化。因此分析流程中我们采用 QIIME 中的 OTU 聚类方法。

2.1.3 物种注释

OTU 划分之后需要进行物种分类信息注释,即挑选 OTU 每个聚类结果中聚类中心的序列作为代表性序列,分别注释到界(Domain)、门(Phylum)、纲(Class)、目(Order)、科(Family)、属(Genus)、种(Species)。RDP、SILVA 和 Greengenes 是 3 个主要的 16S rRNA 基因公共数据库。进行物种分类信息注释后,OTU 的丰度是指 OTU 中的序列条数,物种的丰度则是指具有相同注释信息的 OTU 丰度和。因为不同样本的测序深度可能不同,所以要汇总不同样本的 OTU 丰度得到 OTU 表格时,需要进行归一化得到物种的相对丰度,或者通过重采样的方式使得不同样本的序列总和一致。

2.1.4 多样性分析

微生物多样性分析主要包括 Alpha 多样性和 Beta 多样性分析。Alpha 多样性描述单个样本中物种种类的丰富度(Richness)和物种数量分布的均匀度(Evenness),而 Beta 多样性描述不同样本之间物种多样性的差异程度。表征这两种多样性的度量主要分为基于 OTU 的和基于系统发生树(Phylogenetic Tree)两类。常用的多样性指数如表 2.1 所示。对 Alpha 多样性进行评估需要进行稀疏性曲线分析,即通过进行不同深度的采样得到 Alpha 多样性随测序深度变化的变化曲线,以检验当前测序深度是否可以覆盖真实生物群落,也可以帮助估计测序深度最深的情况下环境中真实的 Alpha 多样性。而对于 Beta 多样性,可以通过多维尺度分析(如 PCoA)或排序分析(如 DCA)进行降维,把多个样本点映射到二维或者三维空间中进行观察比较。

表 2.1 几种常见的物种多样性指数

多样性	基于 OTU	基于系统发育树
Alpha 多样性	ACE,Chao1 Shannon,Simpson	PD_whole_tree
Beta 多样性	Bray-Curtis,Jaccard	(un)weighted_UniFrac

2.2 宏基因组学数据分析

宏基因组测序数据的获取方式是从样本中提取全部的 DNA 分子,随机打断后即可直接测序,得到 FASTQ 格式的碱基序列文件。对于宏基因组测序数据的处理基本流程如图 2.2 所示。首先,对高通量测序得到的原始数据(Raw Data)进行预处理(质量控制和去污染等),得到高质量的测序数据(Clean Data);其次,利用拼接软件对高质量序列进行组装,得到各个样本的 Contigs,并基于这些 Contigs 进行基因预测,获得非冗余蛋白序列集;再次,用多种常用数据库对蛋白序列进行基因功能注释,计算其功能丰度谱;最后,整合多个组别的样本进行统计分析,包括进行基因丰度差异比较、样本功能聚类分析和代谢通路富集分析等。另外,我们基于 Contigs 的 GC 含量和共变化特性进行分箱分析,构建优势物种的草稿基因组(Draft Genome)。同时,我们也对基因序列进行物种注释,以获得不同分类水平的物种组成谱,并进行差异比较分析、聚类分析、物种组成丰富度和均匀度分析和关联网络分析等。基于上述获得的功能丰度谱和物种组成谱,可以进一步对宏基因组样本进行 Alpha 和 Beta 多样性分析,关于多样性分析的详细内容,将在本书的 2.1.4 小节中介绍。

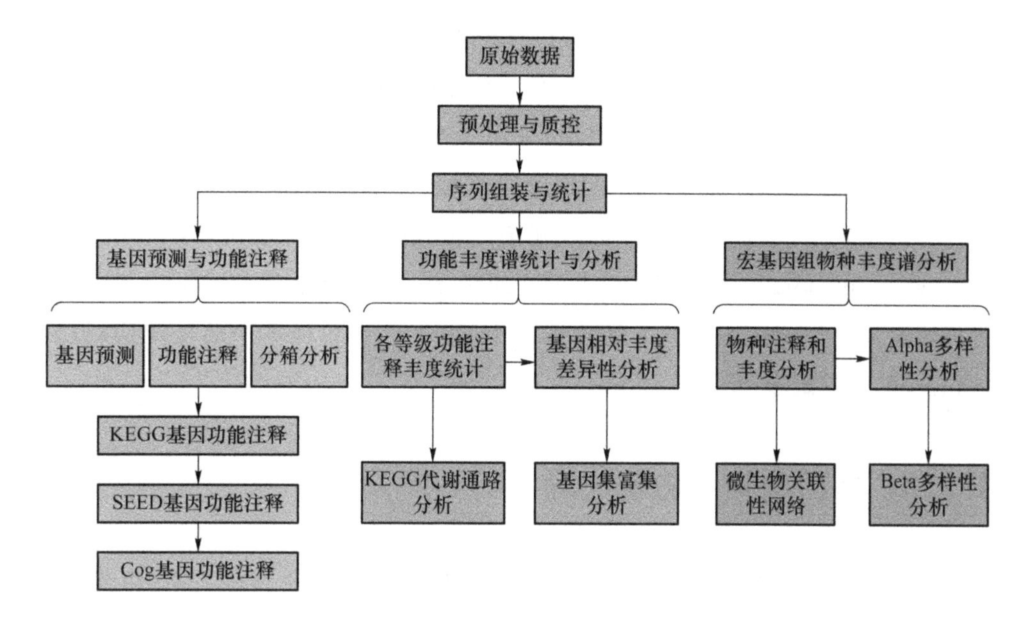

图 2.2 宏基因组数据分析流程

2.2.1 测序数据预处理与组装

宏基因组测序数据的预处理包括污染序列剔除和测序质量控制。宏基因组测序数据是在对 DNA 分子进行随机打断之后直接进行测序的，故数据中可能会包含不属于微生物的序列，如宿主序列。因此，首先采用 SOAPAligner 比对工具将测序数据比对到宿主基因组（如人的基因组）上，将能够比对上的宿主序列过滤掉，对剩下的序列进行后续分析。质量控制时，除 2.2.1 小节中介绍的 16S rRNA 测序数据质控中的准则外，还需要对序列末端质量较低的碱基进行剪裁。因为测序仪本身的特点，序列最前端的几个位点往往测得不准，且测序长度较长时，酶活性越来越低，使得尾端的测序质量也越来越低。为了保证在后续拼接过程中的准确率，需要对首尾末端的低质量序列进行剪切。这里采用 FASTX-Tookit 进行质控和 SolexaQA 进行序列剪裁。

对每个样本中通过上述质量筛查的有效双端序列，为了得到更完整的基因序列，需要进行序列拼接。可以采用 Megahit[24] 进行高效率的组装拼接，通过 De Bruijn 图构建 Contigs，并对生成的 Contigs 序列进行组装拼接效果评价。Megahit 采用迭代算法选取最合适的 K-mer 参数进行宏基因组组装拼接，该参数能根据组装拼接结果对序列中隐含的测序错误进行校正，并且针对宏基因组测序过程中不同物种基因组的不同区段测序深度不均一的现象进行了优化，因而被认为适用于宏基因组的组装拼接。序列拼接之后，采用序列聚类软件 CD－HIT 对各样本的所有 Contigs 序列进行聚类分析（相似度阈值为 0.99），并选取每一类中最长的序列作为代表序列，得到所有样本的非冗余 Contigs 集合。并使用 BWA（http://bio-bwa.sourceforge.net/）将各样本的高质量序列与上述非冗余 Contigs 序列集进行比对，利用 Samtools[169] 工具计算各个 Contigs 在各样本中的丰度值，得到 Contigs 的丰度矩阵。

2.2.2 基因预测与功能注释

对于拼接得到的 Contigs 序列，采用专门用于预测原核微生物和宏基因组基因序列的 Prodigal（Prokaryotic Dynamic Programming Genefinding Algorithm）[170] 软件进行基因预测，并识别开放阅读框（Open Reading Frame ，ORF），得到蛋白序列。同样利用 CD-HIT 对各样本的所有基因进行去冗余分析，然后利用 Bowtie2[15] 将所有 Reads 比对到非冗余基因上，利用 Samtools[169] 计算得到各蛋白代表序列在各样本中对应的丰度值，得到基因丰度矩阵。

利用快速比对工具 Diamond[17] 将非冗余蛋白序列集与蛋白数据库比对，对各样本中的基因功能进行注释分析。目前常用的数据库主要包括 KEGG（Kyoto Encyclopedia of Genes and Genomes）、SEED[171] 和 COG（https://www.ncbi.nlm.nih.gov/COG/）等。KEGG 整合了多种信息，包括基因组学信息、功能组学信息和生物化学信息。因此，在本书中的功能注释主要选用 KEGG 数据库进行，把基因谱和表达谱作为一个整体网络进行研究。

2.2.3 功能丰度谱构建与分析

对于基因丰度谱的构建，首先要将每个样本的测序序列比对到样本的基因集上，以此统计各基因在各样本中的丰度数值，构建对应的基因丰度矩阵。而对功能丰度谱的构建则是基于基因丰度谱，即在基因集的注释中，把被注释到 KEGG、SEED 和 COG 等功能数据库各个等级的功能分类中的基因丰度相加，作为该样本在该功能分类上的丰度。可以采用 Megan[172] 将基因预测得到的非冗余蛋白序列集比对到各个功能数据库上,并对注释结果进行汇总统计,以获取各等级的功能丰度谱。例如,将样本预测到的基因比对到 KEGG 数据库上,得到的注释结果可视化如图 2.3 所示,从该图中我们可以看出各个样本在 KEGG 不同等级的各个功能分类中的基因丰度信息。得到各等级功能丰度谱之后,便可基于功能丰度谱进行不同组别样本之间的基因相对丰度差异分析、代谢通路富集分析等。

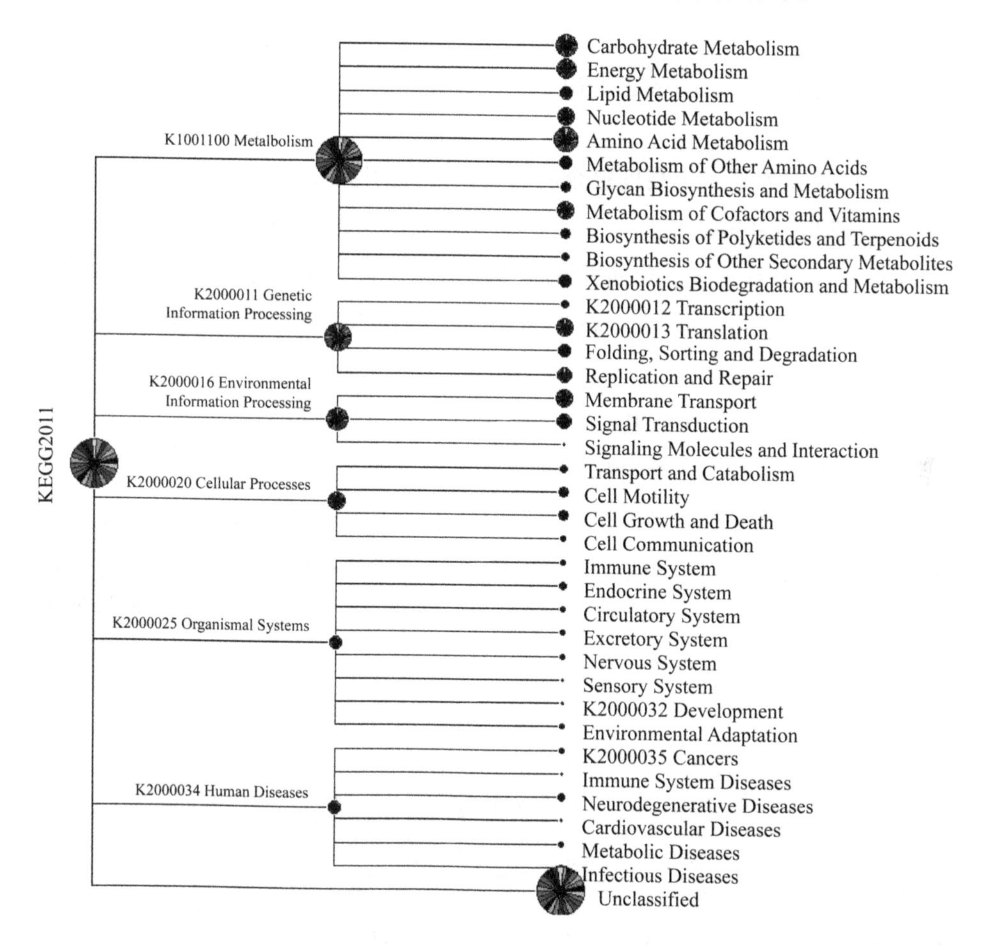

图 2.3 KEGG 一级和二级代谢的功能丰度谱

2.2.4 物种丰度谱构建与分析

利用快速比对工具 Diamond 将蛋白序列集与微生物 NCBI(National Center

for Biotechnology Information)的非冗余数据库进行比对,从而对各样本中的物种进行注释,生成 m8 文件。由于每一条序列可能会有多个比对结果,得到多个不同的分类级别,因此为了保证生物意义,将比对结果利用 Megan 中的 weighted-LCA 算法进行物种丰度谱的计算。得到物种丰度谱之后就可以进行微生物多样性分析,具体分析将在 2.2.4 小节介绍。此外,也可以利用第 4 章中的 BIMS 算法,构建微生物关联性网络。

2.2.5 代谢通路富集分析

KEGG 数据库是一个高度整合的综合数据库,其数据大致分为系统信息、基因组信息、化学信息和健康信息 4 大类。为了比较不同组别的微生物群落中代谢通路的差异性,需要对其进行代谢通路的富集分析。可以采用基因集富集分析软件 GSEA(Gene Set Enrichment Analysis)[173-174] 进行 KEGG 三级代谢通路的富集分析。

GSEA 软件是为了进行基因表达数据的差异分析而研发的工具,基本思路是首先依照基因表达数据在两组样本间的差异程度对全部基因进行排序,然后对于给定基因集中的基因是否倾向于在某一组样本中富集进行检验。在 KEGG 代谢通路的富集分析中,每一条 KEGG 代谢通路作为一个基因集,而每一个 KO 作为一个基因。通过 GSEA 分析,可以得到在不同组别样本中存在富集现象的代谢通路,如图 2.4 所示。

彩图 2.4

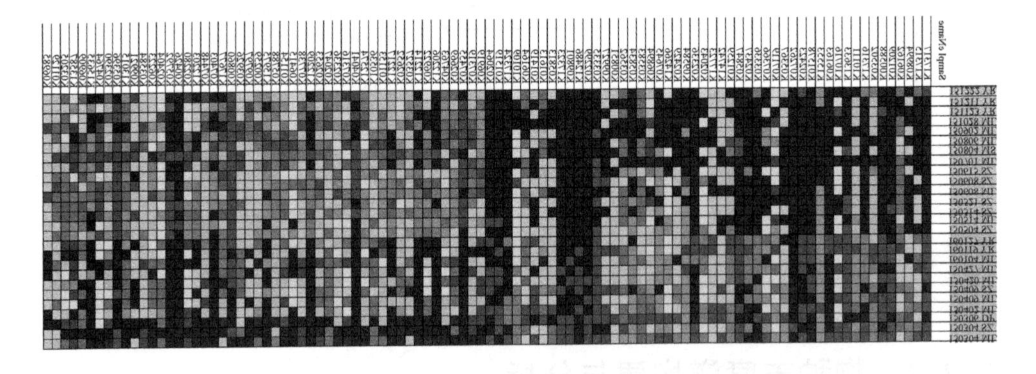

图 2.4 基于 KEGG 三级代谢通路富集分析结果示例

2.3 分箱与基因组构建

2.3.1 分箱原理与已有方法介绍

宏基因组学研究的主要流程是对所有的 DNA 进行提取和测序，然后通过拼接和注释等分析样本的物种组成和功能，可以回答样本中的微生物是什么和可以干什么两个问题。但是只通过上述分析，我们不知道物种与功能之间的对应关系，也就是说我们不知道具体是哪个物种行使了哪些功能。故通过拼接等得到了样本中的基因之后，我们需要通过分箱(Binning)分析来构建不同物种的宏基因组组装的基因组(Metagenome-Assembled Genomes，MAG)，进而针对这些 MAG 分析其功能，如图 2.5 所示。分箱是指从微生物群体序列(宏基因组序列)中将来自不同物种的序列(Reads、Contigs 和 Gene 等)通过聚类分析分离开的过程；将来自同一个物种(甚至菌株)的序列聚到一起，得到其基因组草图，进而根据得到的基因组草图进行物种的基因和功能注释，比较基因组分析和进化分析等。传统的单物种全基因组序列都是经纯培养之后，再进行全基因组 de novo 测序获得的，但是环境中存在着大量的不可培养微生物，而宏基因组分箱及相关技术不仅有助于获得不可培养微生物的基因组序列，还有以下诸多功能：①发现新物种，预测新物种基因，利用现有数据库分析新物种的功能；②扩充微生物基因组数据库，增加微生物多样性；③助力"感兴趣"微生物群结构和功能的研究；④为菌群的分类和功能描述提供了更多解决方案。

目前用于分箱的工具按照原理主要分为 3 大类。第一类是基于核苷酸组成信息进行分箱的，如根据四核苷酸频率、GC 含量和单拷贝基因等。2011 年最早进行分箱工作的文章就是基于四核苷酸频率进行封箱的[175]。该类方法的优势是只利用一个样本的宏基因测序数据就可以进行分箱，但是考虑很多不同微生物种内的各基因型相似性极高，只利用一个样本数据的核苷酸组成信息进行分箱的话，效果往往不理想。因此，这类方法只适合群落中那些基因型有明显核苷酸组成差异的物种。后来，研究人员发现来自同一个菌

彩图 2.5

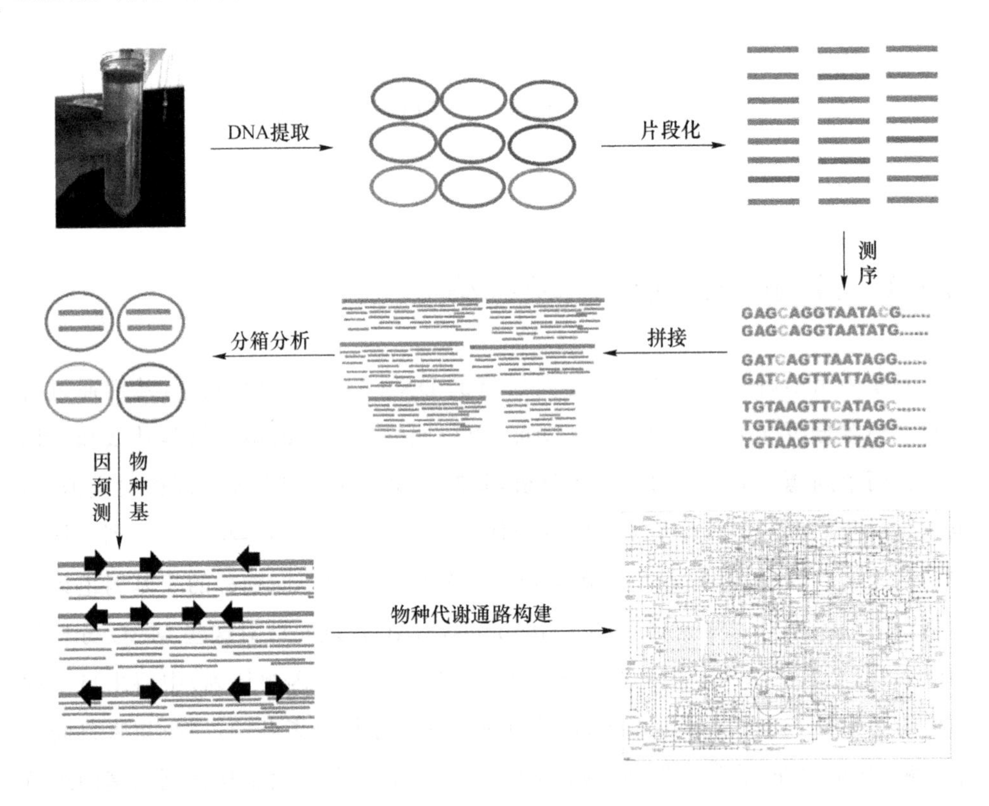

图 2.5　分箱分析在宏基因组分析中的意义

株的基因在不同样本中的丰度分布模式是相似的，是共变化的[176]。因此，第二类分箱工具是根据多样本的丰度变化模式信息进行分箱的。此类方法的优点是更具有普适性，对于种内相似性较高的物种也可以适用，甚至能达到菌株水平的基因组。但是其往往需要大量的样本的宏基因测序数据，且同组的生物学重复数据也要尽量多。因此，第二类分箱工具增加了实验量且对测序的要求更加严格。第三类分箱工具则是同时根据核苷酸组成信息和多样本的丰度变化模式信息进行分箱的，这类方法既能保证分箱效果，又能相对减轻计算压力，是目前主流的分箱工具[177-179]。

另外，根据分箱用的数据类型可以分为基于 Reads 的分箱[178]、基于 Genes 的分箱[180-181]和基于 Contigs 的分箱[177,182]。基于 Reads 的分箱方法的优势是可以聚类出样本中丰度很低的物种。因为目前宏基因组数据组装工具中除在个别研究较多的环境下(如肠道可以到 30%)的利用率较高外，在其余环境下的利用率都还较低(10%左右)，丰度较低的物种的测序数据很可能没有被组装出来，也就无法体现到 Contigs 或者 Genes 中。对于这些低丰度的物种,只有基于 Reads 的分箱才有可能得到其物种基因组。比如 LSA 方法可以聚类出丰度低于 0.000 1%的物种,且对同一物种下不同菌株的敏感性也很强[178]。基于 Genes 的分箱是在组装和基因预测之后,它首先把所有样本预测到的基因混合在一起再进行序列相似性比对和去冗余分析,得到非冗余的基因集;然后根据 Genes 在各个样本中共变化的信息,计算各基因之间的相关性;最后根据相关性结果进行聚类[181]。它的优势是基于 Genes 丰度变化模式的可操作性较强。因为宏基因组分析一般都会计算 Genes 丰度,其数据获取不需要额外再进行比对计算,而且计算过程并不复杂,可复制性强。基于 Contigs 的分箱是目前应用范围最广且效果更好的,因为 Contigs 的长度比 Reads 和 Genes 的长度都要长,而核苷酸组成信息和物种丰度变化模式信息在越长的序列中越显著和稳定[177,179]。例如,分箱软件 CONCOCT 就是基于 Contigs 的同时考虑核苷酸组成和物种丰度变化模式进行预测[177]。CONCOCT 的基本原理是对拼装后的每个 Contig 构建它的丰度差异信息(Coverage)和核酸组成信息(Composition)向量作为它的特征信息,即将核酸组成信息和丰度差异信息创建成一个综合的距离矩阵。然后用 PCA 进行降维后,构建高斯混合模型将 Contigs 进行聚类。同时为了自适应地确定聚类的类别数目,还采用了变分贝叶斯推断(Variational Bayes Inference)的方法确定最佳类别数。Metabat 是近几年所有分箱工具中最受欢迎的工具,其引用量达 460 余次。2019 年发表在 PeerJ 上的新版 MetaBAT2① 更是在完成度、效率等多方面均优于 MetaBAT 和同类工具。

2.3.2 分箱结果质量评估和去冗余

分箱分析之后一个必不可少的步骤就是对分箱结果进行质量评估,筛选出高质量的基因组草图以进行特定物种的功能分析,确定物种和功能之间的对应关系。通过分箱可以得到很多类别(Bins),对分箱结果进行质量评估就是需要对这些 Bins 中基因组草图的完整度(Completeness)和污染度(Contamination)进行评估。对 Bins 的质量评估一般是根据编码主要代谢过程的单拷贝基因或者核心保守基因进行的。可以采用 CheckM[183] 软件进行评估,给出 Completeness 和

① KANG D D, LI F, KIRTON E, et al. MetaBAT 2: an adaptive binning algorithm for robust and efficient genome reconstruction from metagenome assemblies[J]. PeerJ, 2019, 7: e7359.

Contamination 两个指标。同时也可以结合常用于检验样品污染的 GC-Depth 分布图来确认基因组草图是否存在污染，是否是嵌合的基因组草图，评估结果如表 2.2 所示。通过定义 Completeness 和 Contamination 的阈值可以筛选出不同质量等级的基因组草图，一般情况下，挑选完成度大于 75%且污染度小于 25%的 Bins 用于后续的基因组功能分析，后续分析主要是针对单物种基因组分析，主要包括物种的系统进化发育定位、基因组成预测分析、代谢通路预测组成分析、与已有同物种代表性序列的比较分析以及和已知近亲物种的基因比较和进化距离确定。此外，可以采用 dRep[①] 软件利用平均核苷酸一致性(Average Nucleotide Identity，ANI)，评估 MAG 之间的相似性，对 Bins 进行去冗余。一般将 ANI 的阈值设置为 95%，研究人员认为此时的 MAG 等同于 Species 水平的 SGB(Single-Genome Bins)。

表 2.2　Bins 的大小、质量控制及其他参数

Bin	GenomeSize	Completeness	ContigNum	Contamination	avgCov	RA
Bin1	2 654 567	96.032	23	0.503	126	9.0%
Bin2	4 059 176	97.647	213	0.000	14	1.5%
Bin3	3 443 880	98.635	34	0.878	62	5.6%
Bin4	4 483 766	93.773	201	3.297	18	2.2%
Bin5	4 874 959	96.480	403	0.966	23	3.0%

注：GenomeSize 为基因组大小，Completeness 为基因组完整度，ContigNum 为 Contig 数目，Contamination 为污染度，avgCov 为 Contig 平均深度，Relative abundance (RA)为物种在该样品中的相对丰度。

RA 的计算公式如下：

$$RA = \frac{\text{GenomeSize}_n \times \text{avgCov}_n / \text{Completeness}_n}{\sum_{i=1}^{n} \text{GenomeSize}_i \times \text{avgCov}_i / \text{Completeness}_i} \times 100\%$$

2.3.3　物种鉴定

对分箱后的基因组草图进行质量评估后，接下来需要对高质量基因组进行物种鉴定。物种鉴定的一种方法是：首先利用基于物种基因组预测物种的 16S

① OLM M R, BROWN C T, BROOKS B, et al. dRep: a tool for fast and accurate genomic comparisons that enables improved genome recovery from metagenomes through de-replication[J]. The ISME journal, 2017, 11(12): 2864-2868.

rRNA 基因序列的相关软件 RNAmmer[184] 和 WebMGA(http://weizhong-lab.ucsd.edu/metagenomic-analysis)等根据物种基因组预测得到 16S rRNA 序列，然后将得到的 16S rRNA 序列利用物种注释软件 RDP Classifier[185] 等比对到 SILVA 和 GreenGene 等数据库上进行物种注释。物种鉴定的另一种方法是直接基于 NCBI 非冗余基因组库进行注释。对明确注释到科级别的基因组草图，则可以利用保守蛋白比例分析尝试进一步细化到属级别上；对明确注释到属级别的基因组草图，则可以利用保守核苷酸序列尝试进一步细化到种级别上。而种内菌株水平上的精细化鉴定可以借助系统发育分析、比较基因组分析等方法，也可以使用 PhyloPhlAn3 软件①将 Bin 与 SGB release of September 2020② 比对，以获取每个 Bin 的物种分类信息，并基于 Prokka 得到的蛋白序列信息，计算 Bin 之间的进化树。对于在数据库中可以找到近缘参考基因组的或者本身组装效果好且完整性较高的基因组草图，后续还可以进行一系列单基因组分析，如组分分析、功能注释、代谢通路分析、近亲物种基因组的系统发育分析等。可以使用 Prokka 软件③对每个 Bin 进行功能注释，以获得每个 Bin 中的 rRNA、tRNA、tmRNA、基因、直系同源蛋白簇(COG)、EC 注释信息。使用 KofamKOALA④ 的离线版本 Kofamscan 进行 KEGG 功能注释；使用 eggnog-mapper⑤ 进行 GO 注释；使用 Diamond 软件⑥比对 CAZy 数据库。使用上述软件对每个 Bin 进行碳水化合物酶注释，获取每个 Bin 中的碳水化合物酶信息。

---

① ASNICAR F, THOMAS A M, BEGHINI F, et al. Precise phylogenetic analysis of microbial isolates and genomes from metagenomes using PhyloPhlAn 3.0[J]. Nature communications, 2020, 11(1): 2500.

② PASOLLI E, ASNICAR F, MANARA S, et al. Extensive unexplored human microbiome diversity revealed by over 150,000 genomes from metagenomes spanning age, geography, and lifestyle[J]. Cell, 2019, 176(3): 649-662. e20.

③ SEEMANN T. Prokka: rapid prokaryotic genome annotation[J]. Bioinformatics, 2014, 30(14): 2068-2069.

④ ARAMAKI T, BLANC-MATHIEU R, ENDO H, et al. KofamKOALA: KEGG Ortholog assignment based on profile HMM and adaptive score threshold[J]. Bioinformatics, 2020, 36(7): 2251-2252.

⑤ HUERTA-CEPAS J, FORSLUND K, COELHO L P, et al. Fast genome-wide functional annotation through orthology assignment by eggNOG-mapper[J]. Molecular biology and evolution, 2017, 34(8): 2115-2122.

⑥ BUCHFINK B, XIE C, HUSON D H. Fast and sensitive protein alignment using DIAMOND[J]. Nature methods, 2015, 12(1): 59-60.

第3章

关联推断算法简介

本书中的关联指的是微生物之间或者微生物与环境因素之间数量变化上的关系。这种关系通常表现为两个变量的数量变化规律，如两个变量一起增多、一起减少、一个增多一个减少或随着一个变量的增多另一个变量先增多后减少。数学上常用相关性或依赖性来表述这种数量变化关系。相关通常指的是变量之间的线性关系，而变量的依赖性则涵盖线性与非线性的关系。目前对于线性相关性的研究较多且可以使用的统计方法较为成熟，大多数微生物关联推断算法均是对线性相关性进行估计。关联推断即通过统计方法推断微生物之间和微生物与环境之间的数量变化的相关性或依赖性。当仅关注变量是否存在而不关注其具体数值时，得到的关联又称为共出现关系。

当前微生物学家广泛使用标志基因，如 16S rRNA 或 18S rRNA 基因序列，获取真实环境中微生物的种类和丰度，本章以 16S rRNA 基因宏基因组测序为基础对数据和算法进行介绍。在进行 16S 基因测序之后，首先会将基因序列根据相似性进行聚类，聚类结果中的每个序列簇称为一个 OTU。通常情况下，OTU 经过和 16S rRNA 基因数据库比对注释之后，可以被认为对应着一种微生物[186]。在采集微生物样本的过程中，研究人员通常会记录采样环境中需要关注的环境因素的值，如自然环境中营养物质的类型和宿主所处环境的生化指标。最终，经过数据处理之后，会得到如图 3.1 所示的 OTU 表和 EF 表。

OTU 表格中记录的是每个样本中每个 OTU 即每种微生物的基因序列数目，EF 表中则是每个样本采样时的各种环境因素的数值。x_{ij} 表示的是第 i 个样本中第 j 个 OTU 的数量，数据类型为整数；m_{ij} 记录的是第 i 个样本中第 j 个环境因素

(EF)的数值,数据类型可以是整数或者实数。这里需要注意,每个样本中OTU的序列数是无法直接比较大小的,因为测序过程中的DNA文库制备和PCR通常会将样本中微生物绝对数量的信息掩盖,故最后统计得到的序列数目是上机测序的量,而非真实环境中的绝对丰度。这里的环境因素不仅限于海洋或土壤等自然环境中的盐分、温度、营养物质、代谢物的数量,还可以是宿主的基线信息、基因型或健康状态,样本的采集时间也可以被认为是一种环境因素。

OTU标识	样本1	样本2	…	样本N
OTU-1	x_{11}	x_{21}	…	x_{N1}
OTU-2	x_{12}	x_{22}	…	x_{N2}
…				
OTU-P	x_{1P}	x_{2P}	…	x_{NP}
样本大小	$s_1=\sum_{i=1}^{P} x_{1i}$	s_2	…	s_N

(a) OTU表

OTU标识	样本1	样本2	…	样本N
温度	m_{11}	m_{21}	…	m_{N1}
盐度	m_{12}	m_{22}	…	m_{N2}
…				
昼长	m_{1Q}	m_{2Q}	…	m_{NQ}

(b) Meta表

图3.1 OTU表和EF表

上述的OTU表和EF表便是关联推断算法的输入。需要注意的是,通过算法计算得到的任意两个OTU或OTU和EF之间的相关性或依赖性与生物学家关心的微生物群落中的交互是不同的。如表3.1所示,微生物交互与关联不是一一对应的。正相关性可能对应着多种交互类型,不同的交互类型也可能体现出类似的数量变化规律。例如,寄生和捕食均会体现出两种微生物数量上的负相关,而正相关的微生物交互可能是共生也有可能是互利共生。关联推断的作用在于能够帮助生物学家提取潜在的具有生物交互的微生物和环境因素,然后借助专业生物知识或进一步的实验去验证推断出的关联。

表3.1 微生物交互与关联的对应关系

微生物交互	关联
互利共生	正相关

续表

微生物交互	关联
寄生	负相关
捕食	负相关
共生	正相关

3.1 关联推断中存在的问题

在基于 OTU 表和 EF 表设计关联推断算法和进行关联分析时，需要考虑数据中可能存在的问题、影响微生物交互的因素和推断结果的可解释性。这些问题有助于研究人员设计合理的关联推断算法，提升关联推断算法的准确性和鲁棒性。本节归纳总结了关联推断中的 5 个重要问题。

3.1.1 组成成分偏差

由于 OTU 表中的微生物在各个样本中的数量无法直接进行比较计算，故生物学家通常会对其进行归一化处理，即计算每个 OTU 在每个样本中的相对丰度，然后比较 OTU 之间相对比例的变化。组成成分偏差(Compositional Bias)指的是利用归一化的相对丰度进行关联推断时引入的误差。当对 OTU 的序列数进行归一化时，得到的相对丰度之间已经不再相互独立，因为这些比例的和为 1。假设x_i表示第 i 个 OTU 的数量，归一化后该 OTU 的相对丰度为 $r_i = x_i / \sum_k x_k$，且$\sum_k r_i = 1$。如果计算任意两种微生物的相对丰度的协方差可以得到

$$\sum_{k \neq i} \mathrm{Cov}(r_i, r_k) = -\mathrm{Var}(r_i) \tag{3-1}$$

此时，当前微生物的相对丰度已经和剩余的微生物有了依赖关系，故直接利用相对丰度来估算微生物之间的关联会导致误差。对于某些存在主导的微生物环境，如海洋群落，这种误差将会给关联分析带来更严重的影响[187-188]。特别地，对于很多通用的关联推断算法，它们考虑的变量均在实数域上变化，不适用于只在 0～1 范围内变化的相对丰度。通过图 3.2 我们能够明晰组成成分偏差对关联推断的影

响。归一化之后,变量已经不再位于欧氏空间,欧氏空间上对于相关性的度量也不再成立。

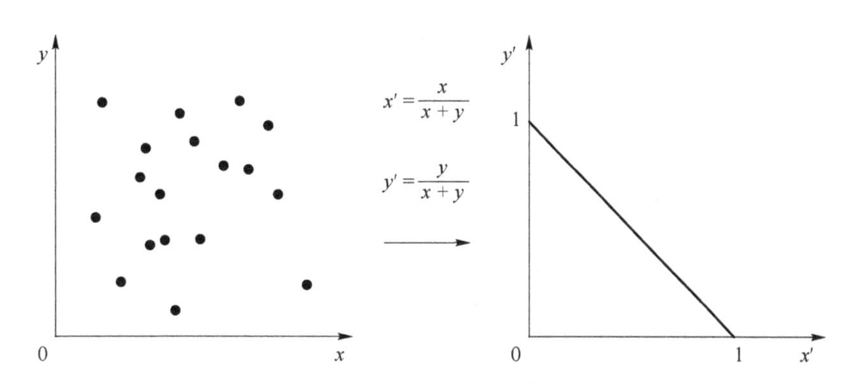

图 3.2 组成成分偏差解释

组成成分偏差的问题最早是由 Pearson 在 1987 年提出[189],之后 Aitchison 系统地研究了组成成分数据和组成成分偏差[190]。该类型的数据和问题广泛存在于地理、化学和生物研究中,如矿物质、土壤类型、海底沉积物、营养物的成分、营养物的比例。为了解决归一化之后的变量依赖问题,Aitchison 等[191]建议先对变量进行对数比例数学变换(Logratio Transformation)然后再进行关联分析,变换形式有如下两种:

① 可加性对数比例变换(Additive Logratio Transformation)

$$\mathrm{alr}(x)=[\log(x_1/x_D),\log(x_2/x_D),\cdots,\log(x_{D-1}/x_D)] \tag{3-2}$$

② 中心化的对数比例变换(Centred Logratio Transformation)

$$\mathrm{clr}(x)=[\log(x_1/g(x)),\log(x_2/g(x)),\cdots,\log(x_{D-1}/g(x))] \tag{3-3}$$

可加性对数比例变换的目的在于将相对丰度除以同一个比值以去掉分母的影响,取对数是为了便于后续计算相关性。中心化的对数比例变换则是挑选了 D 个 OTU 相对丰度的几何平均值作为分母,然后再进行归一化。几何平均数的定义为 $g(x)=\sqrt[n]{\prod_i x_i}$,可以看到除以几何平均值后,分母的影响也被抵消。

3.1.2 过度散布

过度散布(Over-dispersion)的问题在基因测序数据分析中都会遇到,本书中的基因散布指的是观测到的 OTU 序列数的方差要比期望大很多,即相较于均值观测值存在较大的波动。这种现象主要是因为基因测序过程中的一些实验操作，如 PCR 等过程[21]。

这一问题最早被发现于 RNA 测序数据分析的过程，因为多次重复测序，所以实验产生的序列数据的方差要比泊松分布估计的大很多，而且该差距会随着表达量的增多更明显[192]。对于基因测序数据的建模最早使用的是泊松（Poisson）分布，但是泊松分布的期望和方差是相等的，并不能很好地模拟测序产生的数据。后来在对 RNA 测序数据进行基因差异表达分析时，Robinson 等引入了负二项分布对基因丰度进行建模[193]，并且取得了较好的效果。

泊松分布是概率统计中常用的离散概率分布，用于描述单个样本中某个 OTU 或基因的序列数为 k 的概率，其数学表达式为

$$P(X=k)=(\lambda^k/k!)e^{-\lambda} \tag{3-4}$$

从式 3-4 中我们可以看出采用泊松分布时的期望和方差均为 λ。若采用负二项分布进行描述则概率密度函数为

$$P(X=k)=\binom{r+k-1}{k}p^k(1-p)^r \tag{3-5}$$

其中，负二项分布的期望和方差之间的关系是

$$\mathrm{Var}(X)=\mathrm{Mean}(X)/(1-p)>\mathrm{Mean}(X) \tag{3-6}$$

根据上述公式可以对过度散布的现象进行建模。在基因测序数据中，除了过度散布的现象外，还有零膨胀的问题，即观测到的 OTU 或基因数据中序列数为零的比例要远超过泊松分布或负二项分布估计的比例。为了描述该现象，统计学家提出了零膨胀的泊松和负二项分布，即将序列的分布分为两部分，一部分是等于零的概率分布，另一部分是正常的概率分布。考虑序列数极少的 OTU 或者基因在关联分析时提供的信息较为有限，研究人员通常会设定某一阈值进行过滤，故本书重点关注的仍是过度散布的问题。

3.1.3 间接关联

在利用通用的关联推断方法进行关联分析时，需要计算任意一对微生物和微生物与环境因素的关联，然后再设置阈值过滤掉不显著或权重较低的关系，最后得到微生物群落的关联网络。这种成对计算关联的方式只能考虑两个变量之间的相

关性,并不能考虑其他因素的影响。在真实环境中,影响微生物丰度变化的因素通常是多样的,如其他微生物的影响或环境因素的作用。

如图 3.3 所示,很多微生物的数量变化并非直接相关的,而是可能受到了同一个 OTU 或 EF 的影响才导致它们的数量变化存在相关性。这种间接的相关性虽然不会影响关联推断的准确性,但是限制了关联推断的可解释性。间接关联的存在将使整个关联网络看上去十分稠密,而且较强的间接关联还会影响对于其他真实关联的判断,不利于生物学家发现有意义的生物交互。

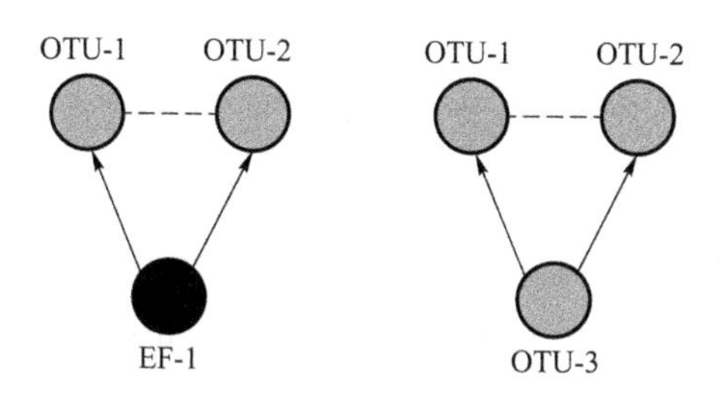

图 3.3　间接关联示意图

为了尽可能地减少间接关联,关联推断算法需要能够学习关联的条件独立性。我们对条件独立性进行数学阐述。对于两个变量集合X_A与X_B,若条件独立于变量集合X_C则表示为

$$P(X_A,X_B|X_C)=P(X_A|X_C)P(X_B|X_C) \tag{3-7}$$

式(3-7)表示在已知变量集合 C 的情况下,对变量集合 A 进行估计,其值与变量集合 B 无关。这类条件独立性适合用概率图模型进行描述,包括有向图模型(Directed Graphical Model,通常是有向无环图)和马尔可夫随机场(Markov Random Field,MRF)。本书提出的方法涉及马尔可夫随机场,这里给出 MRF 的定义。对于一个无向图 $G=(V,E)$,V 是图中点的集合,E 是边的集合,$X=(X_v)_{v\in V}$表示图中每个点代表的随机变量的集合。当 X 的联合概率分布满足局部马尔可夫性质(Local Markov Property)时,X 的联合概率分布构成一个马尔可夫条件随机场。局部马尔可夫性质为图中任意一个变量在给定其直接邻居时,该变量与剩余变量均条件独立。通常 MRF 可以表示为对图中所有变量团(Clique)的描述[194],

$$P(x_1,x_2,\cdots)=\frac{1}{Z}\prod_{c\in C}\phi_c(x_c) \tag{3-8}$$

每一个变量团 c 中的变量均互相连接,即条件依赖。ϕ_c 表示 c 中的变量构成的势

能函数(Clique Potential)。统计中常用的多元高斯分布可以看作是一个特殊的马尔可夫随机场,多元高斯分布中精确度矩阵(Precision Matrix),即协方差矩阵的逆$\boldsymbol{\Theta}=\boldsymbol{\Sigma}^{-1}$表示了无向图的结构。无向图中任意两个变量构成一个变量团,每个变量团的势能函数与精确度矩阵中的元素对应。利用概率图模型对微生物的关联进行建模,可以减少冗余关联的存在,以便于生物学家进行解释。

3.1.4 环境因素

在关联推断中,除了考虑微生物之间的相互作用,还需要考虑外部环境因素对微生物丰度的影响。环境因素的改变对于微生物群落的构成有着重要的影响,如昼长对于英吉利海峡中微生物丰度组成有较强的解释作用;人体患病时或者饮食改变时人体内微生物群落会发生明显改变;与植物共生的微生物,在土壤养分、湿度和盐分改变的情况下,与植物的相互作用也会发生变化[195]。

从代谢的角度看,微生物可以分为自养、化能自养和异养 3 类。自养微生物可以直接利用二氧化碳进行化学反应获取能量,化能自养微生物需要吸收环境中的氧化化合物,而异养微生物则需要有机碳作为能源。若微生物所处环境中的代谢所需物质数量发生改变,无疑会对微生物丰度产生影响[196]。故关联推断算法需要同时考虑微生物之间以及微生物与环境之间的相互作用,这样才能够对微生物群落进行准确建模。

3.1.5 非线性关联与时间变化

通常微生物关联推断方法均假设微生物之间和微生物与环境因素之间的关联是线性相关的,关联的类型分为正相关、负相关和不相关 3 种。这种假设默认环境中的关联是不随着时间或者环境因素的改变而变化的,这并不符合真实的微生物交互情况。

如图 3.4 所示,微生物的生长速率与温度并不是简单的线性关系。每个微生物都有其最适宜的生长温度、最小生长温度和最大生长温度,并且不同微生物适宜的生长温度范围都有差别。温度越接近微生物的最适生长温度,微生物的生长速率越快。例如,嗜冷微生物的适宜温度范围为−5～20 ℃,嗜温微生物的适宜温度范围为 20～40 ℃,而嗜热微生物需要在环境温度为 45 ℃以上时才能够最快速地生长。Ratkowsky 等[197]研究了细菌生长速率与温度的数学关系,并且给出了拟合关系式$\sqrt{r}=b(T-T_0)$。该式显示了生长速率的平方根与温度差成正比,当温度过高或过低时,生长速率均会明显下降。由于温度与微生物丰度之间存在非线性关联,故在宏基因组学研究中,当采集的样本正好在最适温度附近时,温度与微生物的数量之间的关联不再能够被 3 种关联类型描述。

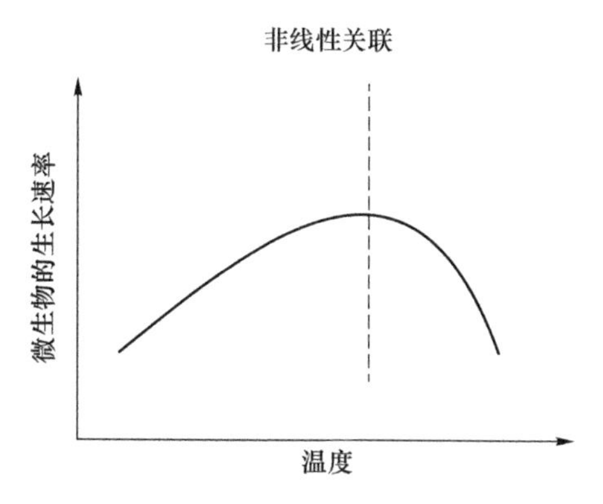

图 3.4 微生物的生长速率与温度之间的非线性关联

非线性关联的存在和环境因素的改变会导致当从采样时间的角度来考察微生物的关联结构时,发现关联会随着时间动态变化,如图 3.5 所示。微生物之间和微生物与环境之间的关联网络是时变网络,并且还会存在具有时间延迟的关联。对于时变网络的建模,Ahmed 等[198]提出了 TESLA 的方法来对生物和社交数据中存在的动态网络进行推理,但是他们对网络的变化做了平缓改变的假设;Razavian 等[199]通过在不同时刻,用窗口函数对样本进行加权的方式,调整样本对于当前时刻关联网络推断的重要性;Zhou 等[200]利用对称非负加权函数,以考察的时刻为中心,对样本进行加权,从而估算高斯马尔可夫随机场的变化。这类利用网络平缓变化假设和窗口函数进行加权的方法实际上降低了对时变网络进行估计的难度,并没有对关联网络发生变化的时刻进行估计,而是将这一问题交给生物学家,让他们去比较不同时刻的网络,从而推测发生质变的时刻。直接对时变的微生物关联网络进行推断仍然比较困难。

上述 5 个问题是本书认为在基于宏基因组测序数据进行微生物关联网络推断过程中比较重要的问题,在考虑以上因素的基础上对微生物群落进行准确建模将提升推断结果的合理性和可解释性。由于现有的关联推断算法在设计时关注的问题侧重点不同,无法进行统一的总结归纳,本书将在 3.2 节把关联推断算法分为主要的 4 类进行介绍,并评价其优缺点。

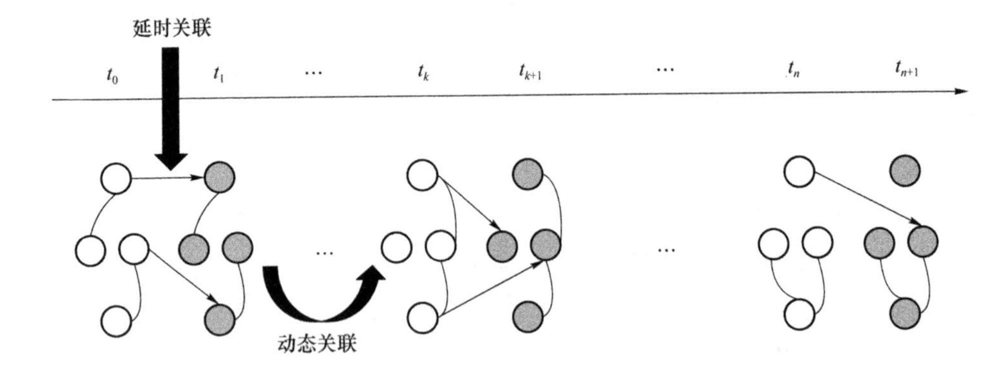

图 3.5　关联随时间动态变化

3.2　关联推断算法

综合考虑当前关联推断方法的通用性、能否考虑环境因素的影响和能否推断非线性关联，本书将现有的关联推断算法分为 4 大类：通用关联推断算法、仅对 OTU 之间的关联进行推断的关联推断算法、能够考虑 EF 影响的关联推断算法和非线性关联推断算法。还有一些其他的关联推断算法无法被归入这 4 类，在此不做介绍。

3.2.1　通用关联推断算法

通用关联推断算法均是对微生物群落中的关联进行成对估计，方法较为简单。除了 PCC 和 SCC 两种计算相关系数的方法外，还有 Bray-Curtis 相异度和 KL 散度的方法也使用得较为频繁。

PCC 和 SCC 的计算公式形式类似，但是 SCC 使用的是数值对应的排序，PCC 的表达式如下：

$$\rho(i,j)=\frac{\sum_{k}(r_{ki}-r_i)(r_{kj}-r_j)}{\sqrt{\sum_{k}(r_{ki}-\overline{r_i})^2}\sqrt{\sum_{k}(r_{kj}-\overline{r_j})^2}} \tag{3-9}$$

其中，$\overline{r}_i$ 表示第 i 个 OTU 的相对丰度的平均值。PCC 衡量的是两个变量之间的线性相关性；而 SCC 推断的是两个变量值的排序的相关性，即当两个变量值之间非线性相关而对应的排序是线性相关时，SCC 也能检测到，故其也能够捕捉一部分非线性关联。

Bray-Curtis 相异度计算方式如下：

$$d(i,j)=\frac{\sum_{k}|r_{ki}-r_{kj}|}{\sum_{k}(r_{ki}+r_{kj})} \tag{3-10}$$

该公式用于计算第 i 个与第 j 个 OTU 在多个样本中的相对丰度的差异。r_{ki} 表示第 i 个 OTU 在第 k 个样本中的相对丰度。Bray-Curtis 相似度越小表示两个 OTU 的丰度变化越相似。

KL 散度不是评估关联的相关性，而是对两个变量概率分布的独立性进行衡量，其表达式为

$$d(i,j)=D_{\mathrm{KL}}(r_i \mid r_j)=-\sum_{k}r_{ki}\log(\frac{r_{kj}}{r_{ki}}) \tag{3-11}$$

当 KL 散度为 0 时，意味着两个 OTU 的丰度变化完全一致；KL 散度越大，表明两个 OTU 的关联性越小。由于 KL 散度是对概率分布进行评估，故其也能对非线性关联进行识别。

可以看到，通用性关联推断算法默认变量数值是准确的，但它未考虑组成成分偏差和过度散布等因素，故其得到的关联网络通常是比较稠密的。这类方法使用起来虽然简单，但是准确度和可解释性均受限。

3.2.2 OTU-OTU 关联推断算法

目前大部分关联推断算法都是在考虑组成成分偏差的情况下对 OTU 和 OTU 之间的关联进行预测，代表性算法有 CCREPE、SparCC、REBACCA、CCLasso 和 SPIEC-EASI。其中，CCREPE 通过对 OTU 表进行置换的方式来估计考虑组成成分偏差之后的 P 值，SparCC 和 REBACCA 通过对数比值变化和近似的方式来对组成成分偏差进行建模，SPIEC-EASI 和 CCLasso 则通过中心化的对数比值变换与稀疏估计的方式来降低组成成分偏差的影响。我们对这 3 类方法分别进行简介。

在第一类 OTU-OTU 关联推断方法中，CCREPE(Compositionality Corrected

by Renormalization and Permutation)通过对 OTU 表中两个微生物的丰度进行置换和重新归一化的方式来对关联的显著性进行估算。其核心是在考虑组成成分偏差的情况下，构建两个微生物关联的概率分布，关联的概率分布计算过程如图 3.6 所示。对于 OTU-1 和 OTU-2，首先，随机挑选两个样本，将这两个样本中 OTU-1 和 OTU-2 的基因序列数调换；然后，对调换的两个样本重新计算 OTU-1 和 OTU-2 的相对丰度；最后，利用 OTU-1 和 OTU-2 在所有样本中的相对丰度计算微生物关联。多次重复该过程便能够得到关联分布并且计算 OTU-1 和 OTU-2 关联的显著性。这里对于关联的计算可以采用 3.2.1 小节通用关联推断方法中的任意一种即可。CCREPE 在构造微生物关联的概率分布过程中，通过每次的重新归一化来考虑组成成分偏差，从而得到修正的 P 值。该方法虽然能够在一定程度上考虑组成成分偏差，但是其所用的关联推断计算方法本身就存在问题，故不能完全避免该误差。CCREPE 计算 P 值的过程只能在 OTU 表中进行，不适用于 EF 表，故仅能估计 OTU 之间的关联。

在第二类 OTU-OTU 关联推断方法中，SparCC 和 REBACCA 均是利用了组成成分数据的潜在特点，即在不考虑测序过程和过度散布的情况下，OTU 相对丰度的比值和其在 DNA 文库中绝对丰度的比值是一致的。因此，我们可以通过计算两个 OTU 相对丰度比值的方差来判断它们之间是否有关联。对于两个有线性相关性的变量，它们比值的方差通常会比较小，比值方差越大表示两个变量的变化越没有规律。

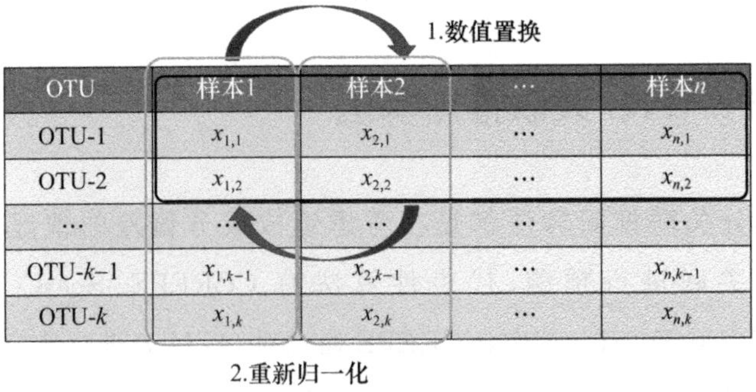

1.数值置换

OTU	样本1	样本2	…	样本n
OTU-1	$x_{1,1}$	$x_{2,1}$	…	$x_{n,1}$
OTU-2	$x_{1,2}$	$x_{2,2}$	…	$x_{n,2}$
…	…	…	…	…
OTU-k−1	$x_{1,k-1}$	$x_{2,k-1}$	…	$x_{n,k-1}$
OTU-k	$x_{1,k}$	$x_{2,k}$	…	$x_{n,k}$

2.重新归一化

图 3.6　基于 CCREPE 方法计算关联概率分布的过程

假设第 i 个 OTU 的相对丰度为 $r_i = \dfrac{x_i}{\sum_k x_k}$，那么两个 OTU 相对丰度比值的对数值为

$$y_{ij}=\log\frac{r_i}{r_j}=\log r_i-\log r_j=\log\frac{x_i}{x_j} \tag{3-12}$$

其中,x_i 表示 OTU 的绝对丰度,取对数是为了方便后续计算方差。继续计算y_{ij}的方差可以得到

$$\begin{aligned} t_{ij} &= \mathrm{Var}\left(\log\frac{x_i}{x_j}\right)=\mathrm{Var}(y_{ij})=\mathrm{Var}\left(\log\frac{r_i}{r_j}\right) \\ &= \mathrm{Var}(\log(x_i))+\mathrm{Var}(\log(x_j))-2\times\mathrm{Cov}(\log x_i,\log x_j) \\ &= w_i^2-w_j^2-2\rho_{ij}w_i w_j \end{aligned} \tag{3-13}$$

其中:w_i 表示第 i 个 OTU 的绝对丰度取对数后的方差;ρ_{ij} 表示对数 OTU 绝对丰度的线性相关系数;t_{ij} 表示对数绝对丰度比值的方差,而该值是可以通过相对丰度的计算进行估计。算法后续的重点在于估计ρ_{ij}。SparCC 假设关联网络是稀疏的,每个 OTU 与其他 OTU 相关性的平均值很小,

$$\begin{aligned} t_i &= \sum_{j=1}^{P} t_{ij} = (P-1)w_i^2+\sum_{j\neq i} w_j^2-2\sum_{j\neq i}\rho_{ij}w_i w_j \\ &= (P-1)w_i^2\left(1+\frac{1}{P-1}\sum_{j\neq i}\frac{w_i^2}{w_j^2}-2\frac{1}{P-1}\sum_{j\neq i}\frac{w_i}{w_j}\right) \\ &= (P-1)w_i^2\left[1+\left\langle\frac{w_i^2}{w_j^2}\right\rangle_i-2\left\langle\frac{w_i}{w_j}\right\rangle_i\right] \end{aligned} \tag{3-14}$$

其中,$\langle\cdot\rangle_i$ 表示其他变量相对于第 i 个变量的平均值。通过 SparCC 的假设可以推导出

$$\begin{gathered} 1+\langle\frac{w_j^2}{w_i^2}\rangle_i \gg 2\langle\rho_{ij}\frac{w_j}{w_i}\rangle_i \\ t_i \simeq (P-1)w_i^2+\sum_{j\neq i}w_j^2 \end{gathered} \tag{3-15}$$

这样便可以通过解方程组计算出对数 OTU 绝对丰度的方差,从而得到相关系数的估计。SparCC 通过近似的方法来解决组成成分偏差的问题,同样只能对 OTU-OTU 关联进行估计,没有考虑过度散布的影响。

在第三类 OTU-OTU 关联推断方法中,SPIEC-EASI 和 CCLasso 借助中心化对数比值变换来处理组成成分偏差,利用经过变换后的协方差矩阵和 OTU 绝对丰度矩阵之间的关系。假设 $\mathrm{clr}(r)=[\log(r_1/g(r)),\log(r_2/g(r)),\cdots,\log(r_1/g(r))]$,并且 $\boldsymbol{\Gamma}=\mathrm{Cov}(\log(r))$表示变换后的相对丰度的协方差矩阵,该矩阵与对数 OTU 绝对丰度协方差矩阵 $\boldsymbol{\Omega}=\mathrm{Cov}(\log(x))$之间的关系为

$$\boldsymbol{\Gamma}=\boldsymbol{G\Omega G}$$

其中，$\boldsymbol{G}=\boldsymbol{I}_P-\frac{1}{P}\boldsymbol{1}_{P\times P}$。可以看到，当 OTU 数量远大于样本数时，矩阵 $\boldsymbol{G}$ 相当于单位矩阵，故此时可以用中心化变换之后的矩阵来近似绝对丰度相关性矩阵。SPIEC-EASI 和 CCLasso 均是对该矩阵加入惩罚项来进行参数估计，不过 SPIEC-EASI 是利用图套索(Graphical Lasso)算法[201]和邻居选择算法(Neighborhood Selection)[202]对精确度矩阵进行估计，而 CCLasso 则是通过拉格朗日乘子法对协方差矩阵进行计算。这两种算法相比 SparCC，加入了惩罚项来增强对测序误差的鲁棒性，但是仍然不能考虑环境因素的影响。

3.2.3 EF-OTU 关联推断算法

能够同时考虑 OTU 之间和 OTU 与环境因素之间的关联的方法主要有 DiriMulti、Mint 和离散 Lotka-Volterra 模型，前两种方法均是利用层次贝叶斯模型进行关联建模，后一种是利用微分方程组对 OTU 丰度变化进行模拟。

DiriMulti 方法利用狄利克雷多项式回归来考虑 OTU 丰度和协变量的关系。设x_i为第 i 个样本中 P 个 OTU 的序列数构成的向量，DiriMulti 首先利用狄利克雷-多项式共轭分布来对 OTU 的组成成分数据进行建模，

$$\begin{aligned} h_i &\sim \text{Dirichlet}(\alpha_i) \\ x_i &\sim \text{Multinomial}(h_i) \end{aligned} \tag{3-16}$$

其中，h_i 为因变量，α_i 为环境因素对 OTU 丰度的影响，表示为

$$\alpha_{ij}=b_{0j}+\sum_k \beta_{jk}m_{ik}$$

m_i 是第 i 个样本对应的环境因素向量。可以看到，该方法只考虑了 EF 的线性组合对 OTU 丰度的影响，并且对组成成分偏差进行了建模，但是未将 OTU 之间的关联对丰度的影响纳入研究范围。

Mint 则是利用泊松对数正态分布对微生物群落的交互进行表示，模型结构如下

$$\begin{aligned} w &\sim \text{Gaussian}(0,\Sigma^{-1}) \\ x_{ij} &\sim \text{Poisson}(\exp(m_i\beta_j+w_{ij})) \end{aligned} \tag{3-17}$$

其中：向量 w 表示 OTU 和 OTU 之间的交互作用，并用精确度矩阵进行参数化；EF 对第 j 个 OTU 的影响用权重β_j进行记录。Mint 能够同时对 OTU 之间和

OTU 与 EF 之间的关联进行建模，但是其本身并未考虑组成成分偏差，故其 Poisson 分布并不能对测序数据很好地建模。

Lotka-Volterra 模型通常用于表示物种间的竞争关系，Coyte 等[150]利用离散化的 Lotka-Volterra 模型对宏基因组测序数据进行建模。该模型将每个 OTU 丰度变化的快慢表示为自身当前丰度与其他 OTU 和 EF 的作用结果，

$$\frac{\mathrm{d}x_i}{\mathrm{d}t} = x_i(g_i - s_i x_i + \sum_{j\neq i}\alpha_{ji} x_j) \tag{3-18}$$

其中，g_i 表示 OTU 本身的生长速率，s_i 表示自身丰度对生长速率的影响，α_{ji} 表示其他因素的作用。由于在该一阶微分方程中，OTU 之间的影响是非对称的，即 α_{ji} 和 α_{ij} 不一定相同，故本书使用两者的数值关系来定义 OTU 之间的生物交互类型。当 α_{ji} 和 α_{ij} 均为正数时，表明两种微生物之间是合作关系；当 α_{ji} 和 α_{ij} 符号相反时，表明两种微生物之间是捕食关系；当 α_{ji} 和 α_{ij} 均为负数时，表明两种微生物之间是竞争关系。Lotka-Volterra 模型对于微生物关联推断有着较好的解释性，但是其本身并未考虑测序数据本身的特点，如组成成分偏差和过度散布等。

3.2.4 非线性关联推断算法

在微生物关联推断算法研究中，LSA 是目前能够捕捉非线性关联的代表性方法。LSA 全称为局部相似性分析(Local Similarity Analysis)，它要求在采样时记录采样时间，该方法用动态规划算法来捕捉两个时间序列之间的局部关联和时延关联。如图 3.7 所示，局部关联是指两个变量在某一段时间区间内呈现线性相关性；时延关联则是指某一段时间内，其中一个变量的当前值与另一个变量间隔一段时间的值有关。

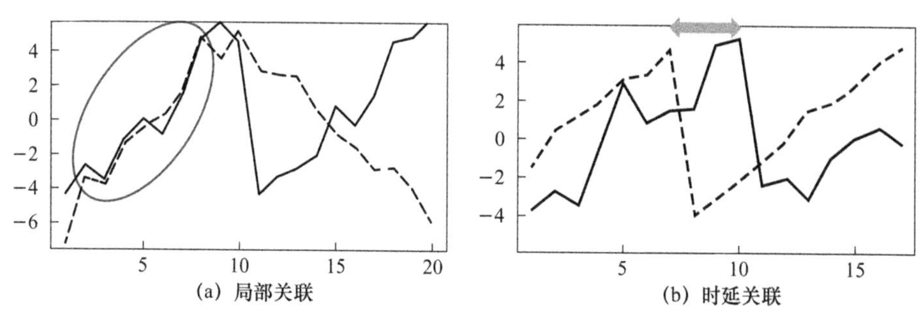

图 3.7 LSA 捕捉局部和时延关联示意图[126]

LSA 算法不同于传统的贝叶斯概率模型，而是将关联推断问题转化为寻找局部最优匹配子序列的问题。LSA 首先对两个 OTU 的相对丰度进行正态变换。假设 OTU-1 的按时间排序的相对丰度序列为$(r_{11}, r_{21}, \cdots, r_{N1})$并且这些相对丰度对应的排序序列为$(R_{11}, R_{21}, \cdots, R_{N1})$，则变换后的序列为$(x'_{11}, x'_{21}, \cdots, x'_{N1})$并且

$$x'_{k1} = \phi_{-1}\left(\frac{R_{k1}}{N+1}\right) \tag{3-19}$$

其中，ϕ_{-1}表示正态逆分布函数。在正态变换之后，LSA 利用动态规划，迭代寻找两个序列之间相似度分数最高的子序列。通过对序列进行多次随机置换，并且记录每次置换之后的相似度，从而估计两个变量的相似度分布，根据该分布可以计算得到相似度的显著性。

LSA 算法推断的是成对的变量之间的关联，在捕捉局部和时延关联上有着很高的灵活性。但是其并未考虑组成成分偏差和数据因过度散布导致的误差，而且对于子序列的选取是通过打分函数比较得到的，该打分函数不能完全表征 OTU 数值变化规律。特别是当存在多条分数接近的子序列时，分数最大的序列不一定最具有生物意义。

3.2.5 其他关联推断算法

除了上述的 4 类关联推断算法外，还有一些其他的关联推断算法不能被很好地归类。Deng 等提出的 MENs(Molecular Ecological Networks)算法利用随机矩阵理论来自动地决定对微生物关联进行过滤的阈值，增强了对噪声的鲁棒性；Shafiei 等提出的 BioMiCo 引入了多个服从狄利克雷分布的参数来对微生物的组成进行建模。

第4章
基于宏基因组数据构建布尔蕴含网络的BIMS算法

随着二代测序技术的发展，现在可以通过宏基因组学方法对各种环境中微生物的遗传物质进行一次性地获取和分析[203-204]。例如，通过对保守序列16S rRNA基因进行测序分析，可以了解微生物的群落组成；通过对16S rRNA基因测序数据进行序列相似性聚类[205-206]，可以得到样本的可操作分类单元(Operational Taxonomic Units, OTU)，并且不同相似性阈值得到的OTU对应于不同分类水平的分类单元(Taxon)。比如，95%相似度的OTU对应一个属(Genus)，97%相似度的OTU对应一个物种(Species)。OTU所对应的序列数则对应该分类单元的丰度(Abundance)。通过分析微生物群落OTU丰度表格就可以了解微生物组成的群落结构。

自然界中的微生物很少独立生存，相反，它们生存在由多个物种组成的群体中，从而在微生物之间形成复杂多样的关系。数学上将这种复杂的关系描述成一个复杂网络。通过对微生物群落关系网络进行构建，以帮助人们了解各个微生物之间的关联。例如，根据微生物物种的共出现模式可以推断编码成一个共出现网络。此网络中节点是OTU，两种OTU之间存在边，意味着这两种微生物在多个样本中以很高的频率一起出现。共出现网络已经被成功应用于土壤微生物[207-209]，海洋微生物[210-212]以及与人类健康有关的微生物[213-214]的研究中。尽管共出现网络能够揭示微生物之间直接或间接的功能联系，但是这种网络无法发现和揭示微生物群体中环境因子对微生物物种的非对称的影响。

因此，本章对Sahoo等[215]的方法进行了扩展，提出了BIMS(Boolean Implication

for Metagenomic Studies)算法。该算法基于微生物群体的 16S rRNA 基因测序数据来检测两种微生物之间或者微生物与环境之间的布尔蕴含关系。一个布尔蕴含关系可以看作一个“如果-那么”规则。例如,“如果环境因子 A 是高水平的,那么微生物 B 是高丰度的”。这种简单的规则可以描述支配微生物群体的内在机制,从而使研究人员更深入地了解微生物之间以及微生物与其所在环境之间的关系。值得注意的是,与用于确定共出现关系的正相关和负相关性相比,布尔蕴含关系在自然中更具普遍性。例如,A 与 B 正相关意味着“如果 A 高,那么 B 也高;同时如果 A 低,那么 B 也低”,但是布尔蕴含关系意味着“如果 A 高,那么 B 也高;但是 A 低时,B 不确定”,因此,它能够描绘更多的关系。我们通过大量的仿真实验显示了 BIMS 算法的有效性,也证实了在很低的错误发现率(FDR)下,它可以实现很高的功效。我们将 BIMS 应用到一个真实的海洋微生物 16S rRNA 基因测序数据集上,在 FDR 为 0.01 时,共检测到 6 514 个布尔关系。基于这些高置信度的关系,我们构建出了 OTU 和环境因子的布尔蕴含网络,而且结果网络中的关系与已知生物知识具有一致性。此外,我们还将关系网络扩展到三维水平上,揭示微生物群体中更为复杂的关系。

4.1 BIMS 方法介绍

4.1.1 BIMS 算法流程

BIMS 方法基于这样一个思想:一种 OTU 和一个环境因子(EF)之间的关系可以用一种布尔蕴含关系来描述,而且这种布尔蕴含关系也可以用来刻画一个环境因子或微生物对另一种微生物的影响。如图 4.1 所示,两个对象之间共有 6 种可能的布尔蕴含关系,可以分别描述为①A 低→B 高,②A 低→B 低,③A 高→B 高,④A 高→B 低,⑤A 低→B 高且 A 高→B 低,⑥A 低→B 低且 A 高→B 高。值得注意的是,最后两个规则分别对应于正相关和负相关。这里我们把关系⑤称为布尔等价,把关系⑥称为布尔相反。我们假设上述 6 种布尔蕴含关系在大规模条件下具有稳定性,通过检测对象的测量值能够检测到上述 6 种布尔蕴含关系。

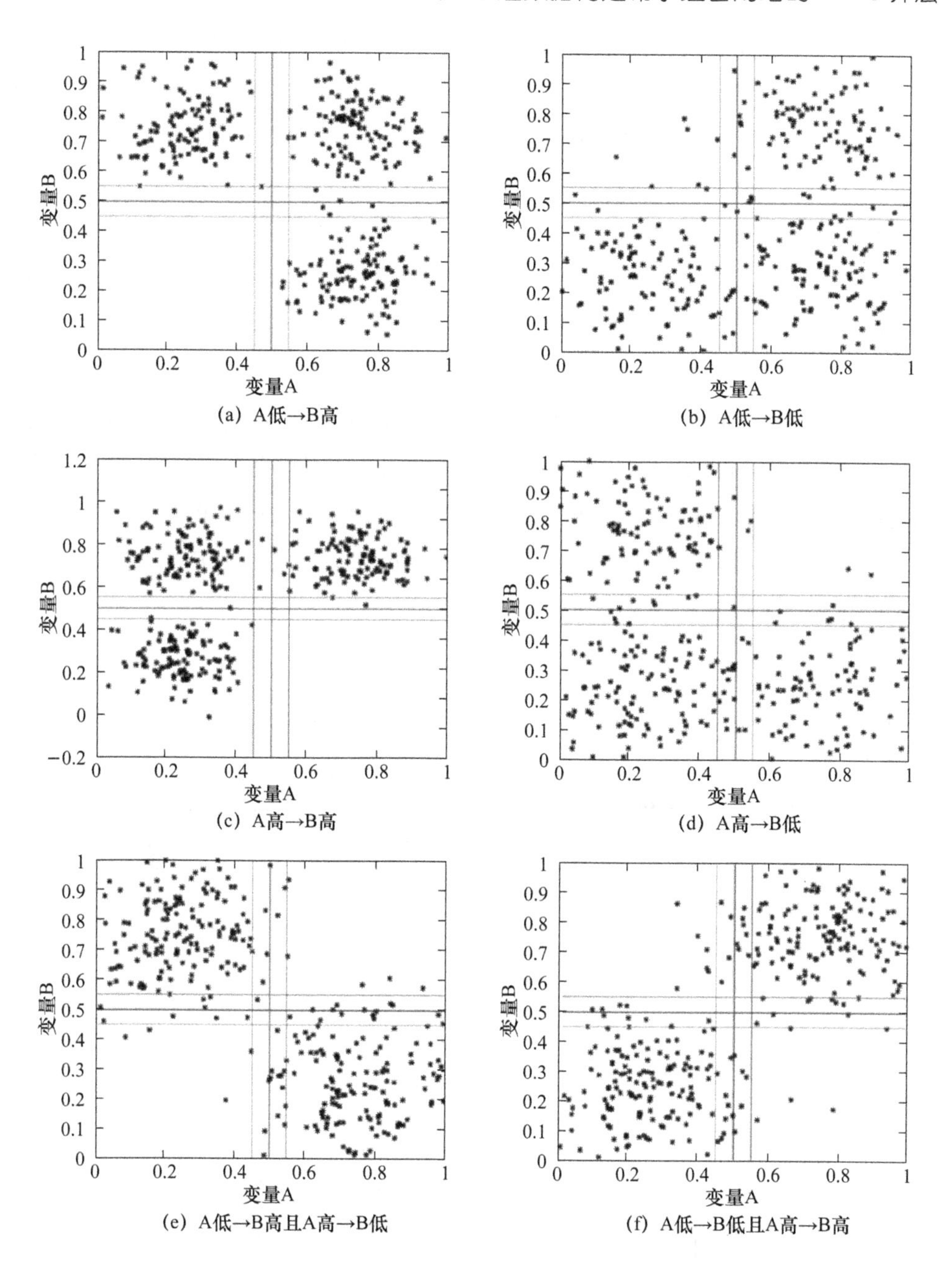

图 4.1 6 种布尔蕴含关系的散点图

因此,我们提出一种流程如图 4.2 所示的生物信息学算法 BIMS,根据微生物群体的 16S rRNA 测序数据建立布尔蕴含网络。BIMS 包含两个输入:①多个 16S rRNA 的测序数据集,②环境因子的测量值。BIMS 的输出是描绘微生物之间以及微生物与环境因子之间布尔蕴含关系的网络。在此网络中，节点是 OTU 或环境因子，节点之间有向的边表示节点之间的布尔蕴含关系。此外，每一条边用布尔蕴含关系的类型进行了标记。BIMS 主要流程如下：首先，BIMS 利用已有的聚类工具对多个 16S rRNA 测序数据集进行聚类，并数出每个样本中每种 OTU 的数目，如果输入的数据已经是 OTU 的丰度数据，我们可以跳过这一步；其次，我们将不同宏基因组数据集聚类得到的 OTU 丰度数据整合在一起形成 OTU 丰度表格；再次，我们过滤掉在所有样本中出现次数占比少于给定阈值(默认为 30%)的 OTU，并对每个样本通过除以该样本中剩下的 OTU 总数的方式进行归一化。最后，对剩下的 OTU 和环境因子进行两两布尔蕴含关系的推断。为了实现布尔蕴含关系推断，我们首先将 OTU 的丰度值和环境因子的测量值通过自适应的 StepMiner 算法进行二值化，将其分为 0(低)和 1(高)；然后基于两个对象的列联表，采用一个两阶段的假设检验过程来检测布尔蕴含关系的存在；最后通过控制 FDR 将推测出的两两布尔蕴含关系整合成一个布尔蕴含网络。

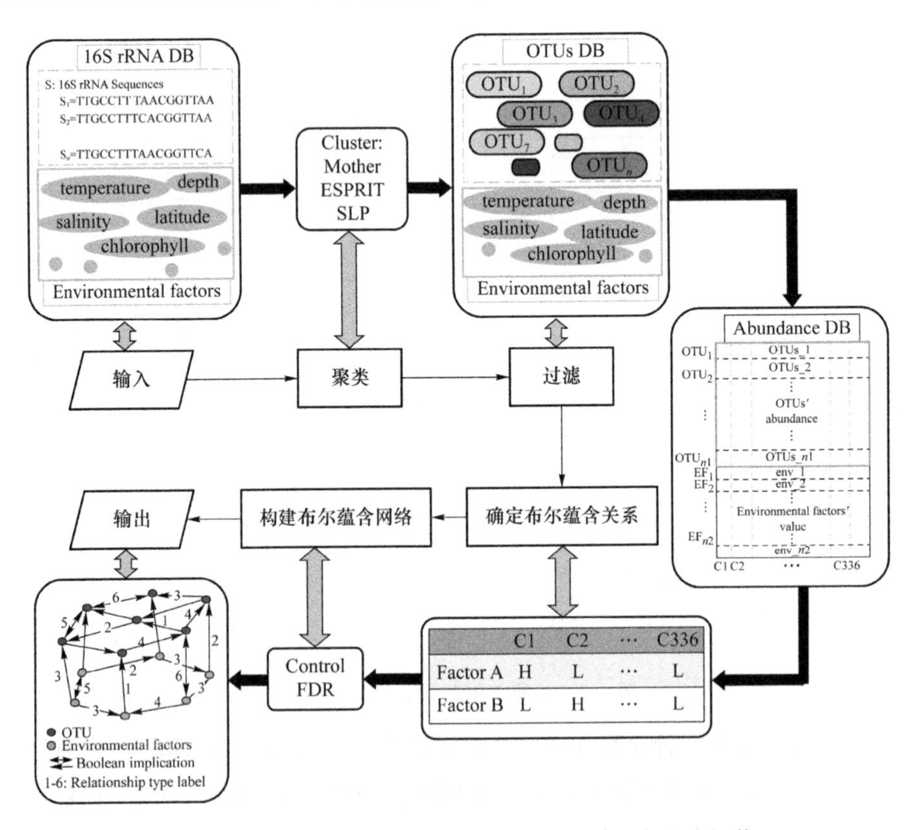

图 4.2 BIMS 根据 16S rRNA 测序数据构建布尔蕴含网络

4.1.2 OTU 丰度与环境数据预处理

如图 4.2 所示，BIMS 算法的输入数据是不同样本的 16S rRNA 测序数据和环境因子的测量值。我们首先利用已有的 16S rRNA 序列聚类工具（如 Dotur[216]，Mothur[217]，SLP[218]，Uclust[69]，CROP[205]）对各个样本的 16S rRNA 进行聚类分析，得到相似度阈值为 97％的 OTU。然后将样本中序列比对到各个 OTU 代表序列上，获得各个样本中各种 OTU 的丰度值，得到样本的 OTU 丰度表格。为了能够进行布尔蕴含关系检测，我们首先对在所有样本中出现次数比例小于一定阈值（默认 30％）的 OTU 进行过滤。过滤后的 OTU 和环境因子进入后续分析。

为了对布尔蕴含关系进行推断，我们首先用自适应的 StepMiner 算法[219] 将 OTU 丰度水平和环境因子测量值进行二值化，得到高和低两种水平。StepMiner 算法曾被用于从微阵列的时间序列数据中提取二值信号。简单来说，我们首先将一种 OTU 在所有样本中的丰度值按非减的顺序进行排序，然后用一个增加的阶跃函数对排序后的数据进行拟合，使得拟合值与原始数据之间的差异最小。StepMiner 用线性回归的方法对每一个可能的阶跃位置进行评估，以得到最优位置。在每一个位置上，计算一个 F 统计量的值，该统计量等于回归均方差除以拟合值的均方误差。因为这个 F 统计量服从 F 分布，因为对应的 P 值就等于得到的统计量的值在 F 分布中的尾概率。具有最小 P 值的阶跃的位置就作为离散化的阈值，大于此阈值的丰度值即为 1（高），小于此阈值的丰度值即为 0（低）。这样，二值化后的任意两个因子（OTU 或者环境因子）之间就可以进行布尔蕴含关系的推断了。

4.1.3 布尔蕴含关系推断

接下来我们对任意两个因子（OTU 与 OTU 或 OTU 与环境因子）利用一个两阶段的假设检验过程进行布尔蕴含关系推断，如图 4.3 所示。在第一阶段，首先，二值化后的两个因子的值可以形成 4 种组合（低-低、低-高、高-低和高-高）。对任意一个样本，根据其中两个因子的丰度水平，可以把该样本放入这 4 种组合之一中。这样就可以将所有样本在这 4 种组合中出现的频次构建成一个列联表。然后，假设检验的第一步是利用 Fisher 精确检验检测两个对象之间是否可能存在布尔蕴含关系。但是如果样本量很大，则需要根据 Sahoo 的论文[215,219]，利用类似于卡方检验的方法进行检验。如果第一步检验通过，我们进行第二步检验。在第二步检验中，BIMS 利用稀疏检验来确定是否真的存在布尔蕴含关系。

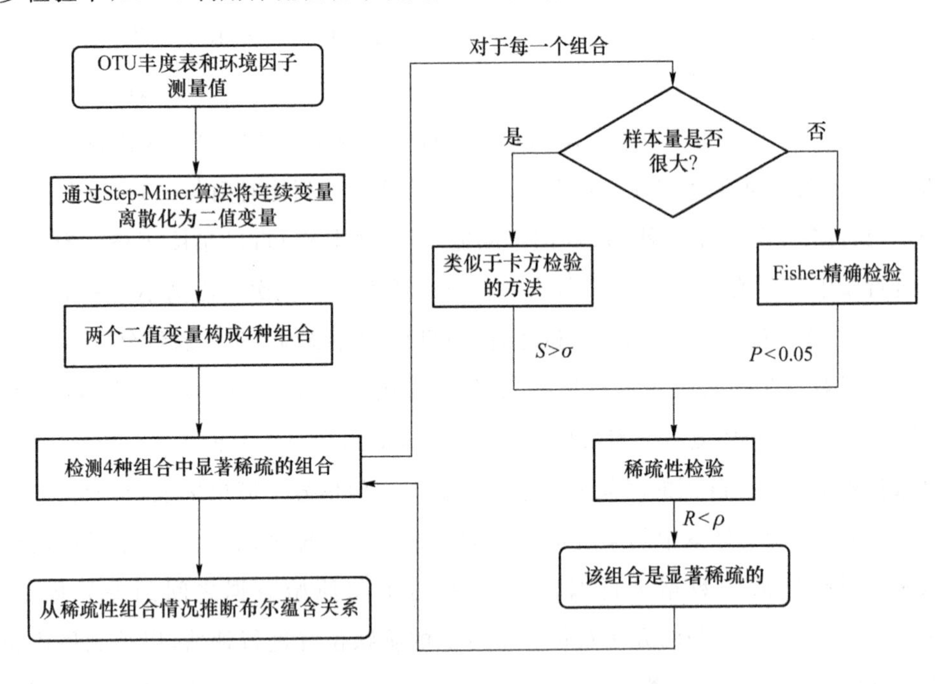

图 4.3　检测两个因子之间是否存在布尔蕴含关系的流程

比如，为了检测 A 低→B 高是否存在于样本中，我们首先根据因子 A 和因子 B 二值化后的丰度水平组合（A 低-B 低、A 低-B 高、A 高-B 低、A 高-B 高）出现的样本个数（分别记为 a_{00}，a_{01}，a_{10}，a_{11}）构建列联表。下一步要做的是检验组合 A 低-B 低中样本量的显著稀疏性。对于样本量较少的数据，我们利用 Fisher 精确检验来检测哪些组合出现的次数比其他组合明显少。具体而言，我们首先计算 $p_{00}=a_{00}/(a_{00}+a_{10})$ 和 $p_{01}=a_{01}/(a_{01}+a_{11})$，然后定义原假设 $H_0: p_{00}=p_{01}$，备择假设 $H_1: p_{00}<p_{01}$，来检验 a_{00} 是否稀疏。对每一个组合重复这样的检验过程，这样我们就知道 4 个组合中哪些是稀疏的。如果只有 A 低-B 低组合是稀疏的，那么我们可以得到 A 低→B 高。然而，当样本数很大时，Fisher 精确检验因计算量较大的原因可能不太实用，所以我们根据文献采取了一种类似于卡方检验的方法。具体来说，我们首先计算检验统计量

$$S_{00}=\frac{(E_{00}-O_{00})}{\sqrt{E_{00}}} \tag{4-1}$$

其中,O_{00} 和 E_{00} 分别代表 A 低-B 低组合中样本出现次数的观测值和期望值。然后我们分别计算式(4-2)和式(4-3),如下:

$$O_{00}=a_{00},E_{00}=a_{0\cdot}\times a_{\cdot 0}/a_{\cdot\cdot} \tag{4-2}$$

$$a_{0\cdot}=a_{00}+a_{01},a_{\cdot 0}=a_{00}+a_{10},a_{\cdot\cdot}=a_{00}+a_{01}+a_{10}+a_{11} \tag{4-3}$$

由于该统计量表征 A 低-B 低组合中样本的稀疏性,因此,可以用一个合适的自定义阈值 σ(如 σ 的范围为 2~3)来确定该统计量是否稀疏。

在第二阶段,我们将在稀疏组合中出现的样本视为错误点并计算错误率的最大似然估计(MLE)如式(4-4)所示。

$$R_{00}=\frac{1}{2}\left(\frac{a_{00}}{a_{0\cdot}}+\frac{a_{00}}{a_{\cdot 0}}\right) \tag{4-4}$$

其中,$a_{00}/a_{0\cdot}$ 和 $a_{00}/a_{\cdot 0}$ 是在两个组合中二项分布的 MLE,R_{00} 是两个 MLE 的平均值。如果 A 低-B 低组合中样本点稀疏,那么 R_{00} 应该很小,故我们可以定义阈值 ρ(如 $\rho=0.1$)来进一步过滤掉第一阶段检验得到的假阳性。

同样如表 4.1 所示,为了检测 A 低→B 低关系是否存在于样本中,需要检验组合 A 低-B 高中样本量的稀疏性;为了检测 A 高→B 高关系是否存在于样本中,需要检验组合 A 高-B 低中样本量的稀疏性;为了检测 A 高→B 低关系是否存在于样本中,需要检验组合 A 高-B 高中样本量的稀疏性;为了检测 A 低→B 低且 A 高→B 高关系(正相关)是否存在于样本中,需要同时检验组合 A 低-B 高和 A 高-B 低中样本量的稀疏性;为了检测 A 低→B 高且 A 高→B 低关系(负相关)是否存在于样本中,需要同时检验组合 A 低-B 低和 A 高-B 高中样本量的稀疏性。4 个象限的稀疏性检验公式如图 4.4 所示。

表 4.1 布尔蕴含关系与稀疏象限的对应关系

稀疏象限		关系
只有一个象限稀疏	A 低-B 低	A 低→B 高
	A 低-B 高	A 低→B 低
	A 高-B 低	A 高→B 高
	A 高-A 高	A 高→B 低
两个对角象限稀疏	A 低-B 低 A 高-B 高	A 与 B 相反
	A 低-B 高 A 高-B 低	A 与 B 等价

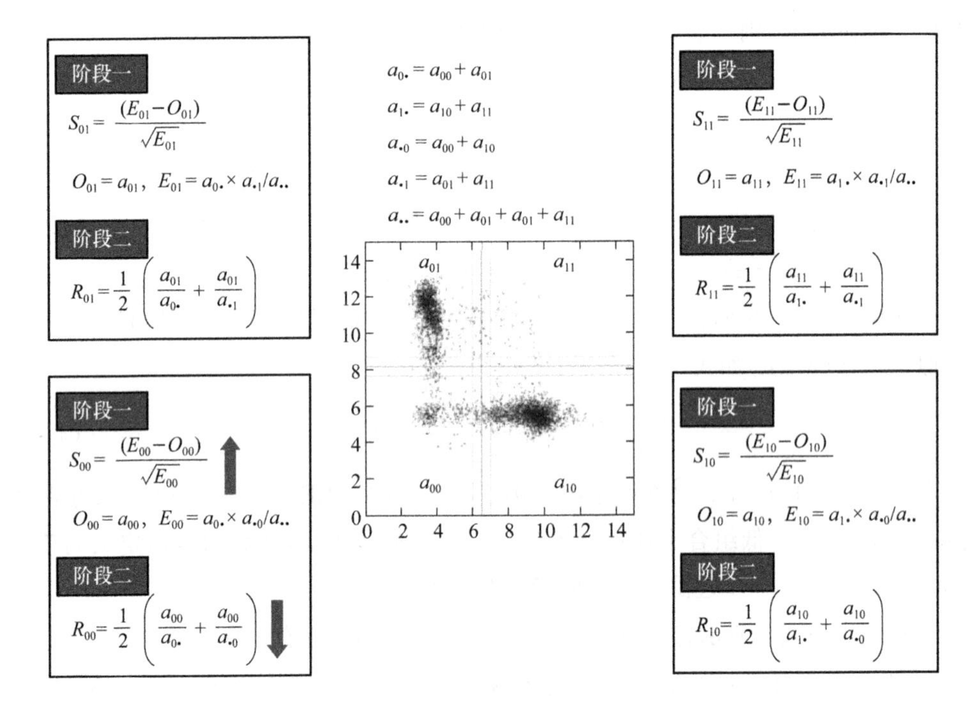

图 4.4　4 个象限的稀疏性检验公式

4.1.4　布尔蕴含关系网络构建

BIMS 用 Fisher 精确检验的 P 值、类似卡方检验中的 σ 和稀疏性检验中的 ρ 来评估每一个布尔蕴含关系的显著性。要将发现的所有的布尔蕴含关系整合成一个网络，我们需要计算 FDR 来表示根据随机概率发现的布尔蕴含关系的比例，即进行多检验矫正。具体而言，BIMS 首先将 OTU 的丰度值和环境因子的测量值分别随机打乱，然后在打乱后的数据上进行统计检验来确定布尔蕴含关系。重复以上两步 n 次(默认 $n=1\,000$)，则 FDR 等于在随机数据集中发现的布尔蕴含关系数目的平均值除以在原始真实数据中发现的布尔蕴含关系数目。通过选定合适的 FDR 阈值(默认为<0.01)，即可构建出布尔蕴含网络。

4.1.5　扩展到三维布尔蕴含关系

很少有微生物生存在单一的物种群体中。现有的研究显示，相对于单个因子来说，多个因子(环境或者微生物)的组合能更准确地预测目标微生物丰度随着时间的变化[2]。因此，BIMS 将布尔关系网络中的关系推断扩展到三维空间，通过推断三维布尔蕴含关系(如 A 高且 B 高→C 低)，进一步研究 3 个对象(OTU 或环境因子)之间的关系[220-221]。

给定每一个对象二值化后的丰度水平后，我们可以根据 3 个对象(A，B 和 C)的丰度水平得到 8 种组合，即 A 低-B 低-C 低、A 低-B 低-C 高、A 低-B 高-C 低、A 低-B 高-C 高、A 高-B 低-C 低、A 高-B 低-C 高、A 高-B 高-C 低、A 高-B 高-C 高。如图 4.5 所示，我们将属于这 8 种组合的样本数目分别记为 a_{000}，a_{001}，a_{010}，a_{011}，a_{100}，a_{101}，a_{110}，a_{111}。按照二维空间中的检验流程，我们同样也采用一个两阶段的假设检验来检测 3 个对象之间的布尔蕴含关系。

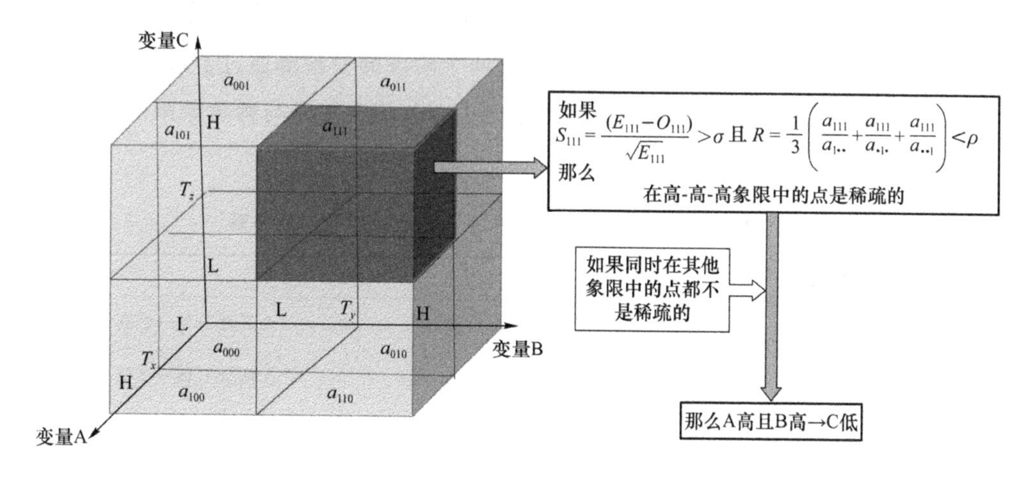

图 4.5　检测两个因子之间布尔蕴含关系的流程图

特别地，在统计检验之后，当有一个、两个或者三个组合中的样本数是稀疏时，则存在一种布尔蕴含关系。因此，我们首先确定 8 个组合中样本的稀疏情况与三维布尔蕴含的对应关系，如表格 4.2 所示。然后，我们检测哪个组合中样本是显著稀疏的。例如，为了检测组合 A 低-B 低-C 低中样本点数是否稀疏，我们可以在第一阶段根据样本量大小利用 Fisher 精确检验或类似卡方检验的方法。我们采用类似于卡方检验的方法，计算检验统计量，如式(4-5)所示。

$$S_{000}=\frac{(E_{000}-O_{000})}{\sqrt{E_{000}}} \tag{4-5}$$

其中，O_{000} 和 E_{000} 分别表示 A 低-B 低-C 低组合中样本点数的观测值和期望值。然后我们分别计算式(4-6)、式(4-7)和式(4-8)，如下：

$$O_{000}=a_{000}, E_{000}=a_{0\cdot\cdot}\times a_{\cdot0\cdot}\times a_{\cdot\cdot0}/a_{\cdot\cdot\cdot}^{2} \tag{4-6}$$

$$a_{0\cdot\cdot}=a_{000}+a_{001}+a_{010}+a_{111}, a_{\cdot0\cdot}=a_{000}+a_{001}+a_{100}+a_{101} \tag{4-7}$$

$$a_{\cdot\cdot0}=a_{000}+a_{010}+a_{100}+a_{110}, a_{\cdot\cdot\cdot}=a_{000}+a_{001}+a_{010}+a_{011}+a_{100}+a_{110}+a_{111} \tag{4-8}$$

因为该统计量表征A低-B低-C低组合中样本的稀疏性，所以可以用一个合适的自定义阈值σ来确定该统计量是否稀疏。对8个组合均重复这个检验，我们即可确定可能的布尔蕴含关系。在第二阶段，我们把在稀疏组合中出现的样本点看作错误点，然后计算错误率的最大似然估计如式(4-9)所示。

$$R_{000}=\frac{1}{3}\left(\frac{a_{000}}{a_{0\cdot\cdot}}+\frac{a_{000}}{a_{\cdot0\cdot}}+\frac{a_{000}}{a_{\cdot\cdot0}}\right) \tag{4-9}$$

R_{000}实际是三个维度上最大似然估计的平均值。如果A低-B低-C低组合是显著稀疏的，那么这个值应该很小。如果这两个阶段的检验都通过了，那么我们就检测到了一个三维布尔蕴含关系。三维空间中布尔蕴含关系与稀疏象限的对应关系如表4.2所示。

表4.2　三维空间中布尔蕴含关系与稀疏象限的对应关系

稀疏象限	关系	
只有一个象限稀疏	A低-B低-C低	A低且B低→C高
	A低-B低-C高	A低且B低→C低
	A低-B高-C低	A低且B高→C高
	A低-B高-C高	A低且B高→C低
	A高-B低-B低	A高且B低→C高
	A高-B低-A高	A高且B低→C低
	A高-B高-C低	A高且B高→C高
	A高-B高-C高	A高且B高→C低
两个对角象限稀疏	A低-B低-C低 A高-B高-C高	A和B相反于C
	A低-B低-C高 A高-B高-C低	A和B等价于C

4.2 BIMS 功效的仿真实验

4.2.1 仿真数据集的产生

我们通过一系列的仿真实验来评估 BIMS 的有效性。简单来说,对二维布尔蕴含关系中的 6 种类型,我们分别产生相同数目的阳性样本和阴性样本,然后混合在一起用 BIMS 进行检测,观察有多少阳性样本能够被正确检测出来。详细地说,阴性样本通过从真实样本中随机选出两个对象的丰度数据,并将其中一个对象的丰度值进行随机打乱的方法获得。阳性样本则用如下的概率模型进行仿真。设 X 和 Y 表示两个仿真对象,α 和 β 分别表示 X 和 Y 的低丰度样本所占比例,可通过真实数据集的情况对其进行赋值。设 p 表示 X 和 Y 同时是低丰度的概率。那么,我们有如下的联合概率:

$$\begin{cases} P(X=0,Y=0)=p \\ P(X=0,Y=1)=\alpha-p \\ P(X=1,Y=0)=\beta-p \\ P(X=1,Y=1)=1-\alpha-\beta+p \end{cases} \tag{4-10}$$

根据布尔蕴含关系的概念,4 个联合概率中有一个或者两个概率会比其他概率显著小,故参数 p 应该限制在一定范围内。例如,对于 X 低→Y 低,联合概率 $P(X=0,Y=1)$ 应该要显著小于另外 3 个。而对于布尔等价关系来说,$P(X=0, Y=1)$ 和 $P(X=1,Y=0)$ 都应该显著小于另外两个。为了对这一约束进行仿真,我们设定 T_1 为较小概率的上界,T_2 为较大概率的下界,则 p 的范围就能被确定。例如,对于 X 低→Y 低,限制条件如式(4-11)所示。

$$\begin{cases} P(X=0,Y=0)>T_2 \\ P(X=0,Y=1)<T_1 \\ P(X=1,Y=0)>T_2 \\ P(X=1,Y=1)>T_2 \end{cases} \Rightarrow \begin{cases} p>T_2 \\ p>\alpha-T_1 \\ p<\beta-T_2 \\ p>\beta+\alpha+T_2-1 \end{cases} \tag{4-11}$$

因此,我们可以从 p 的约束范围内均匀采样得到一个 p 值,进而得到阳性样本的 4 个联合概率。根据 4 个联合分布我们进而产生 n 个样本，其中 n 是实际数据中样本的点数。为了获得连续数据，我们从两个正态分布 $N(\mu_1, 1)$ 和 $N(\mu_2, 1)$ 中进行采样分别可以产生低丰度样本和高丰度样本，其中 $\mu_1 < \mu_2$。采用同样的方法，我们可以通过改变对 p 的约束，生成其他类型的布尔蕴含关系。

4.2.2 仿真结果

我们首先对真实数据集的分布进行了初步分析，根据真实数据集的数据特征产生仿真数据集。对包含 188 种 OTU 和 21 种环境因子的 336 组样本的二值化后的数据集的分析显示，对于 OTU 低丰度样本的比例是 87.71%（±0.23%），对环境因子低丰度样本的比例是 51.36%（±6.06%）。这一观测结果显示，尽管我们已经过滤掉了出现次数小于 30% 的 OTU，在实际数据中 OTU 的丰度数据仍然很稀疏。我们进一步列举了包含 OTU 和环境因子在内的 209 个对象的两两组合，然后用 BIMS 分析可能的布尔蕴含关系。结果显示，可能的低 → 高布尔蕴含关系相对很少，而可能的高 → 低布尔蕴含关系相对很多，如图 4.6 所示。

然后我们通过仿真实验的方式来评估 BIMS 的有效性，对于每种布尔蕴含类型，我们分别产生 100 个阳性样本和 100 个阴性样本，并将它们混合在一起，然后用我们的方法去检测阳性样本。我们将在 FDR 控制为 0.01 时，正确检测到的阳性样本的比例定义为方法的功效。如图 4.7 所示，BIMS 用 Fisher 精确检验作为检验的第一阶段时能够得到最高的功效。就 6 种关系总体而言，一方面，当控制 FDR 不大于 0.01 的条件下，我们成功检验到了 545 个真阳性关系，功效为 90.83%。另一方面，BIMS 用类似卡方检验的方法作为检验的第一阶段时检测到 539 个真阳性关系，功效为 89.83%。这一结果与我们预测的一致，因为精确检验较近似检验来说一般能得到更高的功效，但也会耗费更多的时间。为了更好地平衡功效和时间复杂度的关系，我们可以根据样本的大小来选择第一阶段检验所用的方法，如图 4.6 所示。

为了验证第一阶段检验所起的效果，我们直接跳过第二阶段检验，重复上述仿真实验，结果如图 4.7 所示。类似卡方检验的方法在控制 FDR 不大于 0.01 的条件下，能够检测到 366 个真阳性关系，功效为 61%。同样地，为了验证第二阶段的检验所起的效果，我们直接跳过第一阶段检验，重复上述仿真实验，结果如图 4.7 所示。仅采用第二阶段检验的方法在控制 FDR 不大于 0.01 的条件下，只能捕捉到 241 个真阳性关系，功效为 40.17%。因此，如果仅采用 BIMS 两阶段检验的其中之一，检验功效会大大降低。

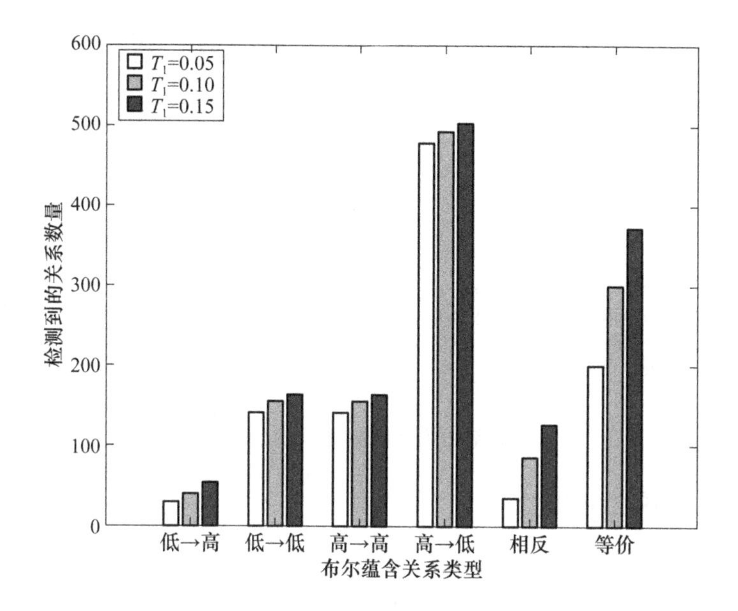

图 4.6 基于仿真实验得到的 6 种蕴含关系的数量

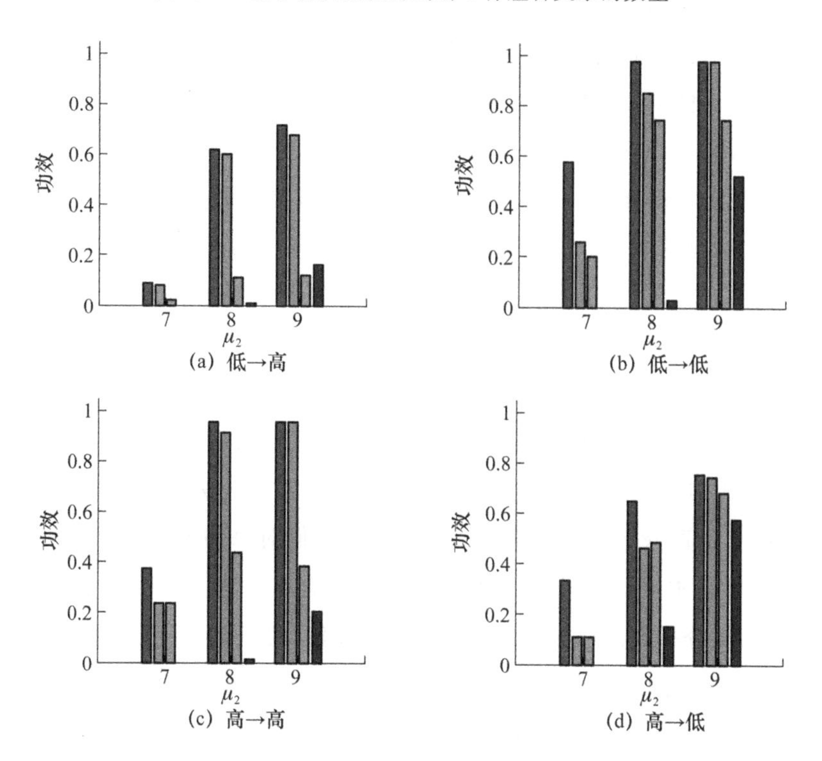

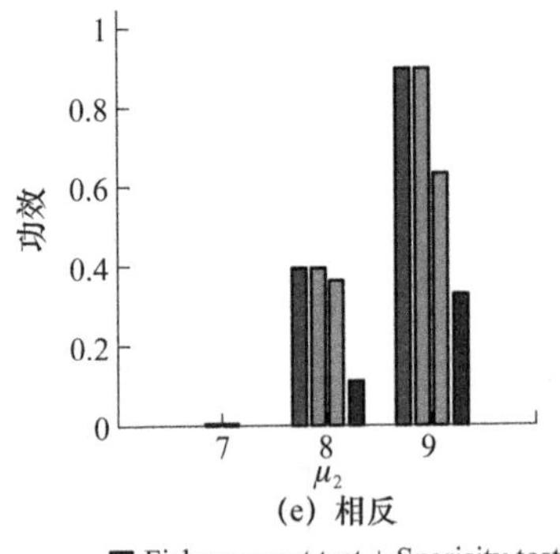

(e) 相反

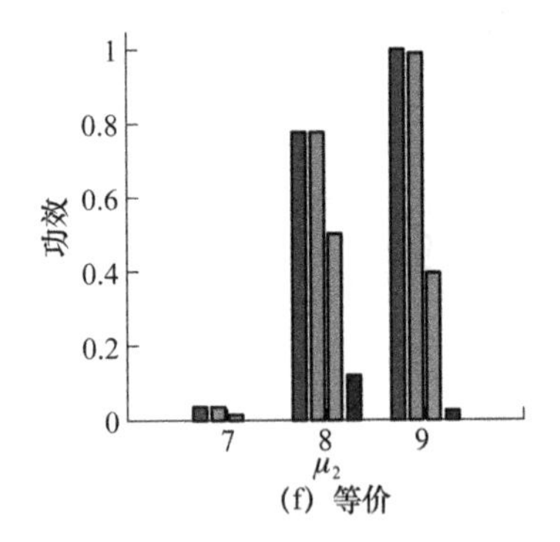

(f) 等价

Fishers exact test + Sparisity test
Chi-squared like test + Sparisity test
Chi-squared like test
Sparisity test

彩图 4.7

图 4.7　基于仿真实验的 4 种方法的比较

4.2.3　BIMS 功效讨论

在仿真实验中，很明显 BIMS 的功效与产生仿真数据所用的参数 T_1 和 μ_2 有关。如图 4.8 所示，随着 μ_2 的增大 BIMS 的功效增加，同时随着 T_1 的增大 BIMS 的功效下降。这一现象与我们的期望也是一致的，因为 μ_2 增大使得产生的高丰度的数据值会明显比低丰度的数据值大，而 T_1 减小会使稀疏的组合中样本点数明显比少于其他组合，因此，均会产生更高的功效。通过分析仿真实验的结果，我们也发现 BIMS 在检测低 → 高和高 → 低的布尔蕴含关系时，检测到的数量较少，如图 4.6 和图 4.8 所示。可能的解释是，我们的仿真模型参数均来源于真实的数据集，而自然界中低丰度的 OTU 比例往往是很高的，这会导致低 → 高和高 → 低两种布尔蕴含关系本身就很少。

为了探索样本量对 BIMS 功效的影响，我们在仿真实验中改变样本量的大小，然后在控制 FDR 不大于 0.01 的情况下检测布尔蕴含关系。结果如图 4.9 所示，样本量越大时，BIMS 的功效越高。为了与基于相关系数的相关性分析方法进行比较，我们也进行了仿真分析。设 $T_1=0.1$，$\mu_2=10$，我们对每种布尔蕴含关系分别产生了 100 个阳性样本和 100 个阴性样本，将其混合在一起，然后分别用 BIMS 和 Pearson 相关性分析方法检测。用 BIMS 方法我们检测到 547 个正确的阳性样本，功效为 91.17%。因为 Pearson 相关性分析只能检测出正相关和负相关的关系，所以在显著性水平为 0.05 时，只检测到 217 个关系，功效为 36.17%。基于上述仿真，我们可以得出结论:BIMS 方法能够检测到基于相关性系数的方法检测不到的非对称关系。

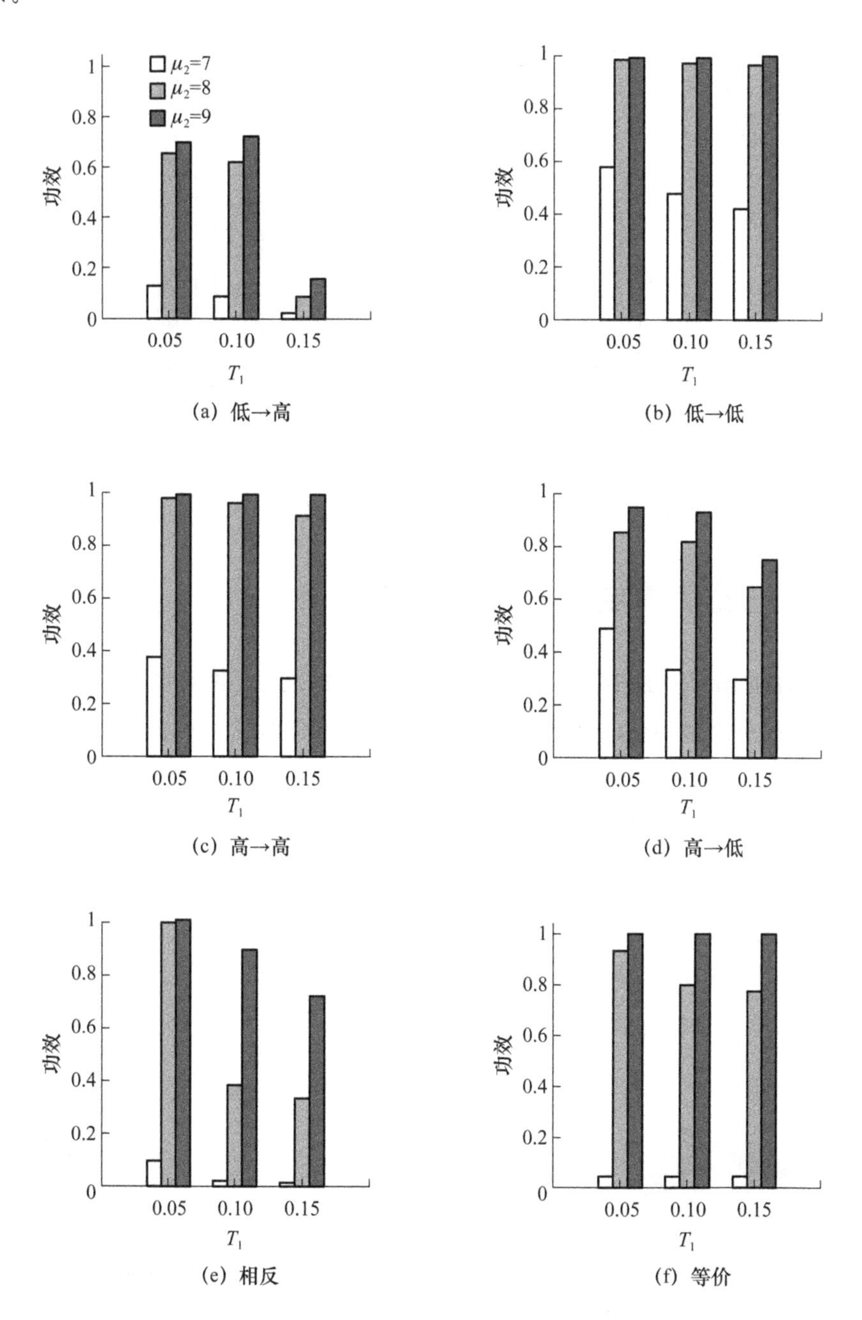

(a) 低→高　(b) 低→低

(c) 高→高　(d) 高→低

(e) 相反　(f) 等价

图 4.8　BIMS 功效随参数 μ_2 和 T_1 的变化

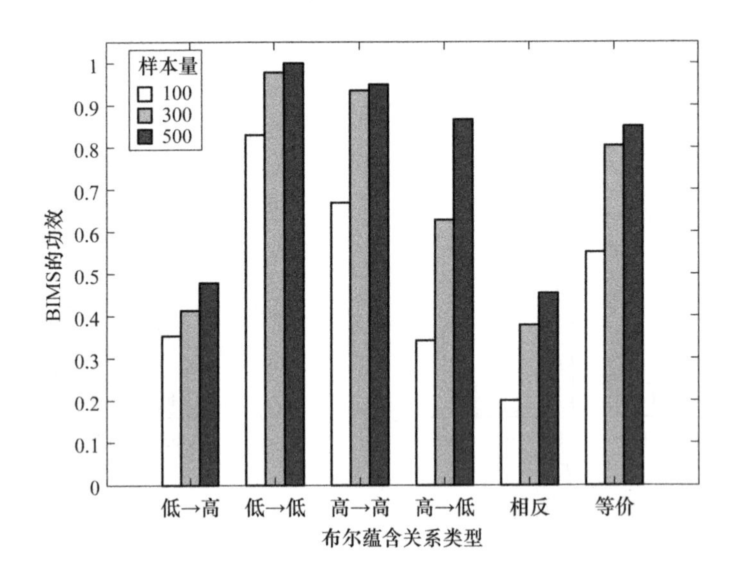

图 4.9　BIMS 对不同类型关系的检验功效与样本量的关系

4.2.4　三维仿真结果分析

为了验证 BIMS 在三维布尔蕴含关系推断上的功效，我们也进行了三维仿真数据分析。简单来说，将 3 个对象二值化之后可以组合形成 8 个象限，而这 8 个象限可以形成 10 种稀疏象限的组合情况，对应着 10 种三维布尔蕴含关系，如图 4.10 所示。我们首先通过仿真模型分别对每种类型的蕴含关系产生了 100 个真的蕴含关系(共 1 000 个) 和 1 000 个假的蕴含关系背景，然后用 BIMS 进行检测。结果发现我们在控制 FDR 不大于 0.01 的情况下，能正确地检测到 864 个三维布尔蕴含关系，功效为 86.4%。证明了 BIMS 在三维布尔蕴含关系检测中的有效性。

彩图 4.10

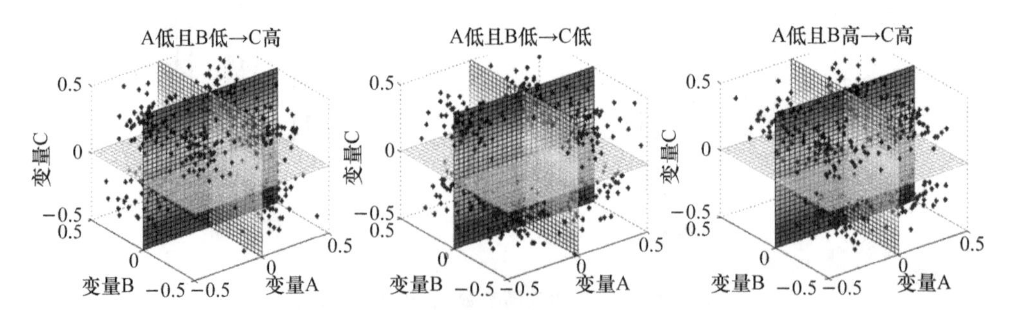

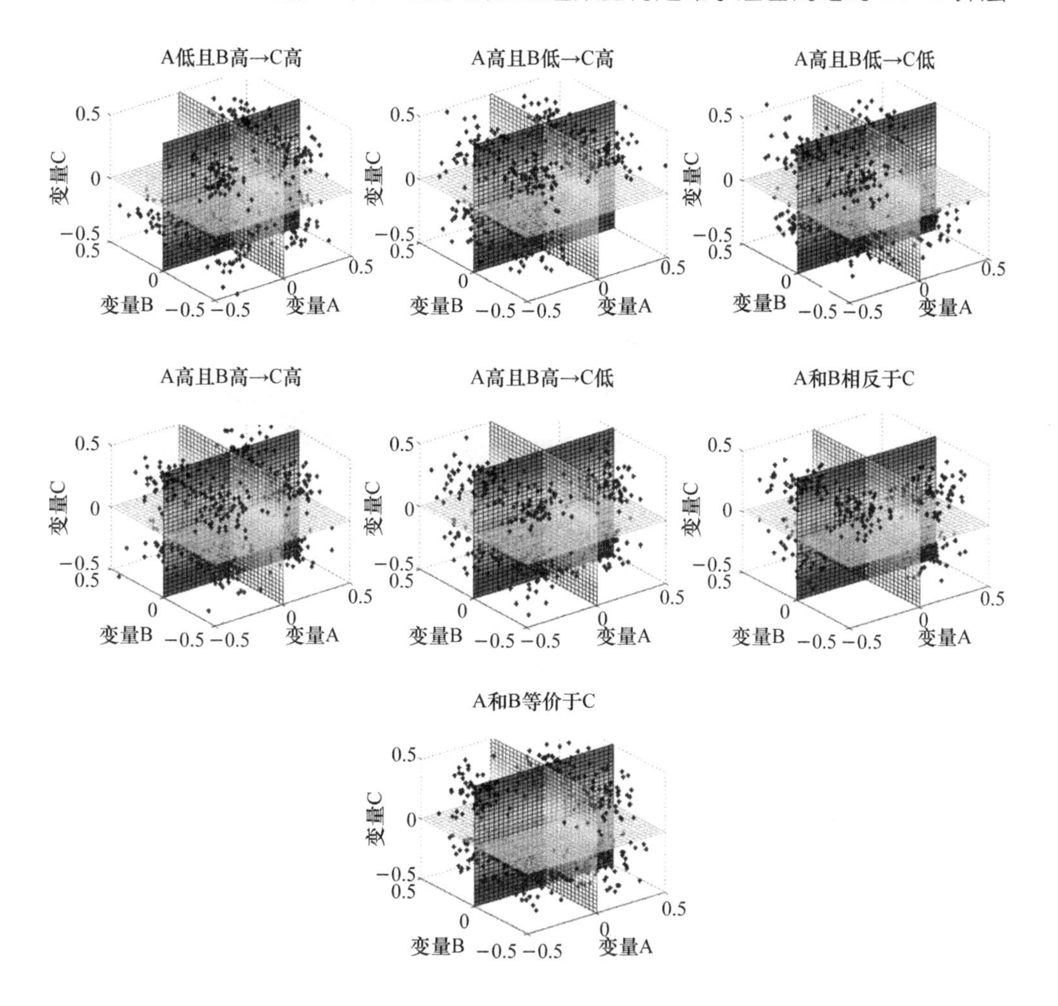

图 4.10 三维布尔蕴含关系与对应的象限稀疏情况

同时，我们也评估了类似卡方检验中的σ和稀疏性检验中的ρ的阈值对结果的影响，结果显示这两个参数与 FDR 之间存在一定的关系，如图 4.11 所示。根据图 4.11 显示的结果，我们可以看出当σ为 2.0 ～ 3.0 且ρ为 0.1 时，通常能很好地控制 FDR $<$ 0.01。为了检测σ对最终结果的鲁棒性，我们设置当σ的变化范围为 2.0 ～ 3.0 的情况下，计算 FDR，结果如图 4.12 所示，σ的值对最终结果是鲁棒的。因此，在我们的分析中，我们默认设置$\sigma = 2.2$，$\rho = 0.1$，并将其作为类似卡方检验中的 S 和稀疏性检验中的 R 的阈值。

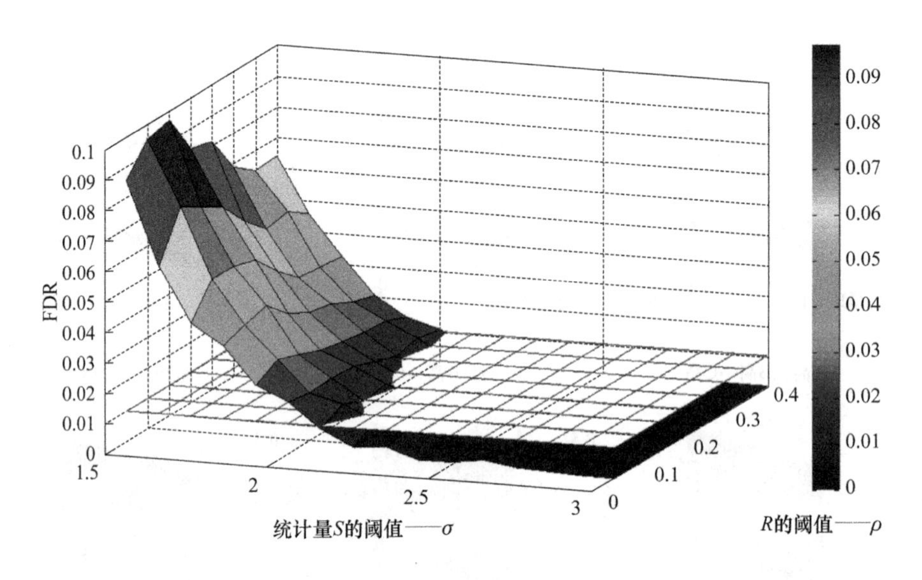

图 4.11　类似卡方检验中的 σ 和稀疏性检验中的 ρ 的阈值对结果的影响

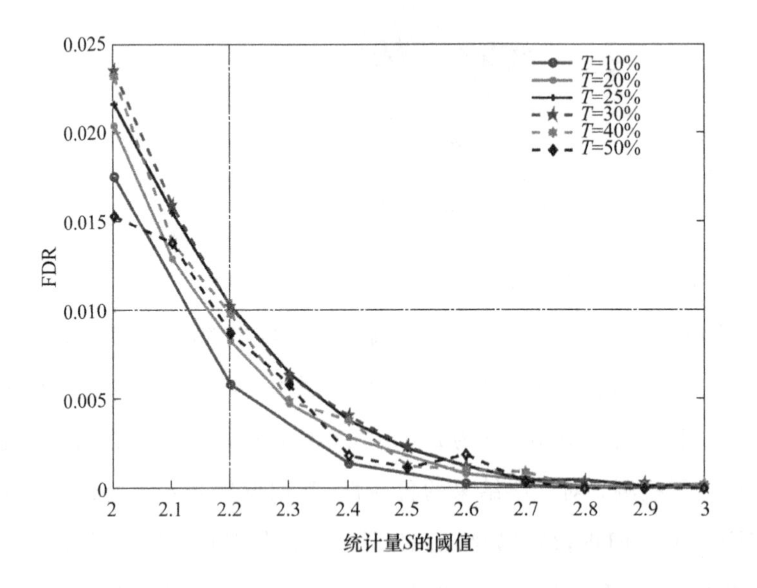

彩图 4.12

图 4.12　类似卡方检验中的 σ 对结果的鲁棒性

4.3 真实数据分析与讨论

4.3.1 真实数据

为了验证 BIMS 算法在真实数据上的性能，我们从 VAMPS(Visualization and Analysis of Microbial Population Structure) 项目(http://vamps.mbl.edu/index.php) 中提取了一个数据集，该数据集包含 336 个环境样本，共计 126 999 种 OTU 的丰度水平和 21 种环境因子的测量值。对于几个缺失的环境因子，我们采用线性插值的方法进行补充。然后我们进行一步额外的过滤来滤掉在所有样本中出现次数小于 30% 的 OTU。值得注意的是，这样的过滤有益于后续分析：① 能显著减少 OTU 的数目进而减小计算量；② 有效减少出现次数极少的 OTU 所带来的噪声，从而提高分析的鲁棒性。阈值设定为 30% 时，过滤之后剩下了 188 种 OTU 进入下一步的分析。

4.3.2 二维布尔网络构建与分析

当输入为 21 种环境因子的测量数据和在 336 组样本中出现次数比例大于 30% 的 188 种 OTU 的丰度数据时，在控制 FDR 为 0.01 前提下，将 Fisher 精确检验作为检验的第一阶段，BIMS 的输出网络包含 6 514 个布尔蕴含关系，如表 4.3 所示；将类似卡方检验作为检验的第一阶段，BIMS 的输出网络包含 3 910 个布尔蕴含关系。进一步表明了用 Fisher 精确检验能得到更高的功效。如表 4.1 所示，只有 7 个布尔蕴含关系是对称关系。在仿真实验中，我们发现检测到的两种对称关系并不比非对称关系少，在真实数据集中得到这样的结果意味着在自然界中微生物之间比起简单的线性相关关系，更多的是复杂的非对称关系。另外，我们也只检测到了 16 个低 → 高的蕴含关系。这可以从两个方面进行解释：① 真实数据中这种关系本来就少，② 存在很多低丰度的物种。最后，我们发现高 → 低的关系是最多的，同样这也可以从两个方面进行解释：① 微生物群落中这种关系本来就多；② 当微生物群落中某些微生物形成主导优势时，会引起很多其他微生物丰度降低。根据逆否命题的性质，即如果A低→B低成立，那么B高→A高也一定成立，故在所有结果网络中得到的布尔蕴含关系低→低的数目恒等于高→高的数目。

表4.3 海洋微生物与环境因子的布尔关系统计

稀疏象限		关系	数目
只有一个象限稀疏	低 - 低	低→高	16
	低 - 高	低→低	340
	高 - 低	高→高	340
	高 - 高	高→低	5 804
两个对角象限稀疏	低 - 低 高 - 高	相反	0
	低 - 高 高 - 低	等价	14
	共计		6 514

在过滤OTU时，我们将阈值从10%提升到50%，并对过滤后的OTU和环境因子进行布尔蕴含关系的检测，结果如图4.13所示，阈值越小，得到的网络中布尔蕴含关系越多。但是，在所有情况下，对称关系所占比例都小于3%，这表明了微生物网络中简单线性关系其实是很少的。另外，与之前的研究结果一致，布尔蕴含关系高→低的数目是最多的，低→高的数目是最少的。低→低和高→高的数目是差不多的，而且两种都很多，可能是因为很多微生物都是区域共生存在的。

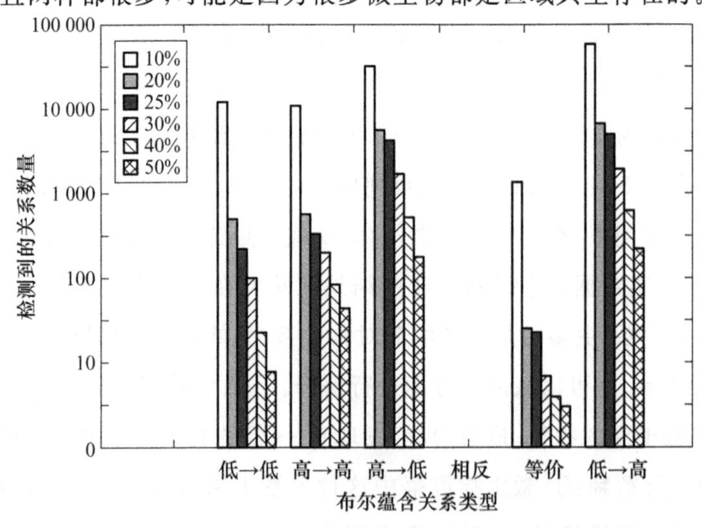

图4.13 BIMS输出的布尔网络中不同蕴含关系的数目

根据 209 个对象利用 BIMS 构建出的布尔蕴含关系网络如图 4.14 所示。该网络包含 181 个节点(162 种 OTU 和 19 种环境因子)和 6 514 条边。在这些边中,4 934 条是 OTU 之间的,38 条是环境因子之间的,剩下的 1 542 条是 OTU 与环境因子之间的,如图 4.15(a) 所示。另外通过对网络进行分析我们发现,平均来说,每一个 OTU 与 26.89 个 OTU 相连,与 4.19 个环境因子相连;每一个环境因子与 39.79 个 OTU 相连,与 2 个环境因子相连,而且整个网络是全联通的。不考虑环境因子时,由 OTU 构成的子网络可以分为 1 个大的联通网络和 8 个单节点。

彩图 4.14

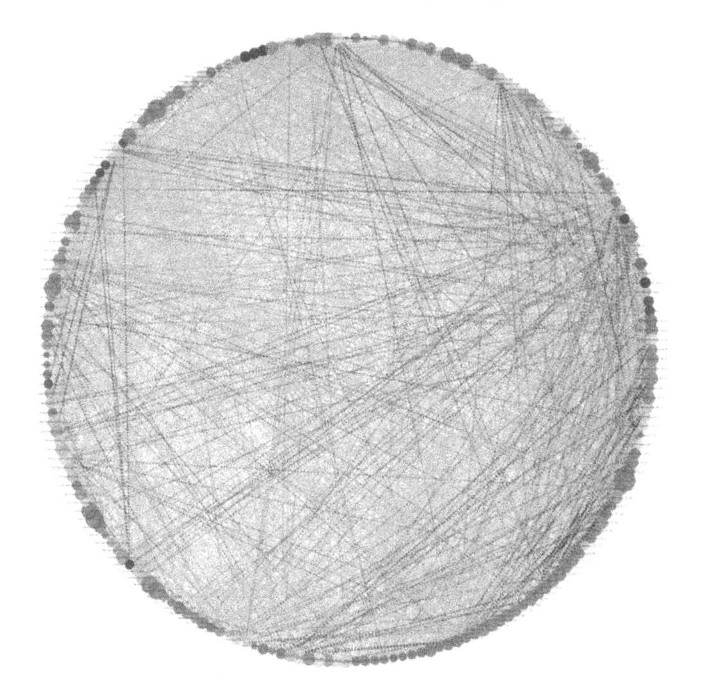

图 4.14 BIMS 检测到的布尔蕴含关系网络的网络可视化结果

通过观察结果网络我们发现,大部分关系都是微生物之间的,也说明了微生物群落中 OTU 之间的密切关联性,这与之前的研究结果一致[211],即微生物之间的关系要比微生物与环境之间的关系更加普遍。针对这一现象的一个可能的解释就是那些真正会影响微生物丰度的环境因子我们没有测量到,也有可能是因为我们所研究的对象是深海的海洋微生物,深海海洋环境本身就是相对稳定的。另外,我们还用 Cytoscape[206] 对 OTU 构成的子网络的拓扑属性进行了分析,如图 4.15(b) 所示,网络的平均聚集系数为 0.097,大于同等规模的随机网络(0.036);网络的平均路径长度为 2.028，与同等规模的随机网络(2.242) 接近。这表征该 OTU 网络具有网络小世界的特性。另外，根据最短路径长度的分布图可知，如图 4.14(c) 所示，该网络的最短路径在 1 ～ 3 范围内，表征大部分微生物是通过布尔蕴含关系紧密联系在一起的，具有较强的相关性。之前也有研究报告过海洋微生物的网络小世界特性[211]，这说明大部分微生物是聚集成一个紧密联系的群体的，只有个别微生物是相对独立的。那些具有较高聚集系数的 OTU 所对应的物种，可能是一些关键物种，它们可能在微生物群落中扮演着很重要的角色。这意味着小世界模式使网络对环境变化和扰动的鲁棒性更强，这主要是因为如果高度连接的节点丢失，网络将急剧变化[222-223]。

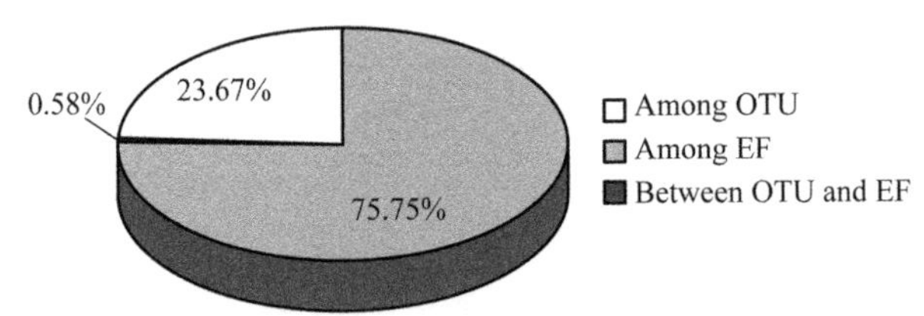

(a) 布尔蕴含关系在OTU与环境之间的分布情况

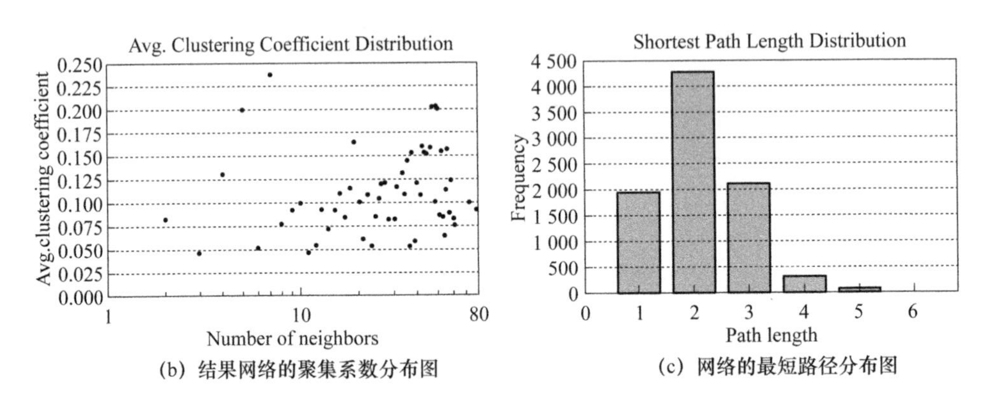

(b) 结果网络的聚集系数分布图　　(c) 网络的最短路径分布图

图 4.15　BIMS 检测到的布尔蕴含关系网络的网络属性

我们进一步可视化了一个子网络作为例子来检测 BIMS 的有效性，如图 4.16(a) 所示。该子网络包含了 60 个节点和 228 条边，节点为 42 个 OTU 和 18 个环境因子，67 条边是 OTU 之间的，16 条边是环境因子之间的，145 条边是环境因子和 OTU 之间的。特别地，有些环境因子具有很高的自由度，深度的自由度为 20，盐度的自由度为 13，温度的自由度为 10，这表征着它们在影响海洋微生物丰度上的重要性。然后我们单独抽取出这些重要环境因子和与它们相连的 OTU 来展示这些重要环境因子和它们所影响到的 OTU，如图 4.17 所示，根据这些网络图可以看出重要的环境因子在它们的网络小世界中处于中心地位，可以直观地看出这些环境因子促进或者抑制哪些 OTU，以帮助我们更好地认识这些海洋环境数据。

由图 4.16(b) 可知，我们检测到了布尔蕴含关系“depth 高 → chlorophyll 低”，这与之前的认知一致，而且这很容易理解。随着采样深度的增加，光强减小，光合作用变弱。因此，可以进行光合作用的物种数量就会减少，进而叶绿素的含量也会变得很低。此外，我们也检测到“depth 低 → salinity 低”，这与之前的研究结果也是一致的，因为浅水的海岸区域受流入淡水的影响，其盐度被稀释[224]。然而，我们关于微生物受环境因子影响的先验知识很少，故可以通过样本散点图的方式进行直观验证，如图 4.18 所示。如图 4.18(a) 所示，“Temperature 高 → Alphaproteobacteria_03_29 低”所对应的散点图中高 - 高象限中的样本点数明显稀疏，故我们可以直观地得出当温度高时，Alphaproteobacteria_03_29 的丰度较低。此外，如图 4.18(c) 所以，“Gammaproteobacteria_03_46 高 → Gammaproteobacteri
a_03_75 高”所对应的散点图中高 - 低象限中的样本点数明显比其他象限中样本点数要少，所以我们可以直观地得出当 Gammaproteobacteria_03_46 的丰度较高时，Gammaproteobacteria_03_75 的丰度也较高，这可能是因为这两种 OTU 均属于伽马变形菌，对环境的适应性相似。图 4.18(d) 中的 depth_start 与 depth_end 被检测到具有等价关系，这是因为在采样过程中采样位置限制在 1 m 以内。

彩图 4.16

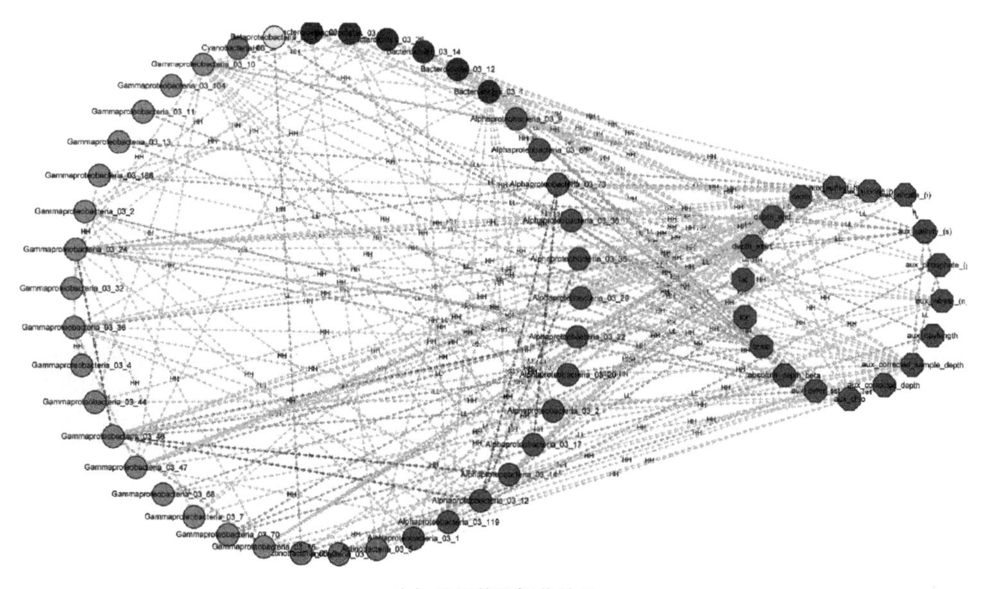

(a) 子网络可视化结果

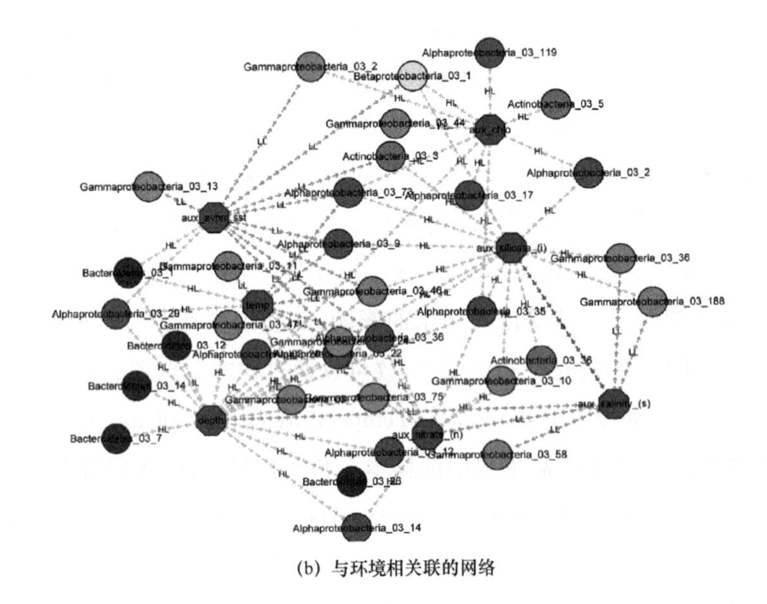

(b) 与环境相关联的网络

图 4.16　BIMS 检测到的布尔蕴含关系网络的子网络可视化结果

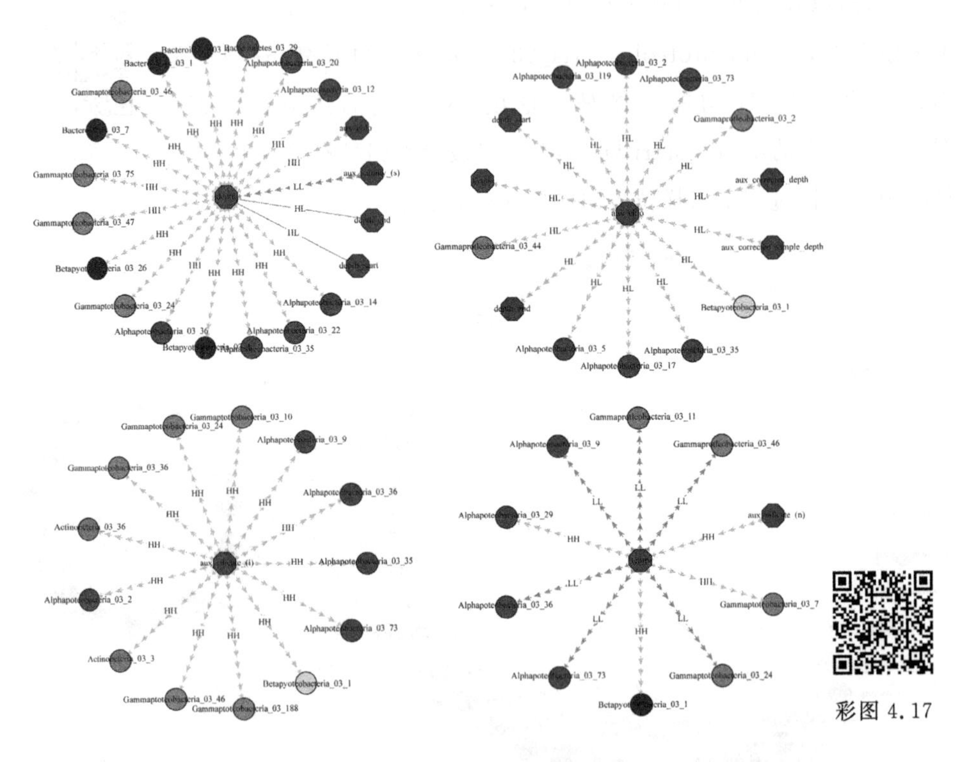

彩图 4.17

图 4.17　BIMS 检测到的重要环境因子的布尔蕴含关系网络可视化结果

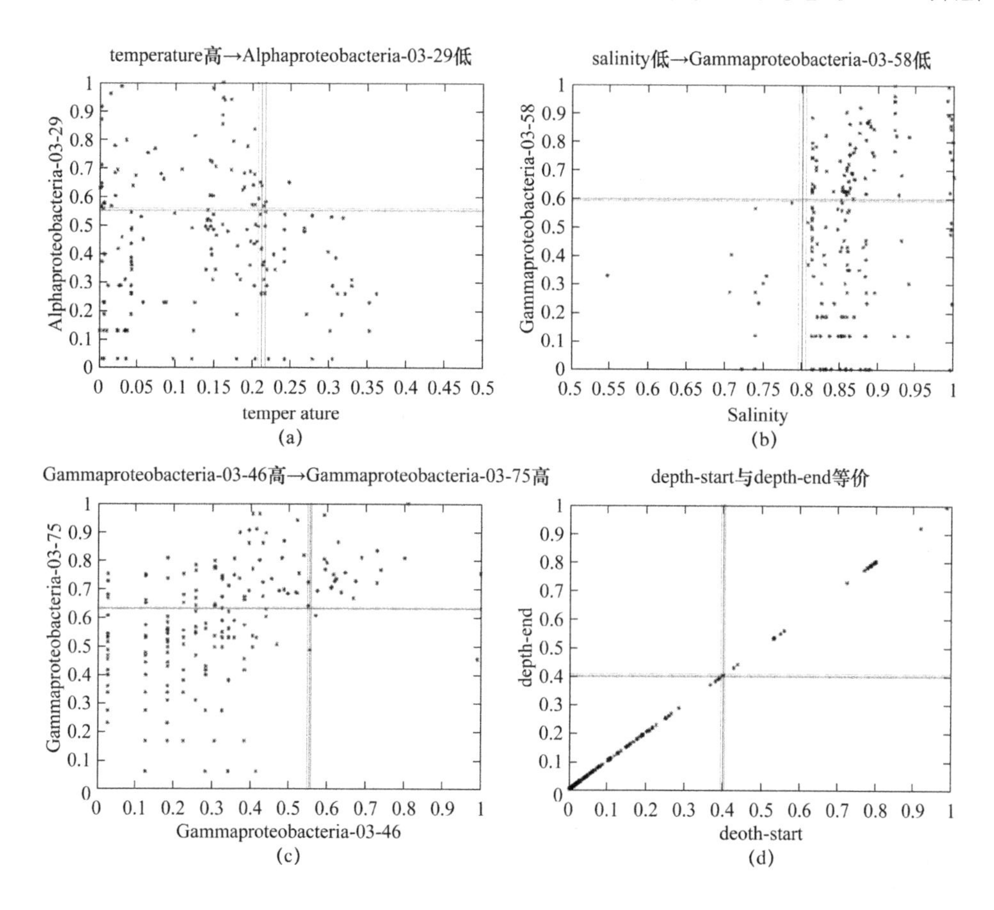

图 4.18　通过二维散点图的方式验证检测到的布尔蕴含关系的正确性

4.3.3　三维布尔网络构建与分析

为了减少计算量，我们在检测三维的布尔蕴含关系时使用类似卡方检验的方法作为检验的第一阶段。我们在 13 个环境因子和 24 种 OTU（在 336 组样本中出现次数大于 60%）的真实数据集上检测三维的布尔蕴含关系。在控制 FDR 小于 0.01 的情况下，我们共检测到 2 186 种关系，如表 4.4 所示。比如我们检测到布尔关系"depth 低且 temperature 低 → Betaproteobacteria_03_1 高"，意味着微生物 Betaproteobacteria_03_1 在温度较低的浅水区域更容易富集。而布尔关系"chlorophyll 高且 nitrate 高 → Gammaproteobacteria_03_32 低"意味着微生物

Gammaproteobacteria_03_32 可能是光合细菌，需要氮元素进行光合作用。

由于关于微生物之间或者微生物与环境因子之间三维关系的先验知识比较少，难以通过文献检索来验证我们的结果，故我们通过直接观察其三维散点图进行直观地验证，图 4.19 所示。如图 4.19 所示，在布尔蕴含关系"depth 高且 latitude 低→Alphaproteobacteria_03_1 低"对应的三维散点图中，象限高-低-高中的样本点明显要比其他象限中的稀疏，故由散点图我们也能得到当深度较深且纬度较低时，Alphaproteobacteria_03_1 的丰度较低。如图 4.19 所示，在"depth 高且 temperature 高→Alphaproteobacteria_03_2 低"对应的三维散点图中，象限高-高-高中的样本点明显要比其他象限中的稀疏，故由散点图我们也能得出当深度较深且温度较高时，Alphaproteobacteria_03_2 的丰度较低。可见，由散点图得出的布尔蕴含关系与我们检测到的布尔蕴含关系是一致的，进一步证明了 BIMS 的可靠性。

表 4.4　海洋微生物与环境因子的三维布尔关系统计结果

稀疏象限		关系	数目
只有一个象限稀疏	低-低-低	A 低且 B 低→C 高	9
	低-低-高	A 低且 B 低→C 低	178
	低-高-低	A 低且 B 高→C 高	23
	低-高-高	A 低且 B 高→C 低	631
	高-低-低	A 高且 B 低→C 高	4
	高-低-高	A 高且 B 低→C 低	256
	高-高-低	A 高且 B 高→C 高	65
	高-高-高	A 高且 B 高→C 低	1 020
两个对角象限稀疏	低-低-低 高-高-高	A 和 B 相反于 C	0
	低-低-高 高-高-低	A 和 B 等价于 C	0
共计			2 186

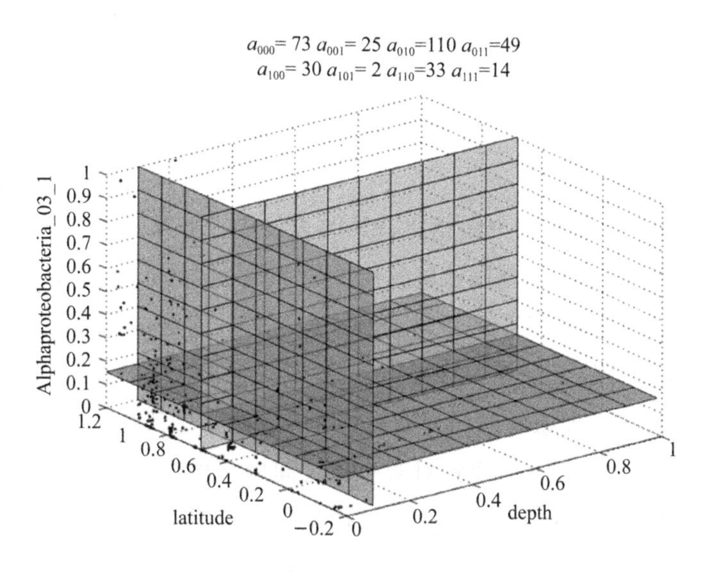

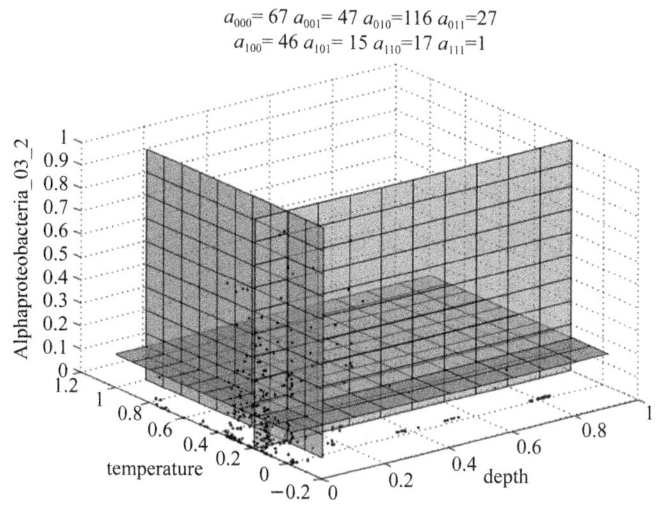

图 4.19 通过三维散点图的方式验证检测到的布尔蕴含关系

4.4 BIMS 方法研究讨论

上述方法主要是基于变量之间的丰度相关系数进行的。这些方法尽管适用于挖掘共出现或者共丰度变化的关系，但是不能解释为什么某种微生物会在群落中富集或者缺失，也不能回答微生物是如何彼此影响的或者受环境影响的。从布尔蕴含的角度出发，BIMS可以检测群落中更加复杂的逻辑关系，因此，可以在微生物群落关系中回答部分因果关系。此外，通过布尔蕴含网络的构建，我们可以更好地展示微生物群落中的调控关系。从这个角度讲，BIMS提供了一个挖掘宏基因组数据网络关系的新平台。

与Sahoo等[219]提出的方法相比，BIMS方法依赖于更加精确的检验，因此，它可以得到更好的功效。但是精确检验的代价是计算速度的下降，故如何在提高功效的同时不增加计算量，是我们以后的研究方向。另外，对连续丰度数据的离散化得到二值变量，虽然能够滤除掉一些噪声，但是同时也损失了信息量，从而导致功效降低。因此，研发一个理想的回归模型对连续数据进行二值化，也是我们下一步的研究方向。虽然现在BIMS主要针对微生物之间以及微生物与环境之间的关系研究，但实际上BIMS也可以被应用于宏基因组学分析得到的微生物基因与环境之间的关系研究上，但是考虑微生物的基因数目要远远大于微生物种类，故如何提高计算效率是拓展BIMS的关键所在。

本章我们提出了通过宏基因组测序数据挖掘微生物和环境因子的布尔蕴含关系的方法——BIMS，并通过仿真实验和真实数据集验证了此方法的功效。该算法首先用自适应的二值化方法将归一化后的OTU丰度数据和环境因子的测量值二值化，然后基于二值化后的数据检测布尔蕴含关系，最后通过控制FDR构建了OTU和环境因子的布尔蕴含网络。我们对网络中的关系通过文献或者直观图示法进行了验证。BIMS不仅能够检测到简单的线性关系，而且能检测到更加复杂的关系，即非对称的布尔蕴含关系，因此，更适用于复杂关系的检测。此外，我们将BIMS扩展到三维关系检测，即我们可以依靠三维的布尔蕴含关系对微生物群体中更加复杂的关系进行检测。

第5章

基于层次贝叶斯模型的静态关联推断

宏基因组学的发展为生物学家探索真实环境中微生物群落的交互提供了有力工具。通过采样、测序和数据处理可以得到环境中微生物的种类和丰度，以及每个样本对应的环境因素值。在 16S rRNA 基因宏基因组测序中，通常每个 OTU 代表一类微生物，环境因素可以是营养物质浓度、宿主健康状态和代谢物质含量等。为了探索微生物之间以及微生物与环境之间的交互作用，了解影响微生物数量变化的生物及非生物因素，通常生物学家会借助关联推断算法找寻微生物群落中数量变化的规律。虽然关联推断的结果并非直接对应生物的交互，但数量上的相关性可能对应着多种交互作用，可以为研究人员深入探索微生物群落中的交互提供潜在的线索。

本书在第 3 章中已经对关联推断算法的现状进行了详细梳理，列出了关联推断中需要考虑的问题并且对现有的关联推断算法做了评价。CCREPE 通过样本置换和重新归一化的方式，估计每对 OTU 之间关联和修正后的 P 值，但是由于相较于样本中的微生物数量宏基因组测序样本量仍然偏少，通过这种方式估计得到的 P 值的可靠性存疑。SparCC 是利用对数比值变换和微生物之间关联稀疏性的假设来得到 OTU 之间关联。SPIEC-EASI 则是利用中心化的对数比值变换和图套索的方法来对精确度矩阵进行估计，从而推断 OTU-OTU 关联。CCLasso 也是利用类似的变换对微生物之间的关联进行估计，但是计算的是协方差矩阵。上述这些方法虽然针对组成成分偏差做了设计，但是均未考虑环境因素的影响。而对于成对估计微生物关联的方法，例如，通用的关联推断算法及用于估计局部和时延关联的 LSA，则无法考虑多个因素对 OTU 丰度的影响。

因此，在本章中，我们提出了一种典型的层次贝叶斯模型用于宏基因组学数据中的关联推断，叫作宏基因组对数正态-狄利克雷-多项式模型（metagenomic Lognormal-Dirichlet-Multinomial，mLDM），用于学习测序数据中复杂的生物关联关系。mLDM可以计算微生物之间具有条件依赖性的关联，以及微生物与环境因素之间直接的关联。同时，在参数估计过程中，它能够考虑组成成分偏差和过度散布的问题。另外，mLDM也能够对微生物的绝对丰度进行估计，有利于生物学家进行进一步分析。在实验部分，我们通过与第2章介绍的关联推断算法在仿真数据和TARA海洋项目数据上得到的结果进行对比，证明了mLDM的有效性。并且对其在真实数据，如结肠癌数据和西英吉利海峡数据上得到的结果做出了生物学解释。

本章首先介绍mLDM的模型结构和参数估计过程；然后描述仿真实验和真实实验的过程，展示mLDM的结果并做讨论；最后对该方法进行总结。

5.1 模型结构

首先，mLDM模型并未考虑非线性或者时变的关联，它仍然假设数据中的关联网络是稳定的，故估计的是静态的OTU-OTU关联网络和EF-OTU关联网络。mLDM模型的结构表示如图5.1所示，该结构准确地表示了测序的过程。基因测序需要从DNA文库中抽取上千万DNA分子，然后通过荧光显色的方式读取DNA的碱基序列，这一过程可以用多项式分布进行描述。在标志基因宏基因组测序过程中，DNA文库中的16S rRNA或18S rRNA基因序列通常是通过PCR进行扩增后的结果，文库中不同OTU的相对丰度取决于样本中OTU的绝对丰度，这里可以用狄利克雷分布建模。而OTU的绝对丰度则同时受到其他OTU和EF的影响，mLDM用对数正态分布对OTU的绝对丰度进行刻画。最终，mLDM对OTU-OTU条件依赖的关联和EF-OTU直接的关联进行参数估计，从而得到两个关联网络。

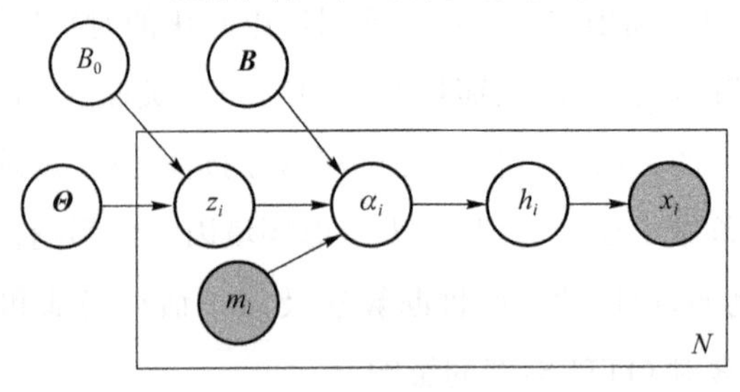

图5.1 mLDM模型结构

我们对图 5.1 进行详细解释。首先，$X = \{x_i\}_{i=1}^{N}$ 表示 N 个测序样本，每个 x_i 是一个 P 维的整数向量，记录着 P 个 OTU 的序列数，x_{ij} 表示第 i 个样本中第 j 个 OTU 的数量；$M = \{m_i\}_{i=1}^{N}$ 表示 N 个样本对应的环境因素，每个 m_i 是一个 Q 维的实数向量，m_{ij} 记录着第 j 种环境因素在采集第 i 个样本时的测量值。其次，h_i 和 x_i 相对应，表示 P 个 OTU 对应的在样本中的相对丰度；α_i 表示 P 个 OTU 对应的在真实环境中的绝对丰度，Z 表示隐变量。微生物绝对丰度 α_i 受到两方面的影响：一方面是微生物之间的关联，用 $\boldsymbol{\Theta}$ 精确度矩阵表示（$P \times P$ 矩阵）；另一方面是环境因素的影响，用矩阵 $\boldsymbol{B}$ 表示（$Q \times P$ 矩阵）。mLDM 的产生过程如下：

$$z_i \sim \text{Gaussian}(B_0, \boldsymbol{\Theta}^{-1})$$

$$\alpha_i = \exp(\boldsymbol{B}^{\mathrm{T}} m_i + z_i)$$

$$h_i \sim \text{Dirichlet}(\alpha_i)$$

$$x_i \sim \text{Multinomial}(h_i)$$

mLDM 的最终目的在于估计未知参数 $\boldsymbol{\Theta}$ 和 $\boldsymbol{B}$。微生物的序列向量 x_i 是通过基因测序得到的，在文库中总的 DNA 序列数确定时，每种 OTU 的数量和其相对丰度相关，相当于按其相对丰度进行采样，

$$P(x_i \mid h_i) = \binom{s(x_i)}{x_{i1}, .. , x_{iP}} \prod_{j=1}^{P} h_{ij}^{x_{ij}} \tag{5-1}$$

其中，$s(x_i) = \sum_{j=1}^{P} x_{ij}$ 是第 i 个样本中的总基因序列数。h_i 对应 P 个 OTU 的相对丰度，有 $\sum_{j=1}^{P} h_{ij} = 1$。微生物的相对丰度实际上是根据其绝对丰度（在群落中的绝对数量）计算得到的，我们用狄利克雷分布来建模相对丰度 h_i 和绝对丰度 α_i 之间的关系，

$$P(h_i \mid \alpha_i) = \frac{1}{T(\alpha_i)} \prod_{j=1}^{P} h_{ij}^{\alpha_{ij}-1} \tag{5-2}$$

其中，$T(\alpha_i) = \dfrac{\prod_{j=1}^{P} G(\alpha_{ij})}{G(s(\alpha_i))}$，$G(\cdot)$ 是伽马函数。利用狄利克雷 - 多项式共轭分布的性质可得[225]，

$$P(x_i|\alpha_i) = \int P(x_i \mid h_i) P(h_i \mid \alpha_i) \mathrm{d}h_i = \binom{s(x_i)}{x_{i1}, \cdots, x_{iP}} \frac{T(x_i + \alpha_i)}{T(\alpha_i)} \tag{5-3}$$

狄利克雷 - 多项式共轭分布的性质可以方便地对基因测序数据进行建模。设

OTU-j 在第 i 个样本中的序列数为 x_{ij}，其方差为 $\mathrm{Var}(x_{ij})=s(x_i)\times C\times r_{ij}\times(1-r_{ij})$，和第 k 个 OTU 的序列数 x_{ik} 的协方差为 $\mathrm{Cov}(x_{ik},x_{ij})=-s(x_i)\times C\times r_{ij}\times r_{ik}$。其中 $C=\dfrac{s(x_i)+s(\alpha_i)}{1+s(\alpha_i)}$，并且 $r_{ij}=\dfrac{\alpha_{ij}}{s(\alpha_i)}$ 和 $r_{ik}=\dfrac{\alpha_{ik}}{s(\alpha_i)}$ 表示两个 OTU 真实的相对丰度。可以看到，OTU 的方差和协方差均受到了测序深度 $s(x_i)$ 和微生物相对丰度 r_{ij} 的影响。同时，微生物的数量之间存在一个负的相关性，这正好与组成成分偏差对应，这些性质与测序数据较为吻合。

进一步的，mLDM 假设微生物的绝对丰度服从均值为 μ_i，协方差为 $\boldsymbol{\Theta}^{-1}$ 的对数正态分布。除了一些分布规律特殊的物种，对数正态分布被生物学家广泛用于对物种数量的建模[226-228]。对数正态分布能够对微生物数量分布呈现出的长尾结构进行建模，并且其参数估计过程较为简便。为了考虑微生物和微生物之间的关联和环境因素对微生物的影响，我们对对数正态分布做如下调整：

$$P(\alpha_i \mid \boldsymbol{B},B_0,\boldsymbol{\Theta},m_i)=\frac{1}{(2\pi)^{\frac{P}{2}}\left|\boldsymbol{\Theta}\right|^{-\frac{1}{2}}}\exp\left(-\frac{1}{2}(\log\alpha_i-\mu_i)^{\mathrm{T}}\boldsymbol{\Theta}(\log\alpha_i-\mu_i)\right)\prod_{j-1}^{P}\frac{1}{\alpha_{ij}} \tag{5-4}$$

其中，均值 $\mu_i=\boldsymbol{B}^{\mathrm{T}}m_i+z_i$。精确度矩阵 $\boldsymbol{\Theta}$ 用来表征 OTU 之间的关联，矩阵 $\boldsymbol{B}$ 用来表示 OTU 和 EF 之间的关联。这里可以利用对数正态分布等价于指数分布加正态分布的性质对式(5-4)进行简写，得到

$$\alpha_i=\exp(\boldsymbol{B}^{\mathrm{T}}m_i+z_i) \tag{5-5}$$

其中，z_i 服从正态分布。这样的改写便于后续利用无约束优化算法迭代计算。借助上述结构，mLDM 便可以同时捕捉 OTU 之间的条件依赖关联和 OTU 与 EF 之间的直接关联，分别记录在矩阵 $\boldsymbol{\Theta}$ 和矩阵 $\boldsymbol{B}$ 中。

下面我们进一步说明精确度矩阵 $\boldsymbol{\Theta}$ 与条件独立性的关系。精确度矩阵 $\boldsymbol{\Theta}$ 实际上记录着 OTU 之间的条件独立性信息：$\boldsymbol{\Theta}_{ij}$ 表示 OTU-i 和 OTU-j 之间是否条件相关。若 $\Theta_{ij}=0$，则 OTU-i 与 OTU-j 条件独立，若不为零则条件相关。在多元高斯分布中，如果将多元高斯分布分为两部分：$X=\begin{pmatrix}x_1\\x_2\end{pmatrix}$，$\mu=\begin{pmatrix}\mu_1\\\mu_2\end{pmatrix}$，$\boldsymbol{\Sigma}=\begin{pmatrix}\Sigma_{11} & \Sigma_{12}\\\Sigma_{21} & \Sigma_{22}\end{pmatrix}$，$\boldsymbol{\Theta}=\boldsymbol{\Sigma}^{-1}=\begin{pmatrix}\Theta_{11} & \Theta_{12}\\\Theta_{21} & \Theta_{22}\end{pmatrix}$，则每一部分的条件分布均为多元高斯分布，即 $p(x_1|x_2)=N(\mu_{1|2},\Sigma_{1|2})$，其中 $\mu_{1|2}=\Sigma_{1|2}(\Theta_{11}\mu_1-\Theta_{12}(x_2-\mu_2))$ 并且 $\Sigma_{1|2}=\Theta_{11}{}^{-1}$。若把 x_1 当作

一个随机变量，当Θ_{12} 中的任一维为零，$\mu_{1|2}$ 中不会包含对应那一维的项，即与x_1 条件独立。

下面我们对协方差矩阵 $\boldsymbol{\Sigma}$ 与精确度矩阵 $\boldsymbol{\Theta}$ 所表示的不同含义进行比较：Σ_{ij} 记录的是x_i 与x_j 之间的协方差，它与两个变量的相关系数相对应；而Θ_{ij} 表示的是x_i 与x_j 的部分相关系数(Partial Correlation)，即在考虑其他变量的影响下，x_i 与x_j 之间的相关性。故精确度矩阵 $\boldsymbol{\Theta}$ 比协方差矩阵 $\boldsymbol{\Sigma}$ 含有更多关于随机变量相关性的信息。

设 mLDM 估计的 OTU-OTU 关联网络为$G^{(1)}=(V^{(1)},E^{(1)})$，EF-OTU 关联网络为$G^{(2)}=(V^{(2)},E^{(2)})$。其中，$V$ 表示 OTU 或 EF 构成的节点集合，E 表示 OTU-OTU 或 EF-OTU 关联构成的边集合。对于 OTU-OTU 关联网络，当$\boldsymbol{\Theta}_{ij}=0$ 时，表示第 i 个和第 j 个 OTU 之间没有边相连；当 $\boldsymbol{\Theta}\neq 0$ 时，OTU-i 和 OTU-j 之间关联的权重为$w_{ij}{}^{(1)}=-\frac{\Theta_{ij}}{\sqrt{\Theta_{jj}\,\Theta_{ii}}}$。对于 EF-OTU 关联网络，第 j 个 EF 与第 i 个 OTU 之间的关联权重为$w_{ij}{}^{(2)}=B_{ji}$。故最终 mLDM 估计的关联网络由$G^{(1)}$ 和$G^{(2)}$ 组成，如图 5.2 所示。

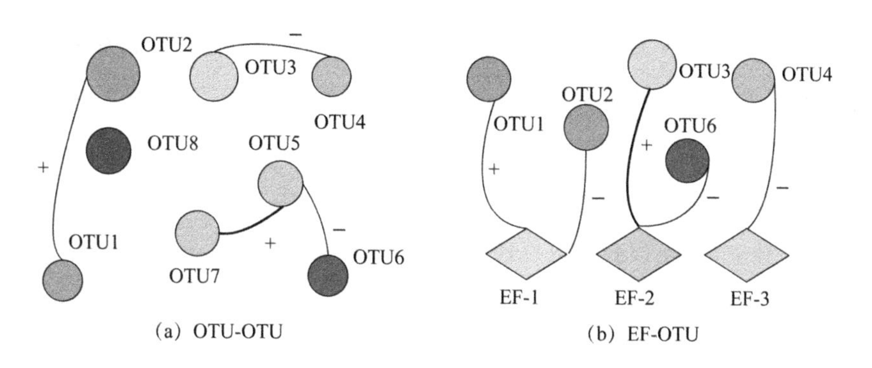

图 5.2 mLDM 估计的关联网络

5.2 模型参数估计

mLDM 模型参数估计的思路是引入稀疏约束对隐变量 Z 进行后验估计。给定宏基因组测序结果矩阵 $\boldsymbol{X}$ 和环境因素矩阵 $\boldsymbol{M}$，隐变量 Z 的后验概率分布为

$$P(Z \mid \boldsymbol{X},\boldsymbol{M},\boldsymbol{B},B_0,\boldsymbol{\Theta}) \propto P(\boldsymbol{X},Z \mid \boldsymbol{M},\boldsymbol{B},B_0,\boldsymbol{\Theta})$$
$$\propto P(\boldsymbol{X} \mid \alpha)P(\alpha \mid Z,\boldsymbol{M},\boldsymbol{B},B_0)P(Z \mid B_0,\boldsymbol{\Theta}) \tag{5-6}$$

其中，$\boldsymbol{P}(\boldsymbol{X} \mid \alpha)$ 可以用式(5-3)计算，$P(Z \mid B_0,\boldsymbol{\Theta}) = \prod_{i=1}^{N} P(z_i \mid B_0,\boldsymbol{\Theta})$ 并且 $P(z_i \mid B_0,\boldsymbol{\Theta})$ 服从高斯分布。考虑 $\alpha_i = \exp(\boldsymbol{B}^{\mathrm{T}} m_i + z_i)$ 是一个决定性的关系而非概率分布，$P(\alpha \mid Z,\boldsymbol{M},\boldsymbol{B},B_0)$ 可以理解为狄拉克 δ 函数，即它只在某一点非零并且概率积分为1。我们这里同样假设微生物关联网络的结构是稀疏的，存在起主导作用的OTU和EF，这样可以利用稀疏学习算法对关联网络进行有效计算[229]。在实际数据中，测序样本数通常小于真实环境中微生物的种类，因此，引入稀疏正则化的约束也能够避免过拟合。经过推导可以得到mLDM需要优化的目标函数

$$\min_{\boldsymbol{B},B_0,\boldsymbol{\Theta},Z} f(\boldsymbol{B},B_0,\boldsymbol{\Theta},Z) + \frac{\lambda_1}{2} \|\boldsymbol{\Theta}\|_1 + \lambda_2 \|\boldsymbol{B}\|_1 \tag{5-7}$$

其中：$f(\boldsymbol{B},B_0,\boldsymbol{\Theta},Z) = -\frac{1}{N}\log P(Z \mid \boldsymbol{X},\boldsymbol{M},\boldsymbol{B},B_0,\boldsymbol{\Theta}) = -\frac{1}{N}\sum_{i=1}^{N}\Big(\sum_{j=1}^{P}\widetilde{\Gamma}(\alpha_{ij}+x_{ij}) - \widetilde{\Gamma}(s(\alpha_i)+s(x_i)) - \sum_{j=1}^{P}\widetilde{\Gamma}(\alpha_{ij}) + \widetilde{\Gamma}(s(\alpha_i))\Big) - \frac{1}{2}\log|\boldsymbol{\Theta}| + \frac{1}{2N}\sum_{i=1}^{N}(z_i - B_0)^{\mathrm{T}}\boldsymbol{\Theta}(z_i - B_0)$，$\widetilde{\Gamma}(\cdot) = \log\Gamma(\cdot)$ 是对数伽马函数；λ_1 和 λ_2 是正数，用于控制关联网络的稀疏程度，值越大得到的解越稀疏。基于当前目标函数〔式(5-7)〕，模型的参数可以通过对变量 $Z,\boldsymbol{B},B_0$ 和 $\boldsymbol{\Theta}$ 依次迭代进行优化。

对于隐变量 Z，我们最小化目标函数〔式(5-7)〕中与 Z 相关的部分。因为 z_i 之间是相互独立的，所以我们可以通过梯度下降的方式对 z_i 分别求解。这里我们采用L-BFGS算法(Limited-Memory Quasi-Newton Algorithm)进行优化。L-BFGS属于拟牛顿法的一种并且具有较快的收敛速度[230]。L-BFGS需要计算目标函数对 z_{ij} 的导数

$$\frac{\partial f}{\partial z_{ij}} = -\frac{1}{N}(\widetilde{\Gamma}'(\alpha_{ij}+x_{ij}) - \widetilde{\Gamma}'(s(\alpha_i)+s(x_i)) - \widetilde{\Gamma}'(\alpha_{ij})$$
$$+\widetilde{\Gamma}'(s(\alpha_i))\alpha_{ij} + \frac{1}{N}\boldsymbol{\Theta}_{j,}(z_i - B_0) \tag{5-8}$$

其中，$\widetilde{\Gamma}'(\cdot)$ 为Digamma函数，$\boldsymbol{\Theta}_{j,}$ 为精确度矩阵 $\boldsymbol{\Theta}$ 的第 j 行。

对于矩阵 $\boldsymbol{B}$，我们同样优化目标函数中与 $\boldsymbol{B}$ 相关的部分。由于1范数的存在，参数 $\boldsymbol{B}$ 是不可微的，故我们用OWL-QN(Orthant-wise Limited-Memory Quasi-

Newton)算法对目标函数进行优化。OWL-QN 算法基于 L-BFGS 并且限制了变量的搜索空间,从而能够对 1 范数的对数似然函数进行求解[231]。OWL-QN 中参数 B_{ij} 的导数为

$$\delta_{ij}(\boldsymbol{B})=\begin{cases}\partial_{ij}^{-}f(\boldsymbol{B}), & \partial_{ij}^{-}f(\boldsymbol{B})>0\\ \partial_{ij}^{+}f(\boldsymbol{B}), & \partial_{ij}^{+}f(\boldsymbol{B})<0\\ 0, & \text{其他}\end{cases} \tag{5-9}$$

其中,$\partial_{ij}^{\pm}f(\boldsymbol{B})=\dfrac{\partial f(\boldsymbol{B})}{\partial B_{ij}}+\begin{cases}\lambda_2\,\mathrm{sign}(B_{ij}), & B_{ij}\neq 0\\ \pm\lambda_2, & \text{其他}\end{cases}$,并且

$$\frac{\partial f(\boldsymbol{B})}{\partial B_{ij}}=-\frac{1}{N}(\widetilde{\Gamma}'(\alpha_{ij}+x_{ij})-\widetilde{\Gamma}'(s(\alpha_i)+s(x_i))-\widetilde{\Gamma}'(\alpha_{ij}) \\ +\widetilde{\Gamma}'(s(\alpha_i))\alpha_{ij}m_{ki} \tag{5-10}$$

对于 B_0,通过计算可以得到其更新公式为 $B_0=\frac{1}{N}\sum_{i=1}^{N}z_i$,表示隐变量 z_i 的平均值。

对于 $\boldsymbol{\Theta}$,对目标函数进行简化后可得

$$\min_{\boldsymbol{\Theta}}-\log|\boldsymbol{\Theta}|+\mathrm{tr}(\boldsymbol{S}\boldsymbol{\Theta})+\lambda_1\|\boldsymbol{\Theta}\|_1 \tag{5-11}$$

这一步相当于求解图套索(Graphical Lasso) 问题,矩阵 $\boldsymbol{S}$ 为经验协方差矩阵 $\boldsymbol{S}=\frac{1}{N}\sum_{i=1}^{N}(z_i-B_0)(z_i-B_0)^{\mathrm{T}}$。该问题属于稀疏逆协方差矩阵优化,可以通过 Friedman 等提出的 glasso 算法进行求解。在经典的 glasso 算法中,我们只需要对一个固定的协方差矩阵进行优化,而在 mLDM 的目标函数中,协方差矩阵 $\boldsymbol{S}$ 会随着隐变量 Z 的改变而发生变化,故我们需要在每次迭代中进行重新估计 $\boldsymbol{\Theta}$。从优化过程中可以看到,变量 Z 会受到环境因素矩阵 $\boldsymbol{M}$ 的影响,同时对于矩阵 $\boldsymbol{B}$ 的估计也会考虑隐变量 Z 的作用,再一次体现出 OTU-OTU 之间的关联与 EF-OTU 关联的相互影响,这与我们对微生物群落关联结构的假设是相符合的。

由于 mLDM 引入了对矩阵 $\boldsymbol{B}$ 和 $\boldsymbol{\Theta}$ 的 1 范数约束,故除了对参数进行估计,我们还需要选择最合适的 λ_1 与 λ_2。这里我们采用 EBIC 分数(Extended Bayesian Information Criteria)来对模型进行选择[232]。EBIC 与我们熟知的 BIC 分数相比,加大了候选模型中低维模型的先验概率,更适合在维度较高的模型空间中进行比较选择。

mLDM 选择上述的优化过程是与 EM(Expectation Maximization)算法比较之后的结果。通常来讲,对于带隐变量的概率分布优化问题,EM 算法会先给出整体的似然概率函数,

$$\log P(\boldsymbol{X} \mid \boldsymbol{M},\boldsymbol{B},B_0,\boldsymbol{\Theta}) = \sum_{i=1}^{N} \log P(x_i \mid m_i,\boldsymbol{B},B_0,\boldsymbol{\Theta})$$
$$= \sum_{i=1}^{N} \log\int(\int P(x_i \mid \alpha_i)P(\alpha_i \mid m_i,\boldsymbol{B},B_0,\boldsymbol{\Theta})\mathrm{d}\alpha_i)P(z_i \mid B_0,\boldsymbol{\Theta})\mathrm{d}z_i$$
$$= \sum_{i=1}^{N} \log\int P(x_i \mid m_i,\boldsymbol{B},B_0,\boldsymbol{\Theta})P(z_i \mid B_0,\boldsymbol{\Theta})\mathrm{d}z_i \tag{5-12}$$

其中,$P(x_i|m_i,\boldsymbol{B},B_0,\boldsymbol{\Theta})$可以通过式(5-3)得到。由于式(5-12)中的积分项无法进行直接求解,故需要在 E 步时,利用蒙特卡洛的方法进行采样,得到积分的近似值。我们对式(5-12)利用蒙特卡洛 EM 算法进一步推导,可得

$$Q(\boldsymbol{\Theta},\boldsymbol{\Theta}^{\mathrm{old}}) = \sum_{i=1}^{N}\int q(z_i)\log\frac{P(x_i,z_i \mid m_i,\boldsymbol{B},B_0,\boldsymbol{\Theta})}{q(z_i)}\mathrm{d}z_i$$
$$= \sum_{i=1}^{N} E_{q(z_i)}(\log P(x_i,z_i \mid m_i,\boldsymbol{B},B_0,\boldsymbol{\Theta})) - \sum_{i=1}^{N}\int q(z_i)\log q(z_i)\mathrm{d}z_i$$
$$\approx \frac{1}{S}\sum_{i=1}^{N}\sum_{k=1}^{S}\log P(x_i,z_i^k \mid m_i,\boldsymbol{B},B_0,\boldsymbol{\Theta}) - \frac{1}{S}\sum_{i=1}^{N}\sum_{k=1}^{S}\log q(z_i^k) \tag{5-13}$$

其中,$q(z_i)=P(z_i|x_i,m_i,\boldsymbol{B},B_0)$。在 E 步中,我们需要从该后验分布中进行采样,然后才能在 M 步中对目标函数进行优化。为了对 z_i 有效采样,对后验分布进一步改写,得

$$P(z_i|x_i,m_i,\boldsymbol{B},B_0)\propto P(x_i|m_i,\boldsymbol{B},B_0,\boldsymbol{\Theta})N(z_i|B_0,\boldsymbol{\Theta}) \tag{5-14}$$

式(5-14)的形式正好可以利用椭圆切片采样(Elliptical Slice Sampling)进行快速采样[233]。M 步的优化与之前的对变量进行迭代优化的过程类似。

通过采样的方法进行优化,计算较为简便,但是采样的效率对 M 步优化的结果影响较大。而且由于采样的过程具有随机性,实验过程中算法目标函数的收敛速度较慢。故比较之后,我们最终选择了对隐变量 Z 进行最大后验估计的方法。整体优化算法流程如图 5.3 所示。

mLDM优化过程

1. 初始化惩罚系数集合$A=\{\lambda_1\}$和$B=\{\lambda_2\}$，$EBIC_{best}$
2. For λ_1 in A，λ_2 in B，
   1) 初始化$Z^{(0)}$，$B^{(0)}$，$B_0^{(0)}$，$\Theta^{(0)}$，$f^{old}=0$，$Iter_{max}=K$，$i=0$，计算目标函数值$f^{now}|Z^{(0)}$，$B^{(0)}$，$B_0^{(0)}$，$\Theta^{(0)}$，计算$EBIC^{(0)}$
   2) 当 $f^{now}-f^{old}>\varepsilon$并且$i<Iter_{max}$
      $f^{old}=f^{now}$
      for $i=1\rightarrow N$
      利用L-BFGS算法求解z_i
      end
      更新 $Z^{(k+1)}$
      利用OWL-QN算法求解$B^{(k+1)}$
      $B_0^{(k+1)}=\frac{1}{N}\sum_i Z_i$，$S=\frac{1}{N}\sum_i(Z_i-B_0)(Z_i-B_0)^T$
      利用Graphical Lasso求解$\Theta^{(k+1)}$
      重新计算$f^{now}|Z^{(k+1)}$，$B^{(k+1)}$，$B_0^{(k+1)}$，$\Theta^{(k+1)}$
      更新 $EBIC^{(k+1)}$
      $i=i+1$
   3) 如果$EBIC(\lambda_1,\lambda_2)>EBIC_{best}$，则$EBIC_{best}=EBIC(\lambda_1,\lambda_2)$并记录对应的$\lambda_1$，$\lambda_2$，$\boldsymbol{B}$，$\boldsymbol{\Theta}$
3. 输出最终的$B^{(best)}$，$\Theta^{(best)}$

图 5.3　mLDM 优化过程

5.3　实验数据生成和处理

为了验证 mLDM 在宏基因组数据上的关联推断的有效性，我们在仿真数据和真实数据上对 mLDM 进行了详尽的评价和比较。首先在仿真数据集上，mLDM 与其他 8 种方法进行了比较并且显示出较好的关联推断能力；在真实数据集上，mLDM 推断的海洋微生物和肠道微生物相关的关联也具有良好的可解释性。本节先对实验数据的生成和处理过程进行介绍，实验结果将在下一节进行展示和讨论。

5.3.1　仿真数据生成及评价

在仿真实验中，与 mLDM 进行比较的 8 种方法分别为 PCC、SCC、CCREPE、SparCC、CCLasso、glasso、SPIEC(ml)和 SPIEC(gl)。其中，SPIEC(ml)和 SPIEC(gl)是 SPIEC-EASI 中的两个不同的方法模块，前者通过邻居选择方法进行精确

度矩阵估计，后者采用图套索方法。前 5 种方法估计的是相关系数，后 3 种方法能够估计条件依赖性关联，这两类方法分别以 PCC 和 glasso 作为基线方法。在仿真实验中，我们对 mLDM 和 8 种方法产生的 OTU-OTU 关联网络和 EF-OTU 关联网络分别进行比较。

由于 mLDM 属于层次贝叶斯模型，仿真数据可以通过 mLDM 的产生过程自然地生成。首先，环境因素矩阵 $\boldsymbol{M}$ 从一个多元高斯分布 $N(0,I)$ 中采样产生，并且对其进行归一化使得 $\sum_{i=1}^{N} M_{ij}=0$ 和 $\sum_{i=1}^{N} M_{ij}^2=1$ 。对于 EF-OTU 关联矩阵 $\boldsymbol{B}$，每个元素 B_{ij} 从均匀分布 $[-0.5,0.5]$ 中随机采样产生，并且以 85％的概率随机设置为 0，从而保证矩阵 $\boldsymbol{B}$ 的稀疏性。在自然环境中，通常会存在主导微生物，我们通过设置 B_0 的值来影响 OTU 绝对丰度的基础值。向量 B_0 中的元素设置为以 20％的概率从均匀分布 $[6,8]$ 中随机采样，以 80％的概率从均匀分布 $[2,4.5]$ 中随机采样。为了评估 mLDM 对各种结构的 OTU-OTU 关联网络推断的能力，我们使用了 5 种具有不同的邻接矩阵的精确度矩阵 $\boldsymbol{\Theta}$。

(1) 随机图(Random Graph)：OTU 关联网络 $G^{(1)}=(V^{(1)},E^{(1)})$ 中的边 $e_{ij}^{(1)}$ 以 $\frac{3}{P}$ 的概率随机设置为非零，大约产生 $\frac{3}{2}(P-1)$ 条边。

(2) 聚类图(Cluster Graph)：节点集合 $V^{(1)}$ 被随机划分为 $\lfloor P/20 \rfloor$ 个组，并且每个组内任意两个节点之间以 30％的概率相连。

(3) 无尺度图(Scale-free Graph)：该图的结构利用 B-A 算法[234]产生，其基本过程是：首先，从图中随机挑选两个点相连；然后，每次加入的新节点挑选当前图中的一个节点连边，挑选概率正比于当前图中每个节点的度数。

(4) 中心图(Hub Graph)：该图中的节点被随机划分为 $\lfloor P/20 \rfloor$ 个组，在每个组中随机挑选一个中心节点与组内剩余节点相连，最终大约随机产生 $P-\lfloor P/20 \rfloor$ 条 OTU-OTU 关联。

(5) 带状图(Band Graph)：当且仅当两个节点的序号满足 $|i-j|=1$ 时，两个节点才相连，产生 $P-1$ 条边。

这 5 种结构的精确度矩阵 $\boldsymbol{\Theta}$ 可以借助 Huge 包产生[235]，从而获得对应的协方差矩阵 $\boldsymbol{\Sigma}=\boldsymbol{\Theta}^{-1}$。为了使得协方差的组成具有一定稀疏性，我们将 $\boldsymbol{\Sigma}$ 中权重小于 0.1 的元素直接设置为 0。接下来，通过式(5-3)产生满足狄利克雷-多项式分布的宏基因组测序样本 x_i，该采样过程可以通过 R 包 HMP 完成。除了 $\boldsymbol{B}$，B_0 和 5 种结构的 $\boldsymbol{\Theta}$ 通过上述过程产生外，其余的实验参数被设置为固定值，其中，OTU 的数

目 P 为 50,EF 的数目 Q 为 5,并且样本总数 N 为 25、50、200 或 500。用于比较的其他方法中,glasso、CCREPE、SPIEC-EASI 和 CCLasso 均使用原作者提供的代码进行比较,SparCC 算法使用 SPIEC-EASI 中的改进算法。PCC 和 SCC 直接利用 R 语言内置函数,并且通过 P 值选择具有显著性的关联。对于 PCC、SCC 和 CCREPE,我们将 P 值设置为 0.05;对于 SparCC,边的最小权重设置为 0.1。在每组实验参数设置下,均会随机产生 20 组数据集的综合比较评价,所有的实验结果评价指标均会给出 20 组数据集的均值和标准差。

对于仿真数据结果的评价采用 3 项指标。

(1) ROC 曲线(Receiver Operating Characteristic Curve):我们通过两种方式绘制 ROC 曲线。对于 PCC、SCC、CCREPE、SparCC 和 CCLasso 这 5 种估计相关系数的方法,通过与真实的相关系数矩阵 ρ 进行比较来绘制 ROC 曲线,矩阵中的元素为 $\rho_{ij}=\frac{\Sigma_{ij}}{\sqrt{\Sigma_{jj}\,\Sigma_{ii}}}$。剩余两种方法,SPIEC-EASI 和 mLDM 则直接与真实的精确度矩阵 $\boldsymbol{\Theta}$ 进行比较。

(2) 曲线下面积值(Area Under Curve,AUC):比较不同方法 ROC 曲线下的面积,计算 AUC 分数时不考虑关联的符号。

(3) Δ_1 距离:估计的关联网络与真实关联网络权重的 1 范数距离(L1-distance)。Δ_1 距离越小表示该方法估计得越准确。这里用 $\Delta_1^{(1)}$ 和 $\Delta_1^{(2)}$ 分别记录 OTU-OTU 和 EF-OTU 关联矩阵的 Δ_1 距离。对于估计相关系数的方法,$\Delta_1=\frac{2}{P(P-1)}\sum_{i<j}|\hat{\rho_{ij}}-\rho_{ij}|$,$\hat{\rho_{ij}}$ 是方法的估计值,ρ_{ij} 是真实值。对于计算条件依赖关联的方法,$\Delta_1^{(1)}=\frac{2}{P(P-1)}\sum_{i<j}|\hat{\Theta_{ij}}-\Theta_{ij}|$,并且 $\Delta_1^{(2)}=\frac{1}{QP}\sum_{i=1}^{Q}\sum_{j=1}^{P}|\hat{B_{ij}}-B_{ij}|$。

5.3.2 TARA 海洋数据处理

TARA 海洋真核 OTU 数据表和 EF 表可以从 PANGAGE 网站(https://doi.pangaea.de/10.1594/PANGAEA.843018)和 TARA 海洋官网(http://www.raeslab.org/companion/ocean-interactome.html)下载。网站也给出了生物验证过的属水平真核微生物关联交互表,经过处理后共得到 91 个属水平能够匹配的真核微生物交互,由寄生和互利共生两种类型组成。OTU 表中环境因素丢失或者序列数太大和太小的样本均已被过滤掉,并且仅保留在样本中出现次数比例≥40%的

OTU。在剩余的OTU中,为了便于比较,我们仅考虑与在已知关联中出现的微生物类型相匹配的OTU。最终,TARA海洋的数据集包括67个OTU,17个环境因素和221个样本,已知的属水平关联共有28种。

5.3.3 结肠癌数据处理

结肠癌数据集来自Baxter等[236]的研究,可以直接从GitHub(https://github.com/SchlossLab/Baxter_glne007Modeling_GenomeMed_2015)上下载OTU表和EF表。我们最后挑选了117个OTU,包括112个在490个样本中出现次数比例≥50%的OTU和5个之前报道过的和结肠癌关联的OTU,即Prevotella(OTU57)、Porphyromonas(OTU105)、Fusobacterium(OTU264)、Parvimonas(OTU281)和Peptostreptococcus(OTU310)。

5.3.4 西英吉利海峡数据处理

西英吉利海峡数据中,16S rRNA基因宏基因组测序的结果可以从VAMPS网站(https://vamps.mbl.edu/)下载。47个样本均是从同一位置L4(50°25.18′N,4°21.89′W)采样测序获得,我们挑选了48个平均相对丰度较高,并且出现次数比例>50%的OTU。该数据集中也同时包含了8种环境因素:温度、昼长、盐分、铵盐、叶绿素、硝酸盐、磷酸盐和硅元素的浓度,这些数据均可以从GitHub(https://github.com/tinglab/mLDM/)获取。

5.4 实验结果和讨论

5.4.1 仿真实验结果

首先,我们在仿真参数为OTU个数$P=50$,EF个数$Q=5$,样本数$N=500$的情况下,比较了9种方法估计OTU-OTU和EF-OTU关联的功效。

图 5.4(a)显示了在 5 种不同的 OTU-OTU 关联网络结构下,OTU-OTU 关联推断的 ROC 曲线,其对应的 AUC 值和 Δ_1 距离如表 5.1 所示。从 ROC 曲线中可以看出,相较于其他方法,mLDM 在假阳率较低时拥有更高的真阳性,且 mLDM 的 AUC 值也要优于其他方法。对于估计 OTU-OTU 条件依赖关联的 3 种方法(glasso, SPIEC-EASI 和 mLDM),可以看出 mLDM 的 AUC 是最高的。比较 Δ_1 距离同样可以发现 mLDM 的误差要相对小一些,这表明 mLDM 在估计 OTU-OTU 条件依赖关联时更加精确。

在聚类图中(Cluster Graph),相较于 mLDM,SparCC 和 CCLasso 的 ROC 曲线一开始增长得很慢,但是在最后爬升得更高。这是因为聚类图具有局部密集性的特点,而 mLDM 会通过稀疏约束挑选出权重高的关联,导致其最后预测的关联数目要少于 SparCC 和 CCLasso。并且我们认为当假阳率低时,具有较高的真阳性更加重要,因为较高的真阳性意味着预测出的靠前的关联准确率较高。

图 5.4(b)显示了不同方法在估计 EF-OTU 关联时的 ROC 曲线,仿真参数与图 5.4(a)一致,对应的 AUC 值和 Δ_1 距离如表 5.2 所示。CCREPE、SparCC、CCLasso 和 SPIEC 不能估计 EF-OTU 关联,故不纳入比较范围。从 ROC 曲线中我们可以看到,相较于其他 3 种方法,mLDM 有着较高的真阳性率和较低的假阳率;而且 mLDM 的 Δ_1 距离在大部分情况下都比其他方法要小,除了在环形图(Band Graph)上比 SCC 大一些。

接下来分析不同方法对样本数量的敏感度。我们固定 OTU 和 EF 的个数,比较不同方法在样本数 N 分别为 25、50、200 和 500 时的关联推断性能变化情况。图 5.4(c)中绘制了 4 种估计 OTU-OTU 条件依赖关联方法的结果。和预期的一样,4 种方法的 AUC 值均随着样本数的增多而增大。通过比较我们可以看出 mLDM 的 AUC 值在不同的 OTU-OTU 关联结构下都是最高的,进一步说明 mLDM 推断条件依赖关联的优越性。相似地,4 种估计 EF-OTU 关联的方法的 AUC 值如图 5.4(d)所示,mLDM 的效果在不同样本数的情况下,均优于 PCC、SCC 和 glasso。

彩图 5.4

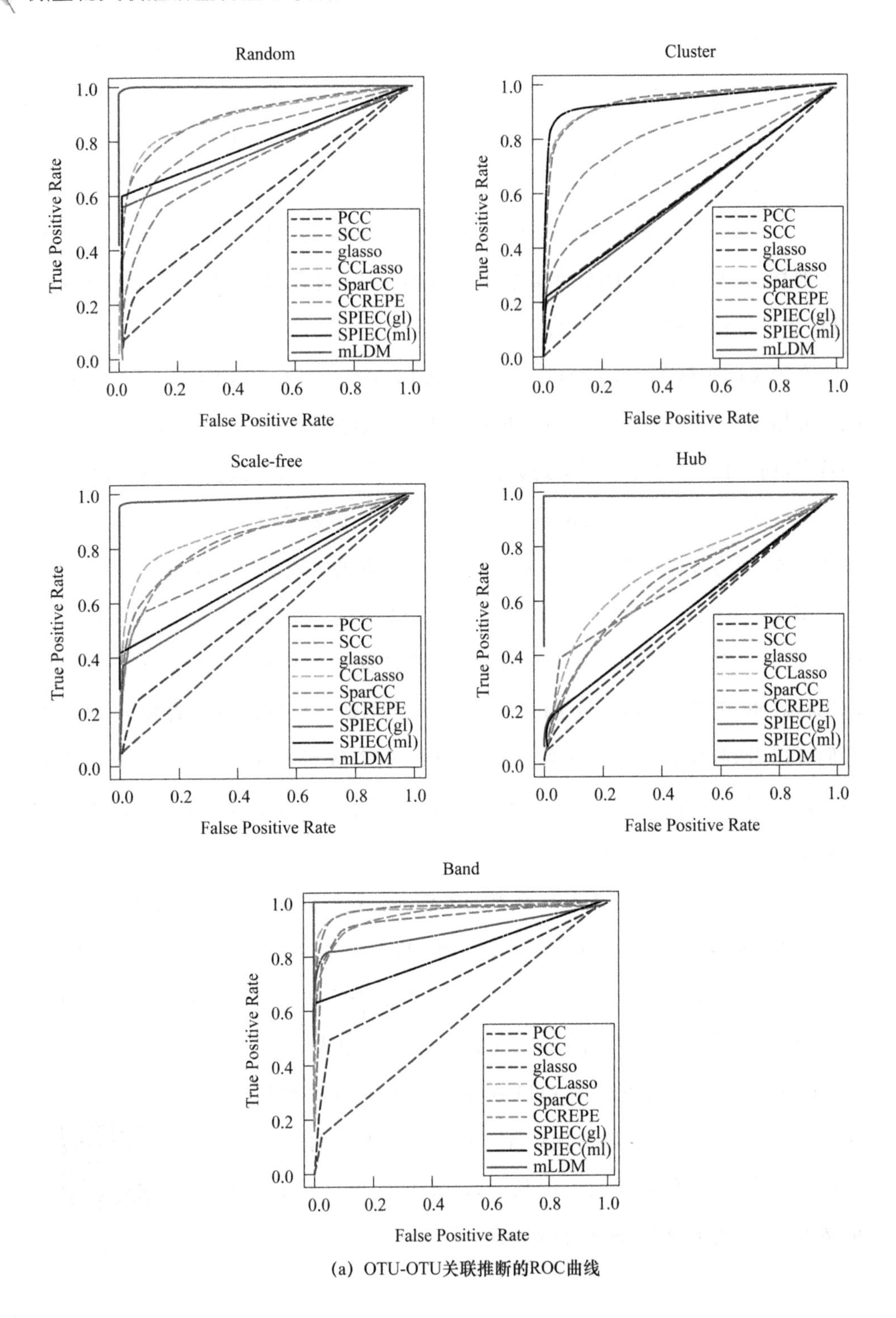

(a) OTU-OTU关联推断的ROC曲线

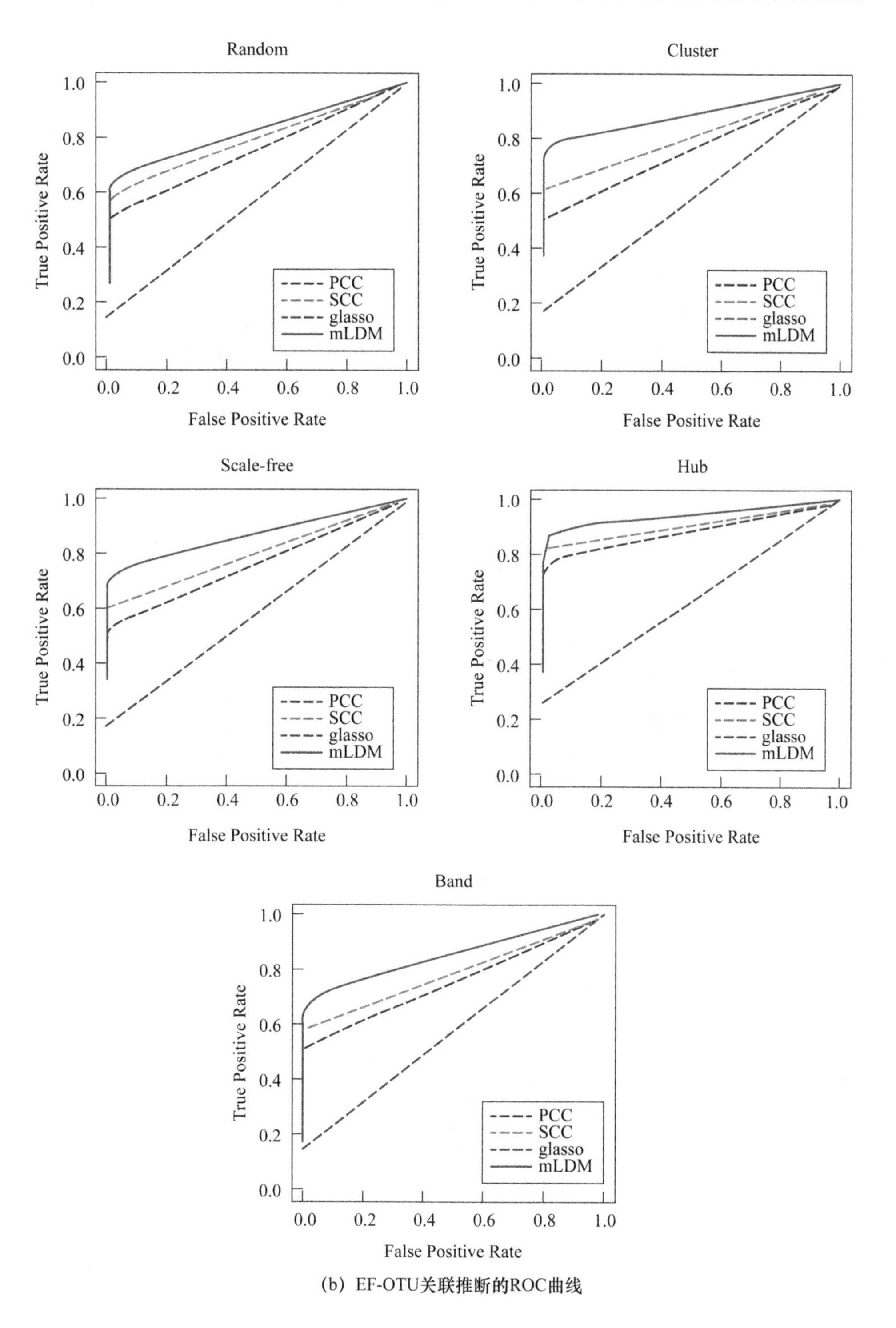

(b) EF-OTU关联推断的ROC曲线

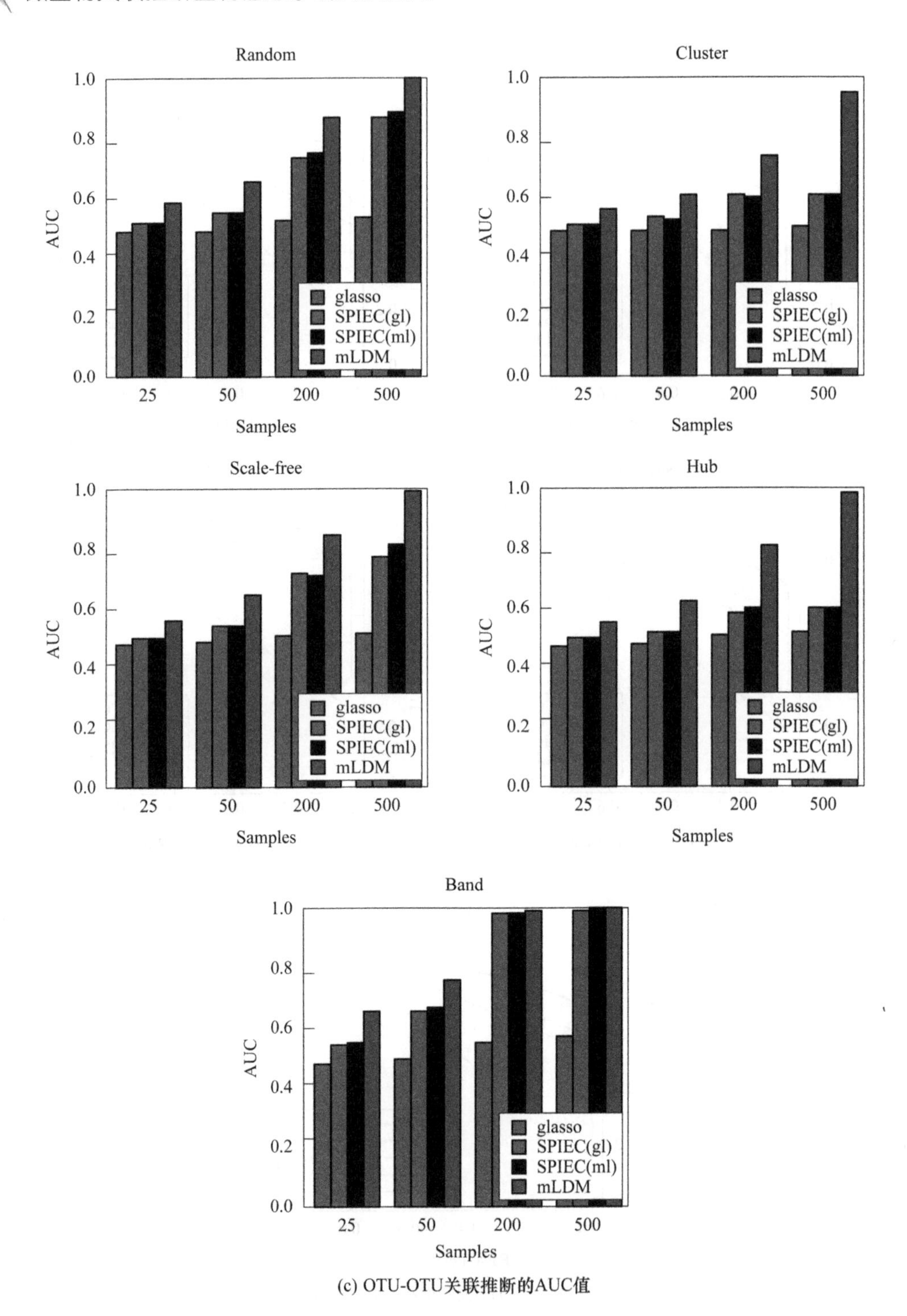

(c) OTU-OTU关联推断的AUC值

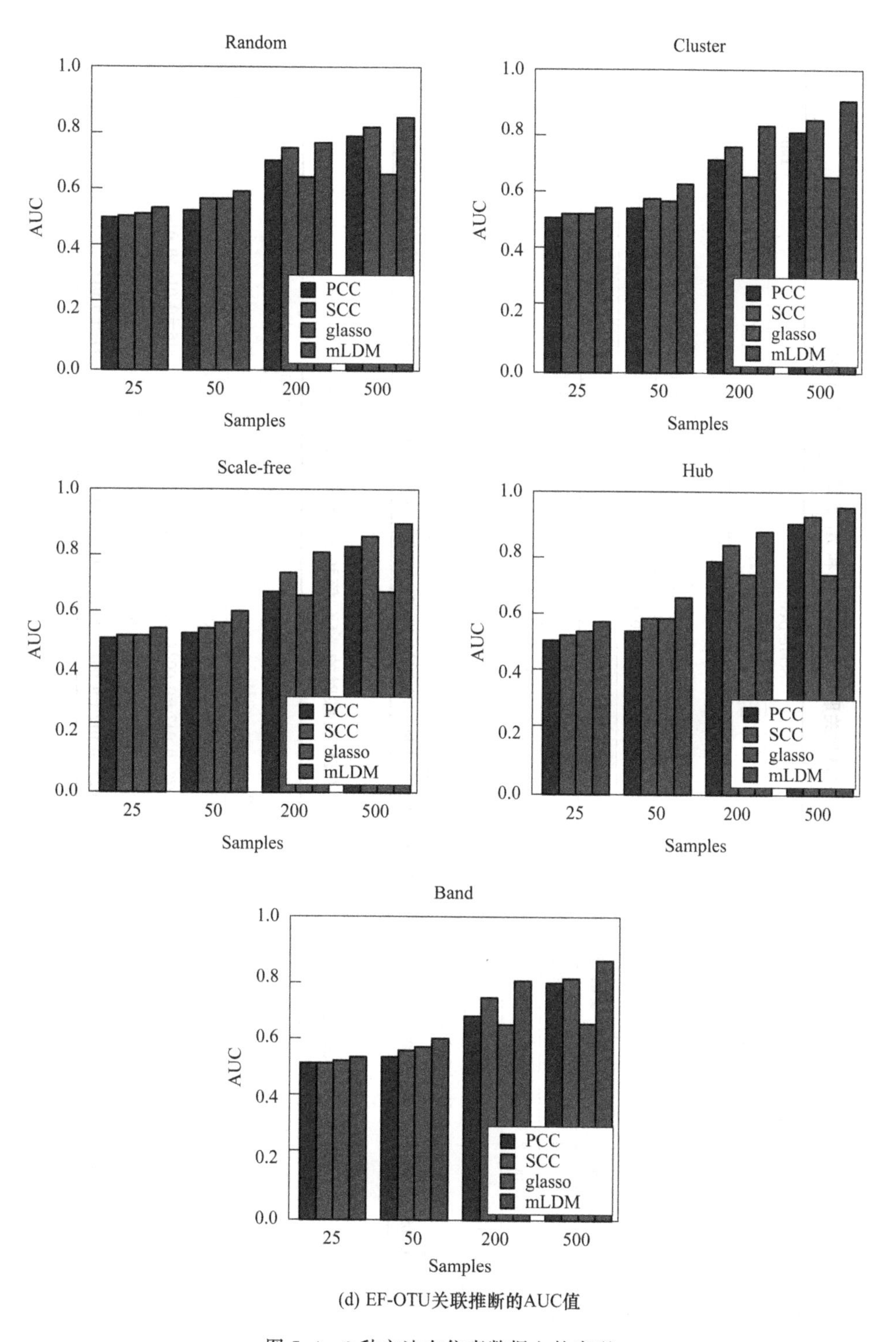

(d) EF-OTU关联推断的AUC值

图 5.4 9 种方法在仿真数据上的表现

表 5.1 不同方法在预测 OTU-OTU 关联时的 AUC 值和 Δ_1 距离〔对应图 5.4(a)〕

Graph	Random		Cluster		Scale-free		Hub		Band	
方法	$\Delta_1^{(2)}$	AUC$^{(2)}$	$\Delta_1^{(2)}$	AUC$^{(2)}$	$\Delta_1^{(2)}$	AUC$^{(2)}$	$\Delta_1^{(2)}$	AUC$^{(2)}$	$\Delta_1^{(2)}$	AUC$^{(2)}$
PCC	0.029±0.001 1	0.600±0.016	0.043±0.001 0	0.610±0.010	0.023±0.001 0	0.590±0.022	0.054±0.000 6	0.559±0.012	0.025±0.002 2	0.732±0.022
SCC	0.033±0.003 2	0.728±0.018	0.045±0.003 5	0.684±0.020	0.019±0.001 2	0.758±0.029	0.050±0.001 7	0.684±0.022	0.017±0.002 2	0.950±0.015
CCREPE	0.028±0.001 5	0.834±0.019	0.039±0.001 5	0.844±0.017	0.022±0.001 2	0.841±0.025	0.050±0.001 2	0.691±0.025	0.025±0.002 6	0.962±0.008
SparCC	0.016±0.000 5	0.899±0.011	**0.021±0.001 0**	0.945±0.006	0.014±0.000 5	0.854±0.016	0.046±0.001 2	0.709±0.017	0.013±0.000 5	0.985±0.005
CCLasso	0.020±0.000 8	0.899±0.016	0.026±0.000 9	0.945±0.007	0.017±0.000 7	0.881±0.023	0.046±0.002 5	0.744±0.061	0.016±0.000 8	0.985±0.007
glasso	0.021±0.000 2	0.535±0.005	0.038±0.000 2	0.503±0.005	0.014±0.000 1	0.522±0.008	0.0017±0.000 1	0.527±0.012	0.023±0.000 2	0.570±0.024
SPIEC(gl)	0.018±0.000 5	0.873±0.050	0.037±0.000 3	0.601±0.034	0.012±0.000 2	0.778±0.050	0.0017±0.000 1	0.615±0.051	0.018±0.000 7	0.993±0.008
SPIEC(ml)	—	0.889±0.041	—	0.611±0.024	—	0.818±0.068	—	0.615±0.051	—	0.996±0.005
mLDM	**0.009±0.000 9**	**0.998±0.004**	0.022±0.001 4	**0.949±0.019**	**0.006±0.000 6**	**0.990±0.008**	**0.009±0.000 1**	**0.998±0.004**	**0.007±0.000 9**	**0.999±0.000**

表 5.2 不同方法在预测 EF-OTU 关联时的 AUC 值和 Δ_1 距离〔对应图 5.4(b)〕

Graph	Random		Cluster		Scale-free		Hub		Band	
方法	$\Delta_1^{(2)}$	AUC$^{(2)}$	$\Delta_1^{(2)}$	AUC$^{(2)}$	$\Delta_1^{(2)}$	AUC$^{(2)}$	$\Delta_1^{(2)}$	AUC$^{(2)}$	$\Delta_1^{(2)}$	AUC$^{(2)}$
PCC	0.019±0.001 3	0.774±0.025	0.018±0.001 1	0.790±0.020	0.018±0.001 4	0.813±0.027	0.023±0.001 9	0.896±0.017	0.017±0.001 9	0.778±0.020
SCC	0.019±0.002 1	0.804±0.019	0.018±0.002 1	0.833±0.022	0.017±0.002 0	0.840±0.021	0.023±0.003 0	0.916±0.014	**0.014±0.001 0**	0.792±0.012
glasso	0.036±0.000 4	0.649±0.029	0.033±0.000 4	0.645±0.028	0.035±0.000 4	0.654±0.033	0.052±0.000 5	0.735±0.038	0.033±0.000 3	0.641±0.026
mLDM	**0.019±0.001 6**	**0.837±0.026**	**0.015±0.001 0**	**0.888±0.027**	**0.017±0.001 7**	**0.885±0.024**	**0.019±0.001 5**	**0.942±0.013**	0.015±0.001 0	**0.851±0.021**

为了进一步评估环境因素对 OTU-OTU 关联估计的影响和微生物关联在推断 EF-OTU 关联中的作用，我们通过将 mLDM 设置为仅推断一种类型的关联，即仅估计 OTU-OTU 关联或者 EF-OTU 关联，然后与其他方法进行比较。如图 5.5 所示，其中，mLDM(noB)表示 mLDM 不考虑环境因素时的结果。和其他方法相比，当不考虑 EF-OTU 关联时，mLDM(noB)估计的 OTU-OTU 关联预测 ROC 曲线要低于同时考虑两种类型关联的 mLDM。因此，环境因素会对 OTU-OTU 的关联推断产生明显影响。类似地，当不考虑 OTU-OTU 关联时，mLDM(noTheta)估计 EF-OTU 的 ROC 曲线也要低于 mLDM，如图 5.6 所示，其中 mLDM(noTheta)表示 mLDM 不考虑 OTU 之间关联时的结果。综合这两种结果，我们在设计关联推断算法时，需要同时考虑两种关联。

彩图 5.5

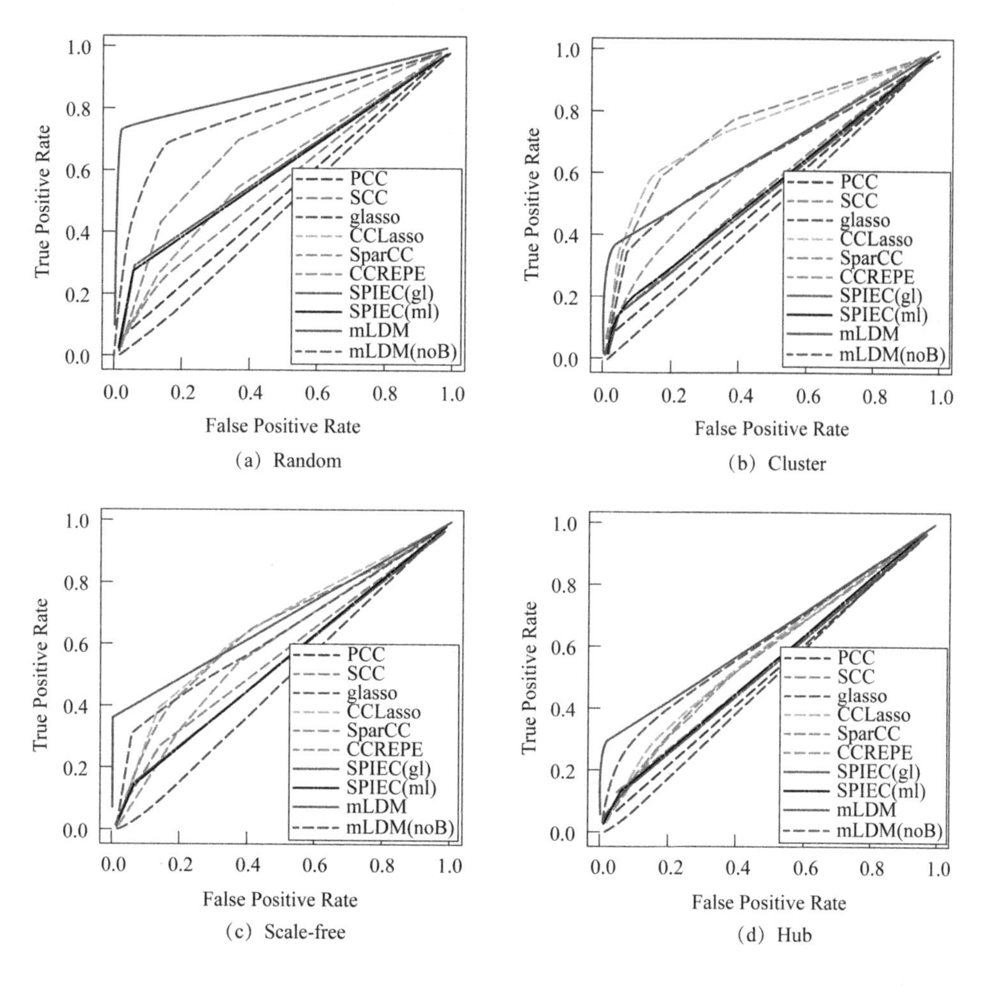

(a) Random (b) Cluster

(c) Scale-free (d) Hub

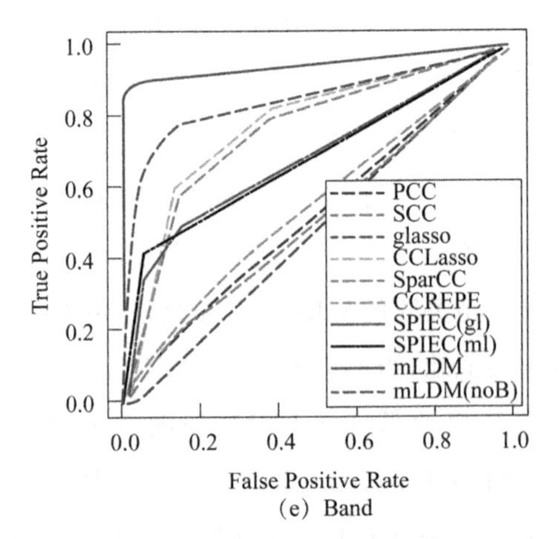

(e) Band

图 5.5 增强环境因素对 OTU 丰度影响时不同方法的 OTU-OTU 关联预测 ROC 曲线

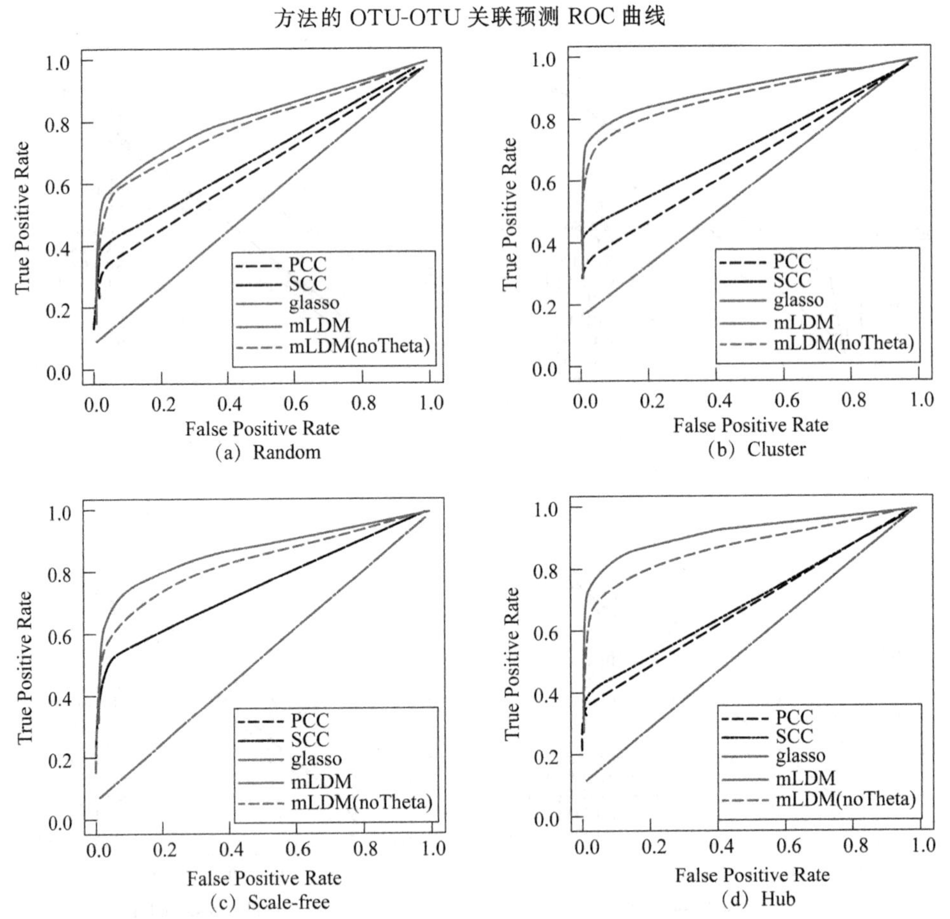

(a) Random (b) Cluster

(c) Scale-free (d) Hub

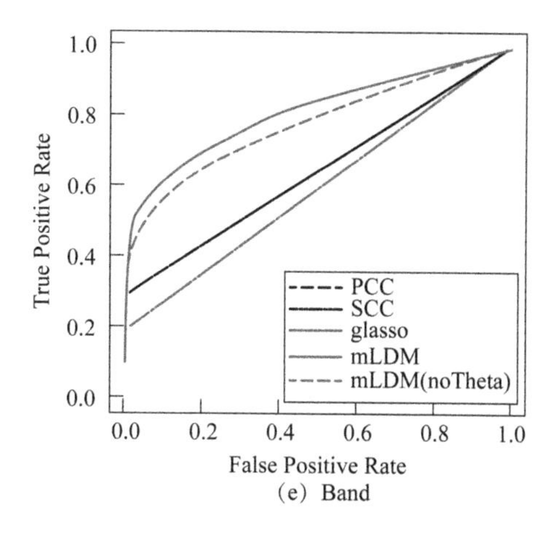

(e) Band

图 5.6　增强 OTU-OTU 关联作用时不同方法的 EF-OTU 关联预测 ROC 曲线

在图 5.4 中,mLDM 仅比较了不同 OTU-OTU 关联结构下 ROC 曲线的变化情况,下面我们进一步评估当 EF-OTU 关联结构改变时 mLDM 的预测效果。对于矩阵 $\boldsymbol{B}$,每行的元素对应着一个环境因素对 OTU 丰度的影响,每列的元素对应着不同环境因素对同一个 OTU 的作用。我们将矩阵中的某些列或行随机设置为非零,改变矩阵 $\boldsymbol{B}$ 的稀疏性,然后通过仿真实验比较不同方法的关联推断表现。如图 5.7 所示,mLDM 在两种模式下的 ROC 曲线均表现良好,体现出它的推断效率对 EF-OTU 的结构不敏感,可以对 EF-OTU 关联进行较好的估计。

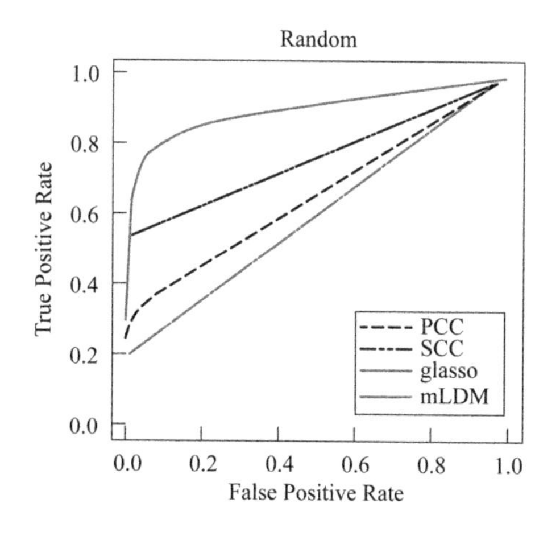

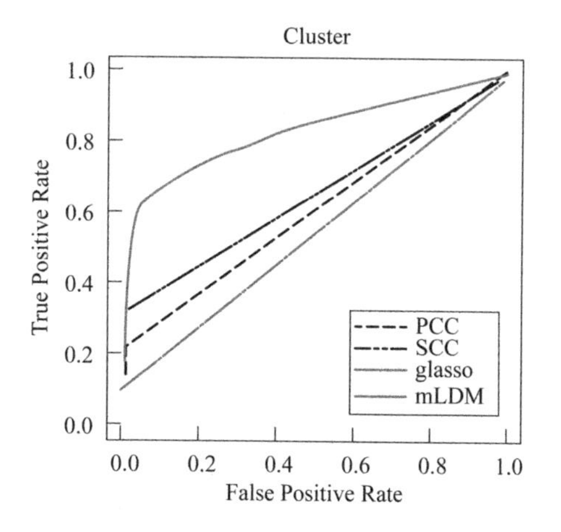

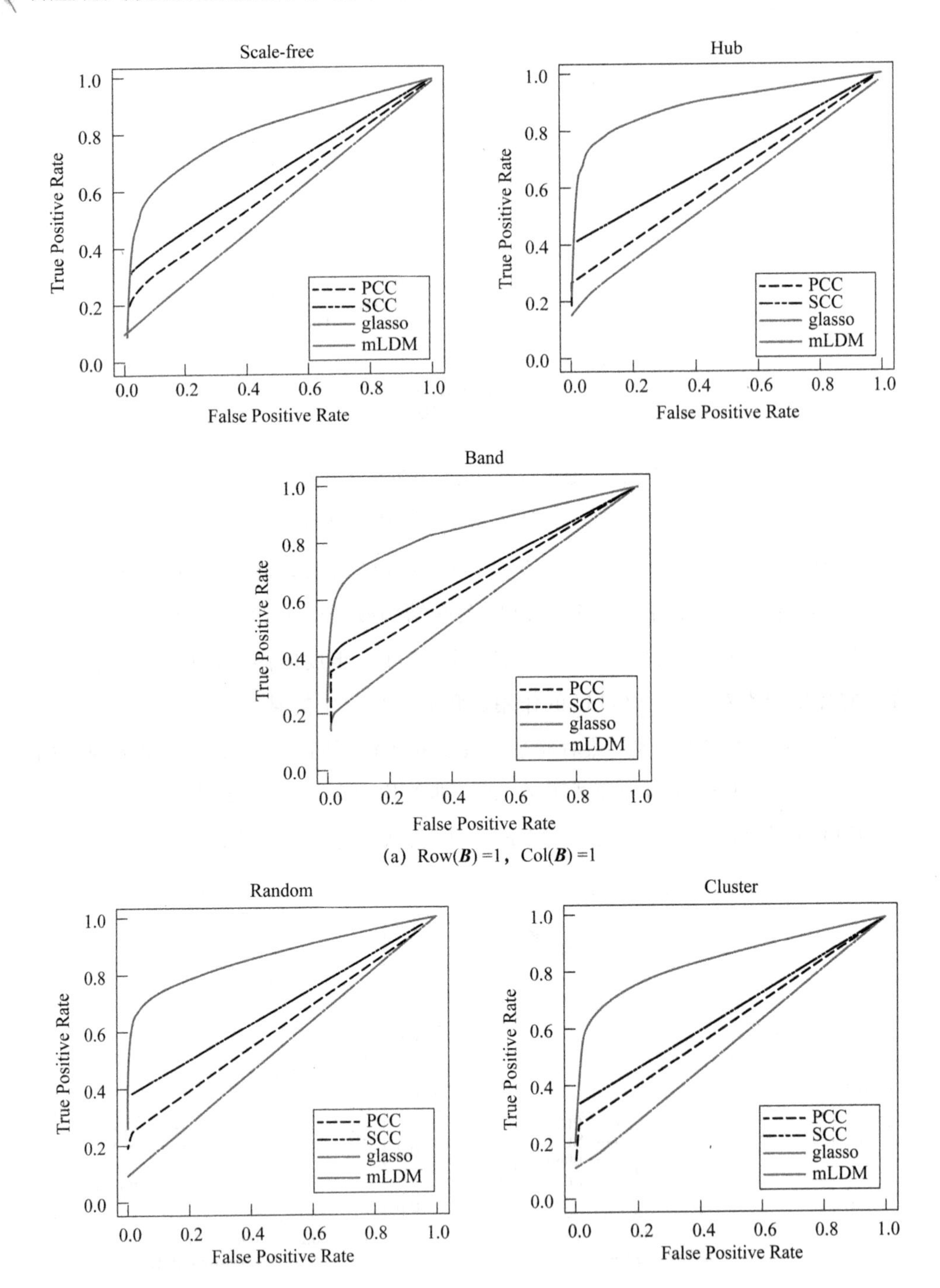

(a) Row($\boldsymbol{B}$) =1，Col($\boldsymbol{B}$) =1

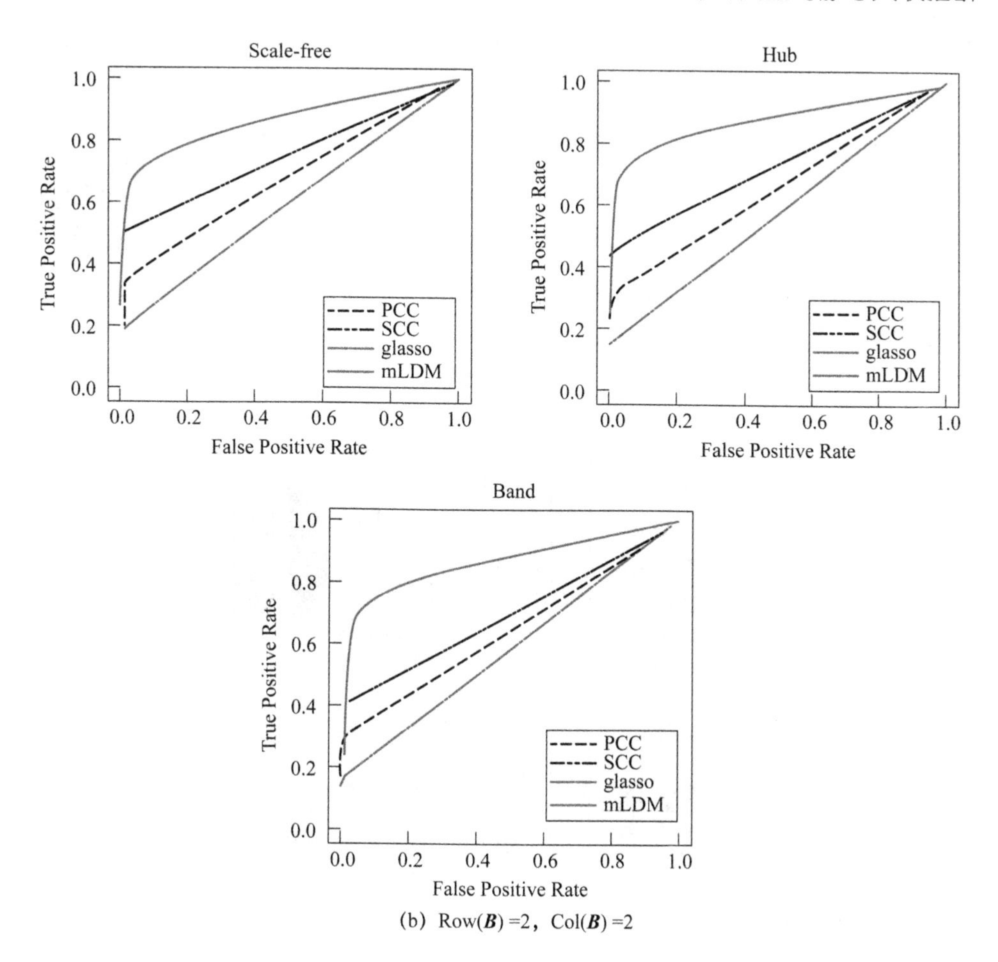

(b) Row(***B***) =2， Col(***B***) =2

图 5.7　改变 EF-OTU 关联矩阵 ***B*** 的元素分布
时不同方法的 EF-OTU 关联预测 ROC 曲线

除了 ROC 和 AUC，关联推断的一致性也是评估方法优劣的有效标准，它能够反映方法对于噪声的鲁棒性。我们比较了不同关联推断方法在人类微生物组项目(HMP)的两组数据集上的表现来评估它们的一致性。因为同一个体可能有两个样本，对于这样的个体我们将两个样本分别归入两个数据集中。通过计算关联推断方法在两组数据集上推断的关联网络的 Jaccard 相似性来获得其一致性。这里比较了两个 OTU-OTU 关联网络权重排名前 200 的关联的一致性，结果如图 5.8 所示。可以看到，mLDM 的一致性在 9 种方法中能够排到第五位；在 4 种估计 OTU 条件依赖关联的方法中，mLDM 的一致性能够排到第二位。9 种方法中，CCLasso 有着最高的一致性，glasso 的一致性最低。总体来看，估计 OTU 直接相关系数方法的一致性要比估计条件依赖关联的方法高。这可能是因为估计条件依赖关联的方法对噪声和数据的异质性相对敏感，并且模型选择的过程也会造成结果的不一致。同时，我们需要意识到一致性并不是评估关联推断算法的最佳标准，因为在两组数据集上的一致性也可能是数据系统误差误导的结果。另外，我们也对 mLDM 和 DiriMulti-Multionmial 模型对于 EF-OTU 关联推断的结果进行了比较，如图 5.9 所示。可以看到，狄利克雷-多项式模型的效果不如 mLDM。

彩图 5.8

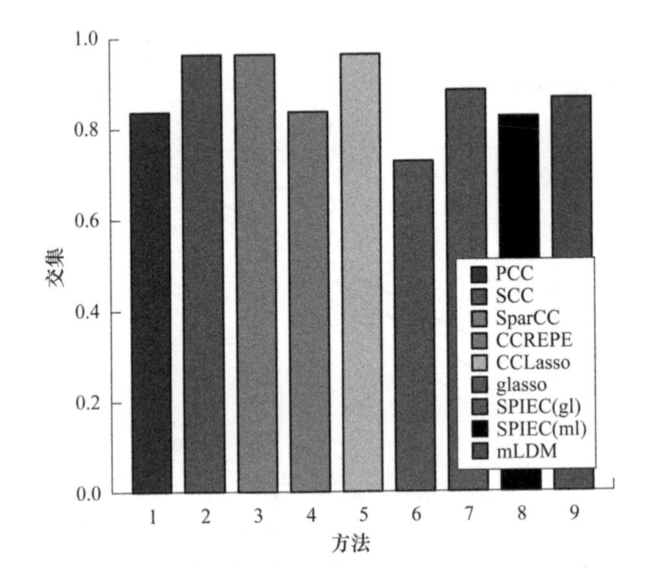

图 5.8 不同方法的 OTU-OTU 关联推断一致性比较

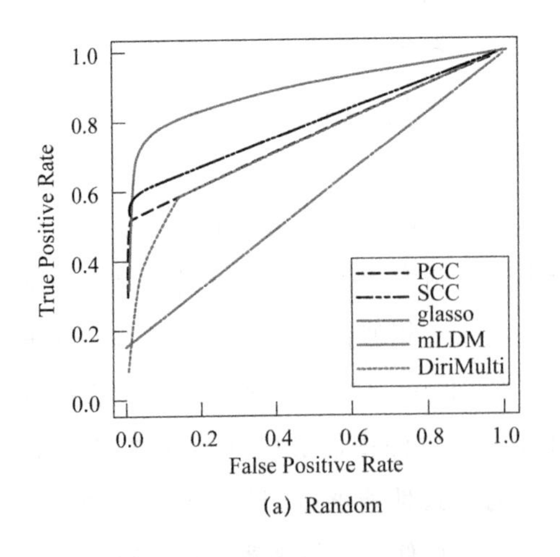

(a) Random

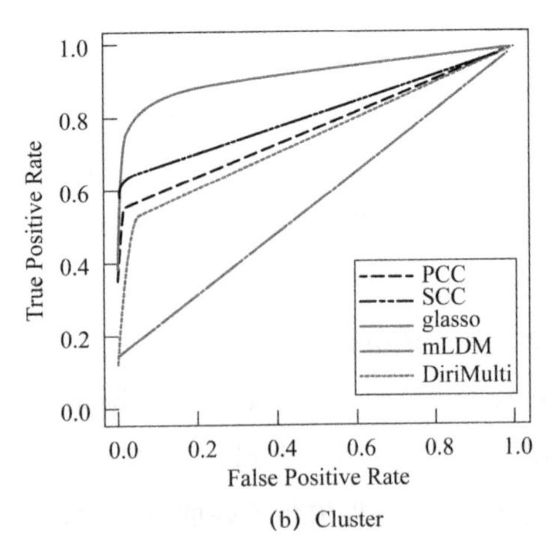

(b) Cluster

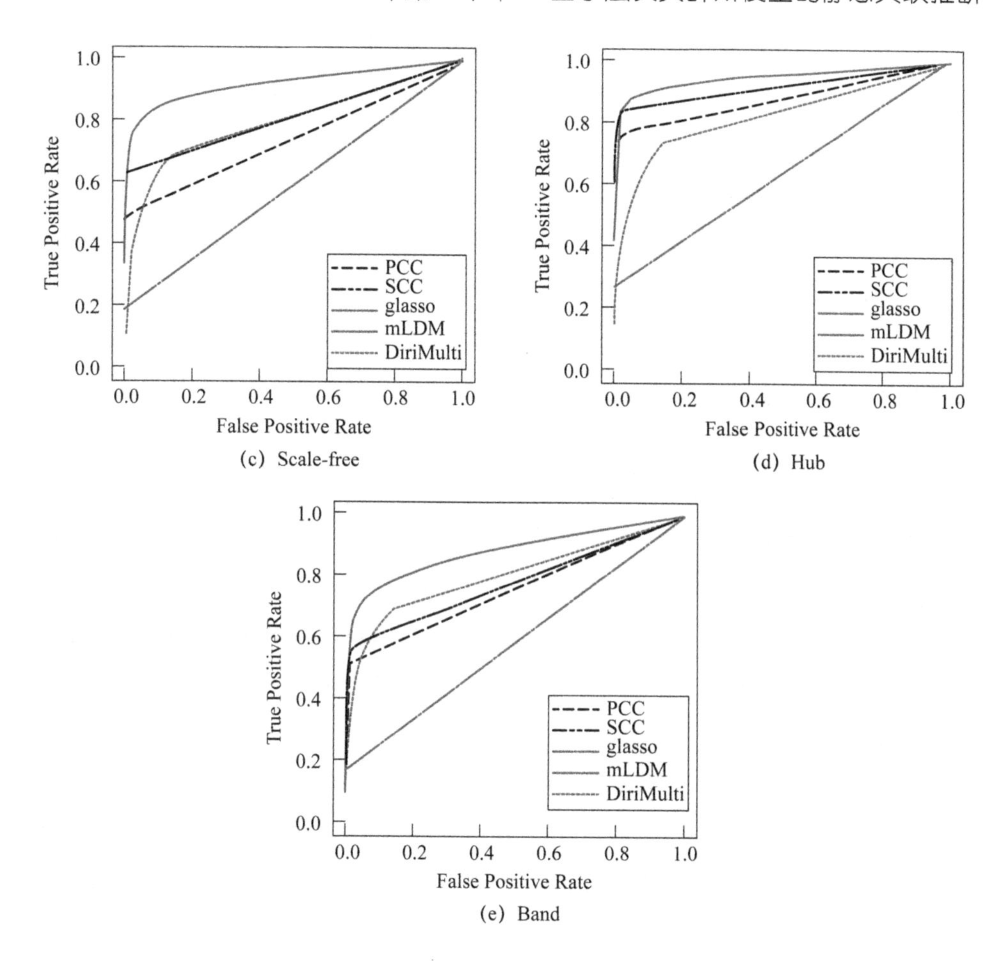

图 5.9 mLDM 和 DiriMulti 的 EF-OTU 关联推断结果比较

5.4.2 TARA 海洋数据实验结果

其次，为了验证 mLDM 在真实数据上推断 OTU-OTU 关联的能力，我们对比了 9 种方法在 TARA 海洋真核微生物数据集上的实验结果。真核微生物的丰度通过 18S rRNA 基因序列测序获得，我们选取了一个由 67 个 OTU、28 个 EF 和 221 个样本组成的子集作为实验数据。该子集包含了 28 个经过生物验证的属水平的 OTU-OTU 关联。

由于经过验证的关联是属水平的，而 OTU-OTU 关联通常注释到物种级别，故当 OTU-OTU 关联的两方属于验证过的微生物关联的两个属(Genera)时，认为该关联与真实关联匹配。考虑真实环境中大部分关联都是未知的，故我们先在不同方法推断的靠前的 N 个 OTU-OTU 关联中，比较与验证过的关联相匹配的数目。从表 5.3 可以看出，与其他方法相比，mLDM 在 Top N 中验证过的 OTU-OTU 关联数目相对较多，体现其关联推断的有效性。另外，可以看到当 $N \leqslant 40$ 时，SCC 的关联推断效果也较好，但是随着关联数目的增多 SCC 的推断效果逐渐落后于 mLDM。

结合图 5.10(e)和图 5.10(f)中显示的 SparCC 和 CCLasso 估计的 OTU-OTU 关联网络，我们可以看出这两种方法趋向于保留较多的关联，这样会导致较高的假阳性。而与这两种方法相反，mLDM 假设关联网络稀疏并且推断出了相对少的关联，如图 5.10(d)所示，增强了结果的可解释性。

图 5.10(a)和图 5.10(b)中绘制了 28 个验证 OTU-OTU 关联和 mLDM 估计的结果。其中，mLDM 估计的最强关联是 Amoebophrya 和 Alexandrium，它们之间存在寄生关系[237]。在已知的寄生关系中，Amoebophrya 和 Peridiniaceae 之间，以及 Amoebophrya 和 Acanthometra 之间的关联也被 mLDM 捕捉到，并且估计出了它们之间的负关联。另外在表 5.4 中，我们也列出了 mLDM 估计的前 10 的 OTU-OTU 关联以及和它们相关的文献，进一步验证了 mLDM 对于 OTU-OTU 关联估计的有效性。图 5.10(c)展示了 mLDM 估计的 EF-OTU 关联网络。相较于 OTU-OTU 关联网络，mLDM 估计的 EF-OTU 数量更少，暗示着仅有少数 OTU 受环境因素影响，然后它们借助 OTU-OTU 之间的交互去影响整个微生物群落。类似地，mLDM 估计的前 10 的 EF-OTU 也列在了表 5.4 中，其中一些已在之前的研究中被报道过。例如，Brunt-Väisälä 最大频率深度(Depth of Maximum Brunt-Väisälä Frequency)和 Cope-1(Corycaeus sp.)正相关，这与之前用 Brunt-Väisälä最大频率深度预测 Cope-1 的研究相符[238]；Cope-2(Oithona sp.)和最大叶绿素深度(Depth of Maximum Chlorophyll)的关联，以及 Cope-7(Centropages fu.)与月相(Moon Phase)的关联也已在其他项目中被研究[239-240]。

表 5.3　不同方法预测的属水平 OTU-OTU 关联数量比较

方法	PCC	SCC	CCREPE	SparCC	CCLasso	glasso	SPIEC(gl)	SPIEC(ml)	mLDM
Top 10	1	2	0	0	0	1	0	0	2
Top 20	1	3	1	2	2	1	2	4	4

续 表

方法	PCC	SCC	CCREPE	SparCC	CCLasso	glasso	SPIEC(gl)	SPIEC(ml)	mLDM
Top 40	2	7	2	5	5	2	—	5	7
Top 60	3	7	4	7	7	5	—	—	8
Top 80	—	8	8	8	8	—	—	—	10
Top 100	—	9	9	8	9	—	—	—	13

在 mLDM 推断出的 EF-OTU 关联中，Cope-1(Corycaeus sp)与氧含量呈负相关关系。TARA 海洋数据的 221 个样本中，接近 95%的样本都是从表层水体或者叶绿素含量最大的水体中获得，样本水深在 5.3 m 到 183.3 m 之间。图 5.10(g)展示了 mLDM 估计的 Cope-1 绝对丰度与氧含量的数量关系。从该图中可以看出，Cope-1 的丰度并非随着氧含量增加而线性变化，而是当氧含量处于某一范围内时丰度较高。这也表明 mLDM 能够捕捉一部分的非线性关联。

彩图 5.10

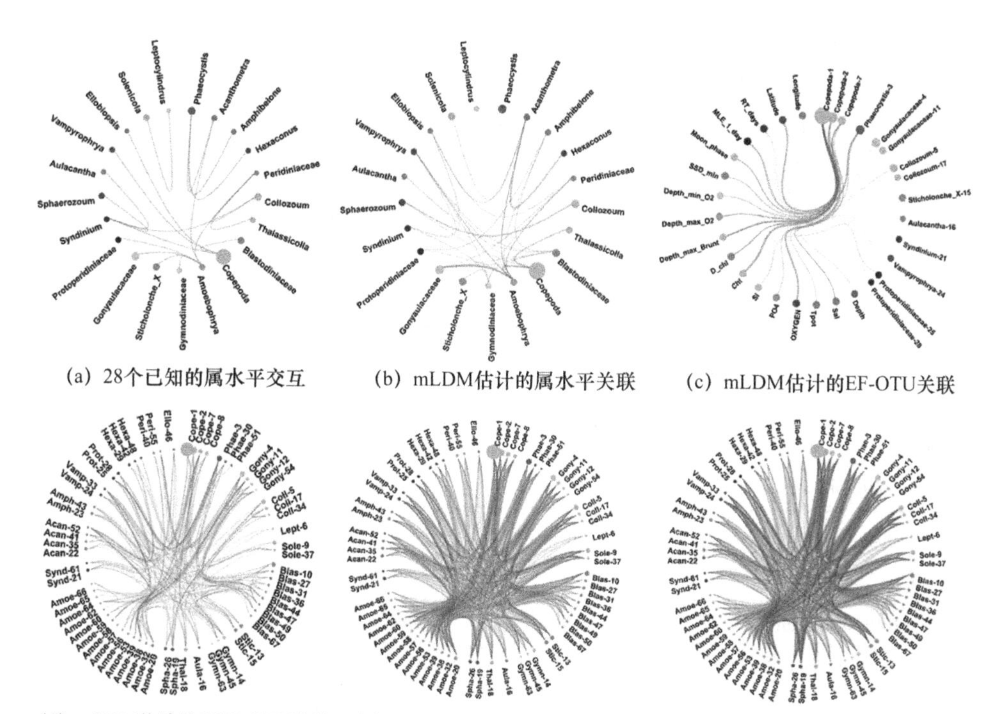

(a) 28个已知的属水平交互　(b) mLDM估计的属水平关联　(c) mLDM估计的EF-OTU关联

(d) mLDM估计的OTU-OTU关联　(e) SparCC估计的OTU-OTU关联　(f) CCLasso估计的OTU-OTU关联

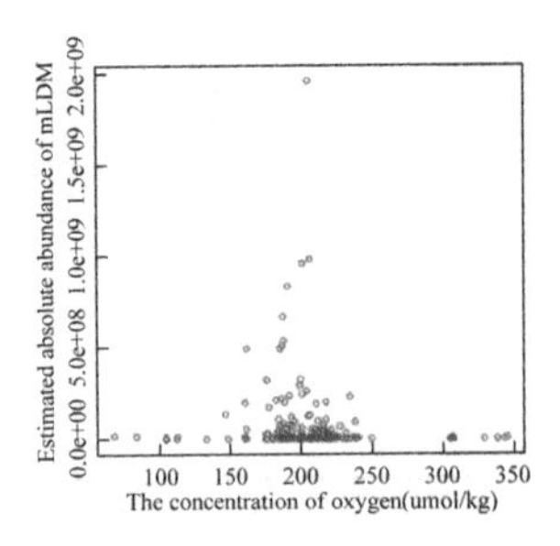

(g) 氧气与Cope-1丰度散点图

图 5.10 不同方法在 TARA 海洋数据上的结果

表 5.4 mLDM 估计的前 10 的 OTU-OTU 和 EF-OTU 关联及相关的文献

OTU-OTU	符号	文献	EF-OTU	符号	文献
Cope-7(Centropages fu.)-Thal-18(Thalassicolla nu.)	+		Chl-Cope-1(Corycaeus sp.)	−	[241]
Acan-41(Acanthometra sp.)-Acan-52(Acanthometra sp.)	+		Latitude-Cope-2(Oithona sp.)	+	
Hexa-42(Hexaconus se.)-Acan-52(Acanthometra sp.)	+	[165]	Depth max Brunt-Cope-1(Corycaeus sp.)	+	[242-243]
Coll-17(Collozoum se.)-Coll-34(Collozoum se.)	+		Oxygen-Cope-1 (Corycaeus sp.)	−	
Gony-4(polygramma)-Gony-11(Alexandrium 01)	+	[166]	MLE 1 day-Phae-3 (Phaeocystis)	+	
Vamp-33(Vampyrophrya pe.)-Amoe-62(Amoebophrya sp.)	+		Depth max Brunt-Cope-7(Centropages fu.)	−	
Amoe-38(Amoebophrya ce.)-Peri-40(foliaceum)	−		SSD min-Phae-3 (Phaeocystis)	+	
Coll-5(Collozoum se.)-Coll-34(Collozoum se.)	+		D. chl-Cope-2 (Oithona sp.)	−	[244]
Blas-36(Blastodinium 06)-Blas-49(Blastodinium 05)	+		Depth max O2-Cope-1(Corycaeus sp.)	−	
Amoe-20(Amoebophrya)-Amoe-53(Amoebophrya sp.)	+		Moon phase-Cope-7 (Centropages fu.)	−	[245]

接下来我们把已验证的OTU-OTU关联当作金标准，绘制了不同方法匹配的属水平关联数量随预测的关联数量变化的变化曲线，如图5.11所示，并比较了AUC值，如图5.12所示。根据图5.11和图5.12，我们可以看出mLDM的AUC值是所有方法中最高的，且其推断出的OTU-OTU关联准确度也最高。

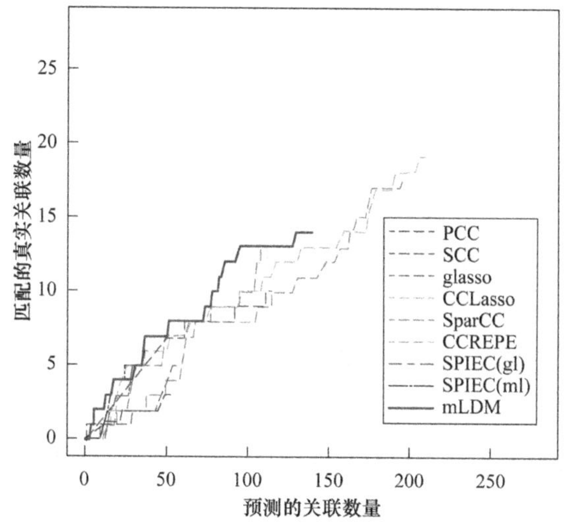

彩图5.11

图5.11 TARA海洋数据集不同方法匹配的属水平关联变化曲线

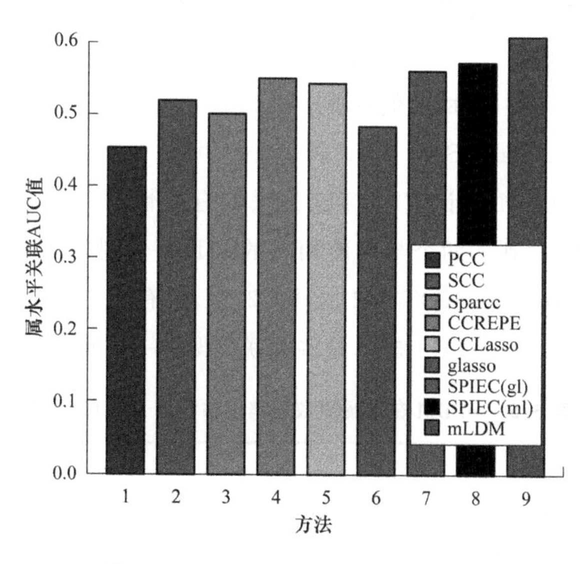

彩图5.12

图5.12 TARA海洋数据集不同方法匹配的属水平关联AUC值

5.4.3 结肠癌数据实验结果

再次，我们评估了 mLDM 在结肠癌(Colorectal Cancer，CRC)数据集上估计环境因素与人肠道微生物关联的结果。已有研究证实结肠癌患者的肠道微生物群落和正常人的存在差异，一些微生物，如 Fusobacterium、Peptostreptococcus、Parvimonas 和 Porphyromonas 更倾向于在结肠癌患者肠道中富集[246-248]。结肠癌数据集中共有 117 个 OTU，还包含肠道隐血实验检测结果(FIT)、患者居住地、患病状态、性别和年龄，5 种环境因素。患者居住地包括美国的 3 个城市及加拿大的 1 个城市。根据肠镜检测的患病严重程度将诊断状态划分为健康(Normal)、高危(High Risk Normal)、腺瘤(Adenoma)、高级腺瘤(Advanced Adenoma)和癌症(Cancer)5 种。我们在表 5.5 中列出了前 12 个 mLDM 估计的 EF-OTU 关联，用于验证 mLDM 的有效性。

从表 5.5 中可以看出，4 个 OTU(Peptostreptococcus(OTU310)、Porphyromonas(OTU105)、Parvimonas(OTU281) 和 Fusobacterium(OTU264))均出现在前 12 个 EF-OTU 关联中，并且均与 CRC 呈正相关关系。另外，Prevotella(OTU57) 之前也被报道过与 CRC 相关，它与结肠癌的关联排在第 25 位，关联强度为 +0.185。这些结果与之前研究人员研究的一致，很好地验证了 mLDM 估计 EF-OTU 关联的准确性。

为了评估关联的显著性，我们计算了表 5.5 中 8 个 EF-OTU 关联的威尔克森秩和检验(Wilcoxon Rank-Sum Test)的 P 值。可以看出这些关联均具有统计显著性，再次表明 mLDM 估计 EF-OTU 关联的有效性。有趣的是，在 12 个 EF-OTU 关联中，我们找到了两个与年龄相关的 OTU，分别是 Veillonella(OTU66)(+0.364)和 Parasutterella(OTU82)(−0.275)，还有一个与 CRC 呈负相关关系的微生物 Pasteurellaceae(OTU58)，这些关联值得进一步研究和解释。

表 5.5 mLDM 在结肠癌数据集中估计的 EF-OTU 关联

OTU	EF	Association	P 值(Wilcoxon Rank Sum Test)
Peptostreptococcus (OTU310)	Cancer	+0.865	2.00×10^{-15}
Porphyromonas (OTU105)	Cancer	+0.617	2.08×10^{-14}

续 表

OTU	EF	Association	P 值(Wilcoxon Rank Sum Test)
Fusobacterium (OTU264)	Normal	−0.463	1.74×10^{-5}
Fusobacterium (OTU264)	FIT	+0.442	N/A
Parvimonas (OTU281)	Cancer	+0.378	3.50×10^{-12}
Porphyromonas (OTU105)	Normal	−0.372	7.34×10^{-6}
Veillonella (OTU66)	Age	+0.364	N/A
Parvimonas (OTU281)	Normal	−0.307	7.94×10^{-5}
Pasteurellaceae (OTU58)	Cancer	−0.298	2.95×10^{-5}
Porphyromonas (OTU105)	FIT	+0.288	N/A
Parasutterella (OTU82)	Age	−0.275	N/A
Fusobacterium (OTU264)	Cancer	+0.272	2.68×10^{-7}

5.4.4 西英吉利海峡数据实验结果

最后,我们应用 mLDM 在海洋微生物宏基因组测序数据中推断潜在的 OTU-OTU 和 EF-OTU 关联。海洋微生物在海洋生态系统中扮演着重要角色,但是生物学家对于海洋微生物群落的交互了解甚少。本小节利用了 Gilbert 等在研究西英吉利海峡时使用的从 2003 年到 2008 年的 16S rRNA 基因测序数据,我们对其预处理后保留了 48 个 OTU、8 种环境因素和 46 个样本。

48 个 OTU 之间的关联网络如图 5.13(a)所示。总体上,OTU 之间正关联的橙色边要多于负关联的蓝色边,整个 OTU-OTU 关联网络被绿色的 OTU (Proteobacteria) 主导,这个结果与之前 Gilbert 的研究一致。其中,OTU Alphap17 属于 Rhodospirillaceae,在关联网络中处于中心位置。Rhodospirillaceae 能够通过光合作用产生能量,对海洋表层中的微生物群落比较重要。Gilbert 等在其研究中也发现了一个属于 Rhodospirillaceae 的 OTU 处于中心位置,并且和不同的微生物组关联。在图 5.13(a)展示的关联网络中,OTU Alphap5、OTU Alphap2 和 OTU Alphap17 均来自同一个类微生物 Alphaproteobacteria,但是它们有着不同的关联结构,OTU Alphap5 和 OTU Alphap17 有较强的负关联但是 OTU Alphap2 与 OTU Alphap17 正相关。值得注意的是,OUT Alphap17 虽然处于中心位置，与很多 OTU 如 OTU Alphap1、OTU Alphap2、OTU Gammap76 等相连，但是其相对丰度却是比较低的，这种现象显示了尽管有的微生物丰度低，但是其在微生物群落中的交互作用是值得关注的。

图 5.13(b)中也绘制了 mLDM 估计的 EF-OTU 关联网络。根据该图我们可以看出温度对于 OTU 的丰度存在最显著的影响，特别是对属于 Proteobacteria 门水平的 OTU。进一步地，OTU Alphap17 在 OTU-OTU 关联网络中处于中心位置，在 EF-OTU 网络中与昼长呈较强的正相关关系，这与刚才提到的 OTU Alphap17 通过光合作用影响微生物群落相符合。另外，我们也把排在前十的 EF-OTU 和 OTU-OTU 关联列在了表 5.6 中。根据该表我们可以看出，对于海洋微生物的研究仍然较少，除了 OTU Alphap16 和 OUT Gammap58 与温度的关联被 Lefort 等[251]报道过外，大部分的关联仍需要深入的探索。

彩图 5.13

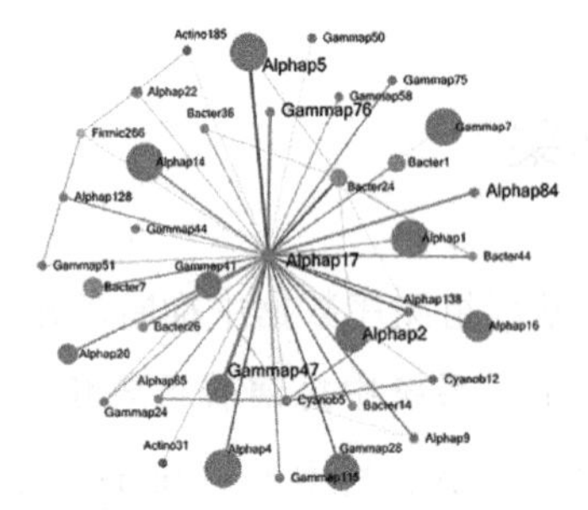

(a) mLDM在西英吉利海峡数据上估计的OTU-OTU关联

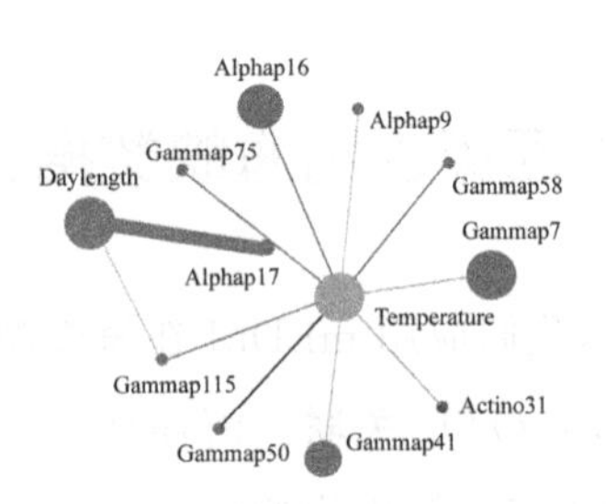

(b) mLDM在西英吉利海峡数据上估计的EF-OTU关联

图 5.13　mLDM 在西英吉利海峡数据上的结果

表 5.6　mLDM 在西英吉利海峡数据集上关联推断的结果

OTU-OTU	符号	文献	EF-OTU	符号	文献
Alphap17(Rhodospirillaceae)-Gammap47(SAR86)	+		Daylength-Alphap17 (Rhodospirillaceae)	+	
Alphap17(Rhodospirillaceae)-Gammap76(SAR86)	+		Temp-Alphap16 (Rhodobacteraceae)	+	[249]
Alphap17(Rhodospirillaceae)-Alphap2(SAR11)	+		Temp-Gammap58 (Gammaproteobacteria)	+	[250]
Alphap17(Rhodospirillaceae)-Alphap84(Rhodobacteraceae)	+		Temp-Gammap75 (Alteromonadaceae)	+	

续 表

OTU-OTU	符号	文献	EF-OTU	符号	文献
Alphap17(Rhodospirillaceae)-Alphap5(Thalassobacter)	−		Temp-Gammap115 (Alteromonadaceae)	+	
Alphap17(Rhodospirillaceae)-Bacter24(Polaribacter)	−		Temp-Gammap41 (SAR86)	+	
Alphap17(Rhodospirillaceae)-Bacter26(Flavobacteriaceae)	+		Temp-Gammap50 (SAR86)	−	
Alphap17(Rhodospirillaceae)-Alphap20(Pelagibacter)	+		Temp-Gammap7 (Gammaproteobacteria)	−	
Alphap17(Rhodospirillaceae)-Alphap14(Pelagibacter)	+		Daylength-Gammap115 (Alteromonadaceae)	+	
Alphap17(Rhodospirillaceae)-Alphap9(Rhodobacteraceae)	+		Temp-Actino31 (Leucobacter)	−	

为了基于宏基因组学数据探索微生物群落中的关联，我们提出了一种带稀疏约束的层次贝叶斯模型(mLDM)。mLDM 能够同时推断条件依赖的 OTU-OTU 关联和直接的 EF-OTU 关联，并且在参数估计的过程中考虑组成成分偏差和过度散布问题。mLDM 推断出的微生物之间的条件依赖关系去掉了多种因素的间接影响，从而帮助生物学家更好地理解微生物群落中的交互。最后 mLDM 关联推断的有效性在构造的仿真数据和多组真实数据上得到了验证。但 mLDM 仍然有一些限制，首先，当前 mLDM 分析的 OTU 数量仍比较少，未来需要提升其扩展性使其能够对成百上千的微生物进行关联推断；然后，对于相对丰度较低的 OTU，mLDM 采用的对数正态分布可能不能很好地描述其丰度变化，我们需要探索更合理的概率分布；最后，当前 mLDM 仍然假设微生物群落中关联网络是静态的，不能很好地推断非线性关联，故开发动态态的 mLDM 模型来分析时序信息也是可以改进的方向。针对上述问题，我们对本章的静态关联网络推算算法进行了改进和完善，使其具有了较好的伸缩性，并且能够分析非线性关联，新的方法将在第 6 章详细介绍。

第6章
基于环境变化的多关联网络推断

微生物与其所处的自然环境或人体宿主之间存在着紧密的交互，这些交互在多方面影响着生态系统的平衡和我们的身体健康[252]。宏基因组测序技术是研究人体不同部位和自然环境不同地理位置中微生物的重要技术手段。通过对环境中微生物的基因组进行测序，能够了解微生物的丰度变化，推断其与所处环境的关联和交互。微生物与环境的普遍关联已经被众多研究报道[253-255]。无论是自然环境中营养物质的浓度，还是人体的基因型或健康状况，均与微生物群落的组成结构存在关联。宏基因组初期的研究多以了解目标环境中微生物组成为目的，以小样本量采样测序研究为主；随着测序成本的进一步降低，出现了越来越多的多中心联合采样测序的大规模研究，期望了解微生物群落中复杂的生物交互[256-257]。

第5章中我们在假设微生物群落关联网络静态的情况下，提出了mLDM模型；但是真实环境中，微生物之间及微生物与环境之间的交互会随着时间或环境因素的改变而发生动态变化，在丰度变化上呈现非线性关联。我们认为微生物群落中关联的变化依赖于当前所处的环境条件(EF conditions)，即环境因素的值处于某一特定范围时所描述的环境。在相似的环境条件下，微生物群落中的交互是稳定的，并且会随着环境条件的改变而发生变化。例如，海洋微生物的交互会随着季节和所处深度的不同而改变，肠道微生物的交互会因宿主的健康状况不同而不同。这两个例子中的环境条件就是特定的季节、深度或人体的健康状况。

值得注意的是，很多时候环境条件并不显然，在研究中无法预先判断。以美国肠道微生物项目数据集为例，除了肠道样本外，每个个体均包含上百个与生活方式相关的因素，我们很难确定哪些个体处于同一环境条件下，即有着相似的生活方式而且微生物的关联网络也类似。为了确定数据集中可能的环境条件和单个环境条件下的微生物关联网络,我们需要新的计算工具。第 2 章提到的关联推断算法和第 3 章提出的 mLDM 均假设微生物群落中只有一个关联网络,忽视了微生物交互动态变化的本质。当我们使用混合了多种环境条件的测序样本进行分析时,得到的结果反映的将是环境条件的改变所导致的关联,而不是特定环境条件下的微生物关联情况。这无疑会误导我们的微生物交互研究。

为了推断数据中可能的环境条件以及各个环境条件下的关联网络,同时考虑组成成分偏差、过度散布、间接关联和环境因素等问题,在本章中我们提出了一个新的层次贝叶斯模型,记作 kLDM。kLDM 模型能够自动推断数据中的环境条件数量,并且在每个环境条件下,同时考虑组成成分偏差和过度散布,推断条件依赖的 OTU-OTU 关联和直接的 EF-OTU 关联。据我们所知,kLDM 是第一个能够基于环境因素变化来推断多个关联网络的算法。在实验部分,我们除了在仿真数据集上测试 kLDM 的效果,也在结肠癌数据集、TARA 海洋数据集和美国肠道微生物项目数据上对 kLDM 的有效性进行了验证。

本章首先对 kLDM 模型的假设和结构进行介绍,并推导该模型参数估计的两种方法;然后介绍在仿真和真实数据集上的实验过程,对 kLDM 的结果进行解释和讨论;最后对 kLDM 模型的优势和局限进行总结。

6.1 模型假设

kLDM 假设微生物群落内部的交互受到环境因素的调节,并且在环境条件相似时,群落中的关联较为稳定;当环境条件改变时,微生物的关联会随之变化。在相似的环境条件下,环境因素的值在某一个小范围内波动,核心的微生物种类是相同的,它们内部的关联也趋于一致。当环境条件变化时,环境因素的值、微生物的种类和它们之间的交互均可能发生变化。

新模型是在第 3 章提出的 mLDM 基础上改进得到的。更具体地,该模型假设数据集的环境因素中存在多个环境簇(Clusters),单个环境簇中的环境因素服从多元正态分布,并且对应于某一种环境条件。注意这里并不是认为所有样本的环境因素均服从同一个正态分布,而是认为环境因素的值服从一个混合的多元高斯分布。

6.2 模型结构

kLDM 模型结构如图 6.1 所示。向量$x_i \in \mathbb{N}^P$表示第 i 个样本的测序结果，$m_i \in \mathbb{R}^Q$表示对应的环境因素向量。P 维向量h_i 表示第 i 个样本中微生物的相对丰度，α_i 对应微生物的绝对丰度向量。与 mLDM 一致，kLDM 假设微生物绝对丰度α_i 决定着 DNA 文库中微生物的相对丰度h_i，并且测序获得的微生物序列数x_i 与文库中的微生物相对丰度h_i 有关。第 i 个样本可以认为是在某种环境条件 c_i 下采样得到的，并且在数据集中环境条件 c_i 的混合权重为π_{c_i}。处于环境条件 c_i 下的微生物绝对丰度 α_i 变化受到两方面因素的影响：①微生物与环境因素关联的影响，记作 $B^{(c_i)\mathrm{T}} m_i$；②微生物之间关联作用的影响，用隐变量 $z_i^{(c_i)}$ 表示。同样地，$z_i^{(c_i)}$ 服从一个多元高斯分布，包括一个基线向量 $B_0^{(c_i)}$ 和精确度矩阵$\boldsymbol{\Theta}^{(c_i)}$，其中，$\boldsymbol{B}^{(c_i)}$记录着环境条件 c_i 下微生物与环境因素的直接关联，$\boldsymbol{\Theta}^{(c_i)}$记录着微生物之间的关联。

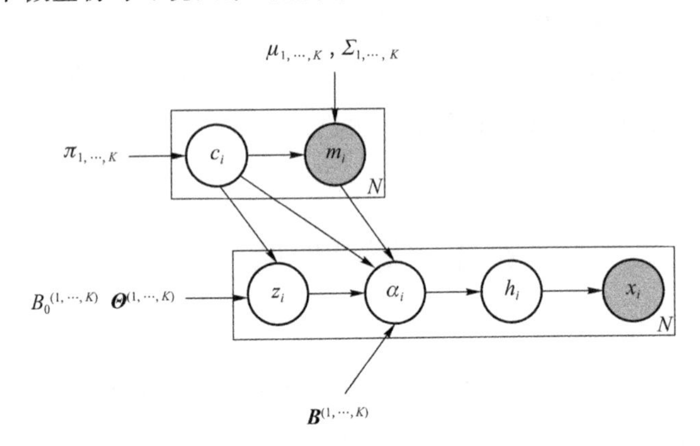

图 6.1　kLDM 模型结构

kLDM 假设数据集（$X=\{x_i\}_{i=1}^N, M=\{m_i\}_{i=1}^N$）中存在着 K 种环境条件，并且环境因素向量 m_i 服从均值为μ_{c_i}、协方差为Σ_{c_i} 的多元高斯分布，N 个 EF 样本中包含 K 个服从高斯分布的成分（Components）。因此，宏基因组测序数据中的 K 种环境条件可以用参数 $C=\{\boldsymbol{B}^{(k)}, \boldsymbol{\Theta}^{(k)}, B_0^{(k)}, \mu^{(k)}, \Sigma^{(k)}\}_{k=1}^K$来描述。其中，$\boldsymbol{B}^{(k)}$和$\boldsymbol{\Theta}^{(k)}$描述第 k 种环境条件下的环境因素与微生物之间和微生物之间的关联网络，$\mu^{(k)}$和$\Sigma^{(k)}$描述第 k 种环境条件下的环境因素分布规律。另外，每种环境条件的权重为$\pi=\{\pi_i\}_{i=1}^K$，且 $\sum_{k=1}^K \pi_k = 1$。

综上所述，kLDM 的产生过程如下：

$$c_i \sim \text{Categorial}(\pi)$$

$$m_i \mid c_i \sim N(\mu_{c_i}, \Sigma_{c_i})$$

$$z_i^{(c_i)} \mid c_i \sim N(B_0^{(c_i)}, \boldsymbol{\Theta}^{(c_i)^{-1}})$$

$$\alpha_i \mid c_i = \exp\ (B^{(c_i)^{\mathrm{T}}} m_i + z_i^{(c_i)})$$

$$h_i \sim \text{Dirichlet}(\alpha_i)$$

$$x_i \sim \text{Multinomial}(h_i)$$

kLDM 的产生过程除了对环境因素分布做出假设外，与 mLDM 类似。测序结果向量x_i 和相对丰度向量h_i 的分布与式(5-2) 和式(5-3) 相同。在环境条件 c_i 下，环境因素 m_i 服从多元高斯分布$P(m_i \mid c_i) = N(\mu_{c_i}, \Sigma_{c_i})$，该环境条件的权重服从分类分布 $P(c_i = k) = \prod_{c=1}^{K} \pi_c^{I(c_i = k)}$。矩阵$\boldsymbol{B}^{(c_i)}$ 和$\boldsymbol{\Theta}^{(c_i)}$ 是我们感兴趣的参数。其中，$\boldsymbol{B}^{(c_i)}$ 是 $Q \times P$ 实数矩阵，$B_{qp}^{(c_i)}$ 表示环境条件 c_i 下，第 q 个环境因素与第 p 个微生物之间的关联；$\boldsymbol{\Theta}^{(c_i)} \in \mathbb{R}^{P \times P}$ 为逆协方差矩阵，$-\frac{\Theta_{ij}^{(c_i)}}{\sqrt{\Theta_{ii}^{(c_i)}\ \Theta_{jj}^{(c_i)}}}$表示环境条件 c_i 下第 i 个与第 j 个微生物之间的关联。两种环境条件下 kLDM 估计的关联网络如图 6.2 所示。

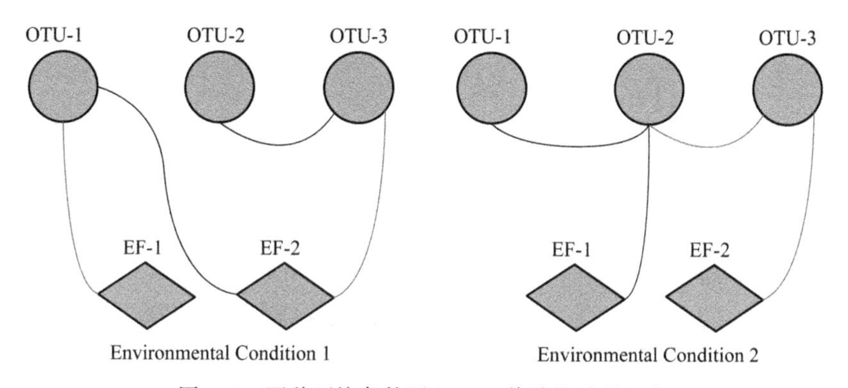

图 6.2 两种环境条件下 kLDM 估计的关联网络

6.3 基于 EM 算法的参数估计

由于 kLDM 包含多个隐变量，故最直接的优化方法是利用 EM 算法对隐变量 $z_i^{(c_i)}$ 进行估计。同时，模型假设微生物之间以及微生物与环境之间的关联是稀疏的，引入对未知参数$\boldsymbol{B}^{(c_i)}$ 和$\boldsymbol{\Theta}^{(c_i)}$ 的 1 范数正则化约束。隐变量 Z 的对数后验分布如下：

$$\begin{aligned}\ln P(Z \mid \boldsymbol{X},\boldsymbol{M}) &\propto \ln P(\boldsymbol{X},Z,\boldsymbol{M}) = \ln \prod_{i=1}^{N} P(x_i,z_i,m_i) \\ &= \prod_{i=1}^{N} \ln P(x_i,z_i,m_i) = \sum_{i=1}^{N} \ln \sum_{c_i=1}^{K} P(x_i,z_i^{(c_i)},m_i,c_i) \\ &= \sum_{i=1}^{N} \ln \sum_{c_i=1}^{K} q(c_i) \frac{P(x_i,z_i^{(c_i)},m_i,c_i)}{q(c_i)} \\ &\geqslant \sum_{i=1}^{N} \sum_{c_i=1}^{K} q(c_i) \ln P(x_i,z_i^{(c_i)},m_i,c_i) - \sum_{i=1}^{N} \sum_{c_i=1}^{K} q(c_i) \ln q(c_i)\end{aligned} \tag{6-1}$$

其中，$\sum_{i=1}^{K} q(c_i) = 1$，根据琴森不等式，当且仅当 $q(c_i) = P(c_i \mid x_i, z_i^{(c_i)}, m_i)$ 时等号成立。记 $r_{ik} = q(c_i = k)$，在 E 步时，$r_{ik}(i=1,\cdots,N;k=1,\cdots,K)$ 的计算过程如下：

$$P(c_i = k, x_i, z_i^{(c_i)}, m_i) =$$

$$P(x_i \mid \alpha_i^{(c_i)}) P(z_i^{(c_i=k)} \mid c_i = k) P(m_i \mid c_i = k) P(c_i = k)$$

$$P(c_i = k \mid x_i, z_i^{(c_i)}, m_i) = \frac{P(c_i = k, x_i, z_i^{(c_i)}, m_i)}{\sum_{c_i=1}^{K} P(c_i, x_i, z_i^{(c_i)}, m_i)} = \frac{P_{c_i=k}}{\sum_{c_i=1}^{K} P_{c_i}}$$

$$P_{c_i=k} = \frac{T(\alpha_i^{(k)} + x_i)}{T(\alpha_i^{(k)})} \frac{|\boldsymbol{\Theta}^{(k)}|^{1/2}}{|\Sigma_k|^{1/2}} \pi_k \exp(-\frac{1}{2} D_z^{(k)} - \frac{1}{2} D_m^{(k)}) \tag{6-2}$$

其中，$T(\alpha_i^{(k)}) = \frac{\prod_{j=1}^{P} \Gamma(\alpha_{ij})}{\Gamma(\sum_{j=1}^{P} \alpha_{ij})}$，$\alpha_i^{(c_i)} = \exp(B^{(c_i)\mathrm{T}} m_i + z_i^{(c_i)})$，$D_z^{(k)} = (z_i^{(k)} - B_0^{(k)})^{\mathrm{T}}$ $\boldsymbol{\Theta}^{(k)} (z_i^{(k)} - B_0^{(k)})$ 并且 $D_m^{(k)} = (m_i^{(k)} - \mu_k)^{\mathrm{T}} \boldsymbol{\Theta}^{(k)} (m_i^{(k)} - \mu_k)$。

在 M 步中，需要最小化下列目标函数，

$$\min_{\boldsymbol{B}^{(c_i)}, \boldsymbol{\Theta}^{(c_i)}, B_0^{(c_i)}, z_i^{(c_i)}, \mu_{c_i}, \Sigma_{c_i}, \pi_{c_i}} f(\boldsymbol{B}^{(c_i)}, \boldsymbol{\Theta}^{(c_i)}, B_0^{(c_i)}, z_i^{(c_i)}, \mu_{c_i}, \Sigma_{c_i}, \pi_{c_i}) + \Sigma_{c_i} \frac{\lambda_1}{2} \| \boldsymbol{\Theta}^{(c_i)} \|_1 + \Sigma_{c_i} \lambda_2 \| \boldsymbol{B}^{(c_i)} \|_1 \tag{6-3}$$

其中，$f(\boldsymbol{B}^{(c_i)}, \boldsymbol{\Theta}^{(c_i)}, B_0^{(c_i)}, z_i^{(c_i)}, \mu_{c_i}, \Sigma_{c_i}, \pi_{c_i}) = -\frac{1}{N} \sum_{i=1}^{N} \sum_{k=1}^{K} r_{ik} \ln P(c_i = k, x_i, z_i^{(c_i)}, m_i) = -\frac{1}{N} \sum_{i=1}^{N} \sum_{k=1}^{K} r_{ik} (\ln T(\alpha_i^{(k)} + x_i) - \ln T(\alpha_i^{(k)}) + \frac{1}{2} \ln |\boldsymbol{\Theta}^{(k)}| - \frac{1}{2} \ln |\Sigma_k| - \frac{1}{2} D_z^{(k)} - \frac{1}{2} D_m^{(k)} + \ln \pi_k$。同时我们在变量 $\boldsymbol{\Theta}^{(c_i)}$ 和 $\boldsymbol{B}^{(c_i)}$ 中加入 1 范数惩罚项，其系数分别为 λ_1 和 λ_2，这样有助于解决参数过拟合问题。接下来目标函数〔式(6-3)〕可以通过块坐标迭代算法对参数 $\boldsymbol{B}^{(c_i)}$，$\boldsymbol{\Theta}^{(c_i)}$，$B_0^{(c_i)}$，$z_i^{(c_i)}$，$\mu_{c_i}$，$\Sigma_{c_i}$，$\pi_{c_i}$ 依次求解。

对于隐变量$z_i^{(k)}$，利用 L-BFGS 算法对其目标函数进行优化，$z_i^{(k)}$的导数如下：

$$\frac{\partial f}{\partial z_i^{(k)}} = -\frac{1}{N} r_{ik} (\Gamma'(\alpha_{ij}^{(k)} + x_{ij}) - \Gamma'(\alpha_{ij}^{(k)}) + \Gamma'(\sum_{j=1}^{P} \alpha_{ij}^{(k)}) - \Gamma'(\sum_{j=1}^{P} (\alpha_{ij}^{(k)} + x_{ij}))) \alpha_{ij}^{(k)} + \frac{1}{N} r_{ik} \boldsymbol{\Theta}_{j:}^{(k)} (z_i^{(k)} - B_0^{(k)}) \tag{6-4}$$

其中，$\Gamma'(x)$ 是 digamma 函数且$\boldsymbol{\Theta}_{j:}^{(k)}$ 为矩阵$\boldsymbol{\Theta}^{(k)}$ 的第 j 行。对于$\boldsymbol{\Theta}^{(k)}$，其目标函数为

$\min_{\boldsymbol{\Theta}^{(k)}} -\ln \boldsymbol{\Theta}^{(k)} + \mathrm{tr}(S^{(k)} \boldsymbol{\Theta}^{(k)}) + \lambda_1 \| \boldsymbol{\Theta}^{(k)} \|_1$，且$S^{(k)} = \frac{\sum_{i=1}^{N} r_{ik}}{\sum_{j=1}^{N} r_{ik}} (z_i^{(k)} - B_0^{(k)})(z_i^{(k)} - B_0^{(k)})^{\mathrm{T}}$，

可以通过 QUIC 算法[258] 进行有效求解。对于变量$\boldsymbol{B}^{(k)}$，我们利用拟牛顿算法进行优化，$\boldsymbol{B}_{ij}^{(k)}$ 的导数为

$$\frac{\partial f}{\partial \boldsymbol{B}_{ij}^{(k)}} = -\frac{1}{N} \sum_{h=1}^{N} r_{hk} (\Gamma'(\alpha_{hj}^{(k)} + x_{hj}) - \Gamma'(\alpha_{hj}^{(k)}) + \Gamma'(\sum_{t=1}^{P} \alpha_{ht}^{(k)}) - \Gamma'(\sum_{t=1}^{P} (\alpha_{ht}^{(k)} + x_{ht}))) \alpha_{hj}^{(k)} m_{hi} \tag{6-5}$$

剩余的变量可以通过计算得到：$B_0^{(k)} = \sum_{i=1}^{N} r_{ik} z_i^{(k)} / \sum_{i=1}^{N} r_{ik}$，$\mu_k = r_{ik} m_i / \sum_{i=1}^{N} r_{ik}$，$\Sigma_k = \sum_{i=1}^{N} r_{ik} (m_i^{(k)} - \mu_k)(m_i^{(k)} - \mu_k)^{\mathrm{T}} / \sum_{i=1}^{N} r_{ik}$ 和 $\pi_k = \sum_{i=1}^{N} r_{ik} / N$。为了决定环境簇的数目以及最合适的惩罚项的值，需要枚举多个 K、$\lambda_1^{(c_1)}$ 和 $\lambda_2^{(c_1)}$ 的组合，并且通过比较 EBIC 分数来确定最优的模型。

基于 EM 算法进行参数估计存在一些问题。首先，优化的结果对于参数的初始值特别敏感，容易收敛到局部最优解。然后，估计环境条件的数目非常耗时，因为要枚举多个 K、$\lambda_1^{(c_1)}$、$\lambda_2^{(c_1)}$ 的组合进行比较。因此我们探索了其他更有效的方法，最终结合聚类与最大后验估计，采用了基于分治算法的参数估计。

6.4 基于分治算法的参数估计

kLDM 最终采用了分治算法(Split-Merge)来估计数据集中环境条件的数目和各个环境条件下的关联网络[259]，如图 6.3 所示。首先将所有样本根据环境因素的相似性划分为细粒度的样本簇(Clusters)，同一个簇中的样本被认为属于同一种环境条件；然后根据样本簇之间的环境因素和关联网络的相似性进行合并，最终保留

的样本簇就是估计出的环境条件。之所以对划分后的样本簇进行合并，是因为划分时只根据环境因素的相似性进行划分，未考虑关联网络的结构。这样划分的样本簇中可能存在环境因素相近且关联网络也相近的多个簇，这些簇因为切分粒度较细导致被划分到不同的群体中，但实际上它们应该归为一个环境条件下的样本。因此，划分的过程就是得到处于相同环境条件样本的最小单位簇，合并的过程就是得到最合适的环境条件数目和大小。

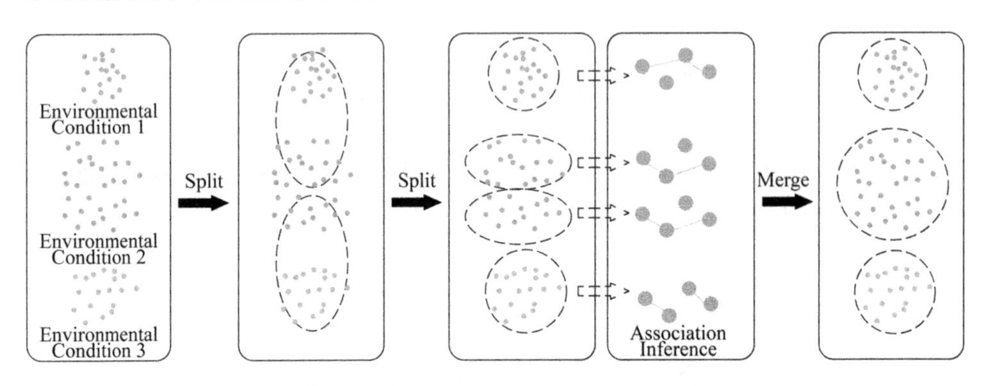

图 6.3 分治算法示意图

更具体地，划分的过程是一个不断对父簇进行二分切割的过程。首先将所有样本当作来自同一个样本簇的样本，然后将该样本簇利用高斯混合模型划分为两个子簇，接着对两个子簇再分别调用高斯混合模型进行二分，不断递归下去，直到每个叶节点上样本簇的样本数小于某个设定的阈值 $N_{\min}$。这个过程最终构建了一棵以环境因素相似性为评价指标的二叉树，每个叶节点对应一个样本簇，并且我们认为每个叶节点上的样本环境因素相似，即来自同一个环境条件。在每个样本簇中，环境因素向量 m_i 服从多元高斯分布，当对该簇进行划分时，利用具有两种成分的高斯混合模型对环境因素分布进行如下建模：

$$P(m_i)=\pi_1 N(m_i|\mu_1,\Sigma_1)+\pi_2 N(m_i|\mu_2,\Sigma_2) \tag{6-6}$$

其中，$\pi_1+\pi_2=1$ 且 $\pi_j(j=1,2)$ 表示第 j 个成分的权重。这些参数可以用 EM 算法进行有效估计。然后我们根据每个样本在每个成分中的概率，将其划分到概率较大的一个成分中，从而得到划分后的两个子样本簇。

划分过程结束后，需要先对每个叶节点上的样本簇进行关联网络推断。因为单个样本簇中的样本被认为属于同一种环境条件，这里我们用 mLDM 模型来直接进行参数估计。需要注意的是，在 kLDM 中，我们对 mLDM 用 C++语言进行了重新实现，并且利用 OpenMP 对速度进行了进一步优化，以提升 mLDM 的稳定性和效率。叶节点上推断出的关联网络会用于合并过程。

合并过程采用一种贪心算法，自底向上地对相近的子节点进行合并。首先对叶节点的上一层节点(内部节点)进行合并，每次操作都会尝试合并当前内部节点的左右两个分支中的子节点，在左右分支无法继续合并后，跳到当前节点的父节点进行操作。整个过程直到对根节点的左右分支尝试合并之后结束。对于每个内部节点，在对其左右分支中的节点进行合并时，需要首先分别遍历左右分支，得到每个分支的待合并节点集合(Candidates)，然后从该集合中每次挑出两个环境因素最相近的节点进行合并，直到无可合并节点对。这里直接用欧几里得距离对样本之间的环境因素向量进行相似性度量。合并两个节点时，需将属于两个样本簇的样本进行合并，然后利用 mLDM 模型重新进行参数估计，计算 EBIC 分数。只有当两个节点合并后的 EBIC 分值低于两个节点单独的 EBIC 分数之和时，才会保留当前合并结果。合并后的样本簇会重新计算环境因素的均值和协方差，并被插入到由样本簇构成的二叉树中，继续参与后续的合并过程。

kLDM 环境条件和关联网络参数估计流程如图 6.4 所示。上述的分治算法通过构造样本簇二叉树、自底向上地进行贪心合并的方式，能够有效降低算法的复杂度，并且较为高效地估计环境条件的数目和每个环境条件下的关联网络。

---

kLDM环境条件和关联网络参数估计流程

---

1. 测序样本$X=\{x_i\}_{i=1}^{N}$，环境因素$M=\{m_i\}_{i=1}^{N}$，样本簇最小值$N_{\min}$
2. 初始化根节点$\text{node}^0=\{X, M\}$，$|\text{node}^0|=N$，调用SplitMergeProcess(node^0)
3. SplitMergeProcess(node^k)：
   1) 求解node^k二成分高斯混合模型2-GMM(node^k)，获得子成分$\text{node}^{k+1}=\{X^{k+1}, M^{k+1}\}$和$\text{node}^{k+2}=\{X^{k+2}, M^{k+2}\}$，其中$|\text{node}^{k+1}|=N_{k+1}$，$|\text{node}^{k+2}|=N_{k+2}$
   2) 递归划分子样本簇，维护父子样本簇关系
      if $N_{k+1}>N_{\min}$ then SplitMergeProcess (node^{k+1})else估计关联网络mLDM(node^{k+1})，记录$\text{EBIC}^{k+1}, \boldsymbol{B}^{k+1}, \boldsymbol{\Theta}^{k+1}$
      if $N_{k+2}>N_{\min}$ then SplitMergeProcess (node^{k+2})else估计关联网络mLDM(node^{k+2})，记录$\text{EBIC}^{k+2}, \boldsymbol{B}^{k+2}, \boldsymbol{\Theta}^{k+2}$
   3) 构建待合并样本簇集合，保留环境因素均值向量位于node^{k+1}和node^{k+2}的均值向量之间的样本簇
      (1) 遍历左分支查找可能的样本簇$\{\text{node}^j\}_{j=1}^{N_{\text{left}}}$
      (2) 遍历右分支查找可能的样本簇$\{\text{node}^j\}_{j=1}^{N_{\text{right}}}$
   4) For node^a in$\{\text{node}^j\}_{j=1}^{N_{\text{left}}}$
      For node^a in$\{\text{node}^j\}_{j=1}^{N_{\text{right}}}$
         估计关联网络mLDM($\text{node}^a \cup \text{node}^b$)，记录EBIC′，$\boldsymbol{B}'$，$\boldsymbol{\Theta}'$
         if $\text{EBIC}'< \text{EBIC}^a+\text{EBIC}^b$ then
            创建新节点$\text{node}^{\text{new}}=\text{node}^a \cup \text{node}^b$,删除$\text{node}^a$和$\text{node}^b$
            插入node^{new}到样本簇二叉树中
      若node^a in$\{\text{node}^j\}_{j=1}^{N_{\text{right}}}$集合中的节点均无更新，则删除$\text{node}^a$
4. 输出最终保留的位于叶子节点的样本簇集合及其关联网络$\{\boldsymbol{X}^k, \boldsymbol{M}^k, \boldsymbol{B}^k, \boldsymbol{\Theta}^k\}_{k=1}^{K}$

图 6.4 kLDM 环境条件和关联网络参数估计流程

6.5 实验数据生成和处理

6.5.1 仿真数据生成

由于 kLDM 为贝叶斯模型，故可以直接根据其产生过程生成仿真数据。首先需要指定微生物的数量 P、环境因素的个数 Q 和环境条件的数目 K，同时需要设定每种环境条件下样本数的范围。对于第 i 种环境条件($i=1,2,3,\cdots,K$)，环境因素与微生物之间的关联矩阵 $\boldsymbol{B}_i$ 中的值以 15%的概率从区间为$[-0.5,0.5]$的均匀分布中随机采样得到，其余值置为零；微生物之间的关联矩阵 $\boldsymbol{\Theta}_i$ 的结构用 R 语言包"huge"产生，该 R 语言包能够根据微生物关联的邻接矩阵产生随机图、聚类图、无尺度图、中心图和带状图。每种环境条件下的环境因素均服从高斯分布，其均值从区间$[i,(i+0.5)\times i]$中直接随机产生。在仿真数据上，将 kLDM 的结果与 CCLasso、SPIEC-EASI、SCC 和 SCC(all)进行对比。由于这些方法无法估计环境条件，故为了便于比较，我们直接利用 kLDM 估计的环境条件结果，在每种环境条件下的样本集上分别运行这些算法。这里需要注意 SCC(all)是直接利用所有数据进行关联估计的结果，它不考虑多种环境条件的存在。对于随机产生的每组参数，kLDM 会产生 10 组数据集与其余方法进行比较。

6.5.2 评价指标

我们通过比较关联推断结果的 ROC 曲线和 AUC 值来评价模型的优劣。对于每种环境条件，OTU-OTU 关联推断的 ROC 曲线和 EF-OTU 关联推断的 ROC 曲线均可用于比较。AUC 值通过计算 ROC 曲线下面积得到，计算时不考虑关联的符号。在绘制 ROC 曲线时，将 SCC 和 CCLasso 与真实的关联系数矩阵(精确度矩阵 $\boldsymbol{\Theta}_i$ 的逆矩阵)进行比较。

6.5.3 美国肠道项目数据集处理

kLDM 直接使用了 mLDM 之前用到的结肠癌数据集、TARA 海洋数据集，处理流程见 5.4.2 小节和 5.4.3 小节，这里简要介绍美国肠道项目数据的处理。美国肠道项目数据的 OTU 表和 Meta 表可直接从官方 FTP 站点（ftp://ftp.microbio.me/AumericanGut)下载。Meta 数据包括 22 个与人生活饮食方式有关的变量：锻炼频率、食用发酵植物的频率、食用冷冻甜点的频率、食用水果的频率、食用高脂肪红肉的频率、食用家常菜的频率、食用肉类蛋类的频率、食用牛奶奶酪的频率、食用牛奶替代品的频率、食用橄榄油的频率、食用益生菌的频率、食用红肉的频率、食用小吃的频率、食用水产的频率、吸烟频率、食用全谷物的频率、食用鸡蛋的频率、食用维生素 B 补充剂的频率、食用维生素 D 补充剂的频率、食用蔬菜的频率、食用家禽的频率和饮酒频率。这些变量的取值按照频率高低分为五个等级：从不、几乎不、偶尔、经常和每天。为了便于处理，本书将频率转化为整数进行处理。因为等级与频率是相对应的，均表示该行为的强度，故将频率转化为实数进行处理是可取的。另外根据 OTU 在样本中的平均相对丰度和出现的频率对其进行过滤，并且剔除了测序通量或微生物分布的平稳度(Evenness)异常的样本。最终，保留了 216 个 OTU、22 个 EF 和 11 946 个样本。对数据集.biom 文件进行预处理的 python 脚本可以在 Github(https://github.com/tinglab/kLDM.git)上获取。

6.6 实验结果和讨论

6.6.1 仿真实验结果

首先，我们比较了 kLDM 的参数推断功效与每个环境条件下样本数 N 的关系。两组仿真数据样本数的变化范围分别为$[N_{\min}, N_{\max}]=[100,200]$和$[200,400]$。其他参数配置为环境条件数目 $K=2$，微生物数量 $P=50$，环境因素数量 $Q=5$。这两组仿真数据除了样本数不同外，其余参数、微生物的关联网络均一致。

从图 6.5 中可以看出，kLDM 的 ROC 曲线和 AUC 值都要比其他方法好，并且微生物之间关联推断和微生物与环境之间关联推断的准确性随着样本数增加而升高。同时需要注意 SCC(all)的 ROC 曲线是所有方法中最低的，可见其在混合多种环境条件的样本中，关联推断能力较差，进一步证明了在进行关联推断时考虑环境条件的重要性。

彩图 6.5

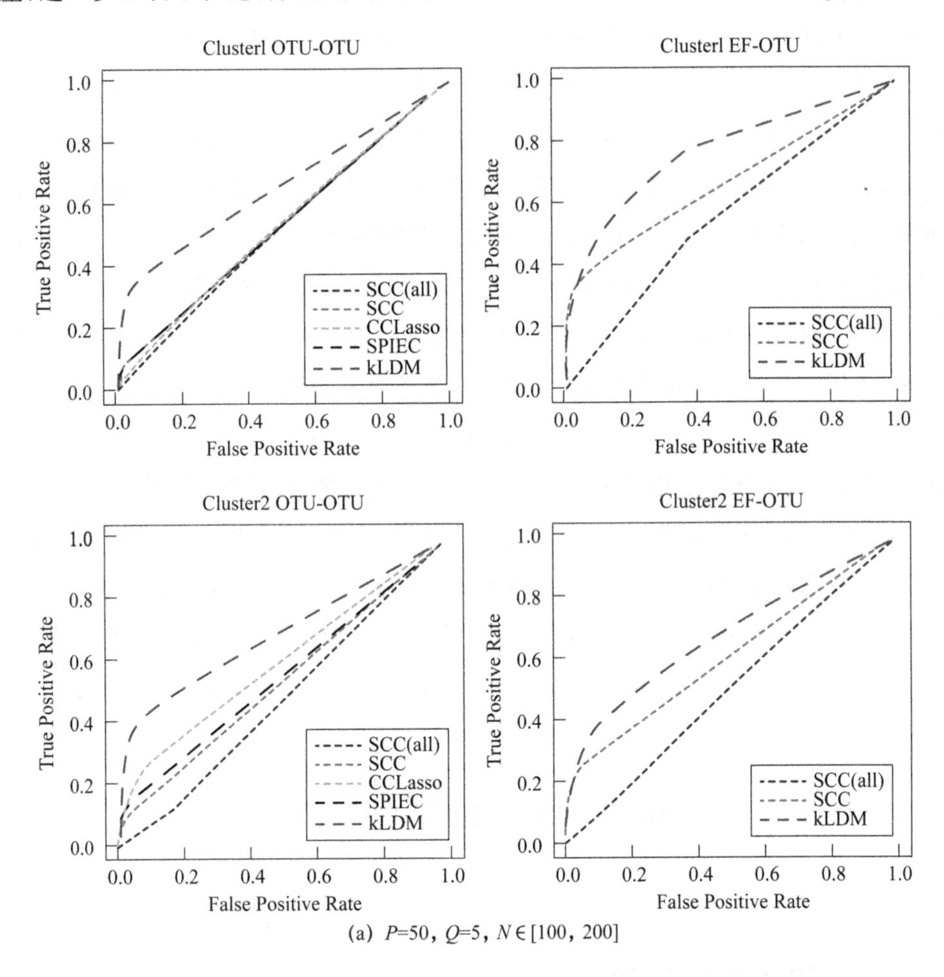

(a) P=50, Q=5, $N\in$[100, 200]

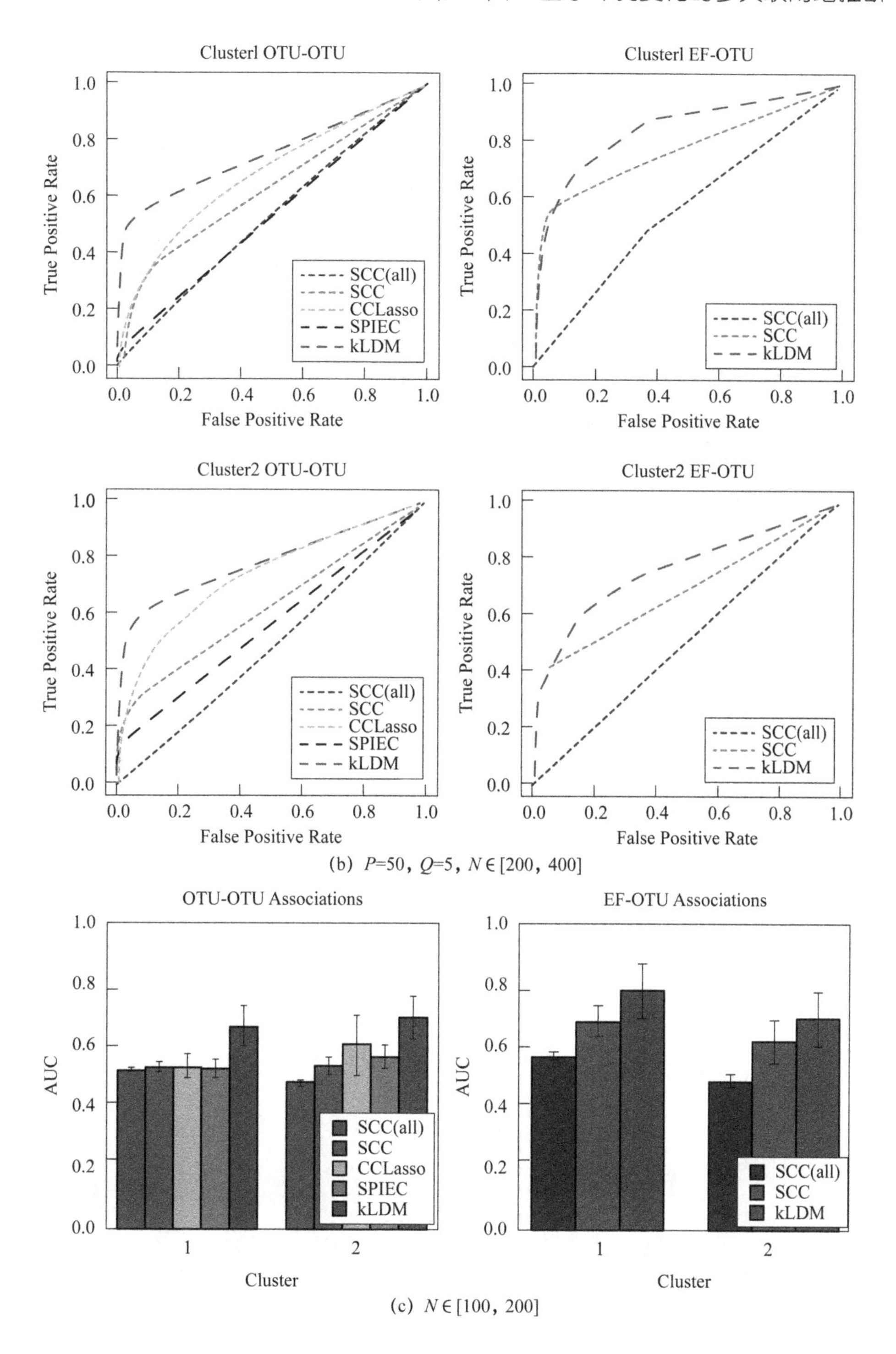

(b) P=50，Q=5，$N\in[200，400]$

(c) $N\in[100，200]$

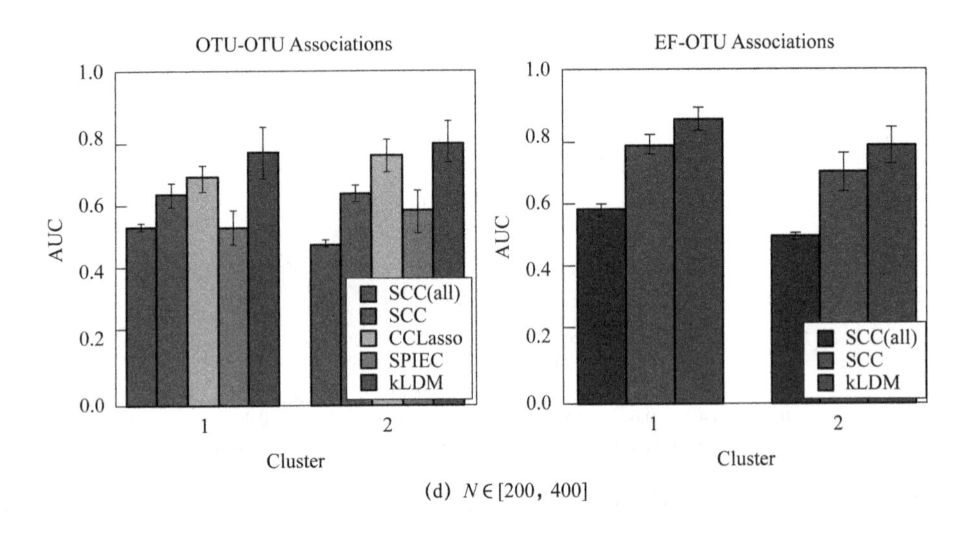

(d) $N\in[200, 400]$

图 6.5 kLDM 在样本数变化时的 ROC 曲线与 AUC 值

然后，我们考察了 kLDM 在改变特征维度时的推断效度。图 6.6 展示了当微生物数量设置为 $P=100$ 和 $P=200$ 时，kLDM 的关联推断的 AUC 值。可以看到，在这两种情况下，kLDM 的 AUC 值均高于其他方法，证明其具有良好的伸展性。这是因为 kLDM 是 mLDM 的重新实现，对算法稳定性和速度均进行了优化。另外，CCLasso 的 AUC 值是所有方法中第二高的，但是它预测了更多的关联，其 ROC 曲线在起始段上升得较慢，不利于生物学解释。图 6.6 也比较了增加环境条件数量（$K=3$ 和 $K=4$）对微生物关联推断的影响，可以看出 kLDM 仍然获得了最好的结果。

彩图 6.6

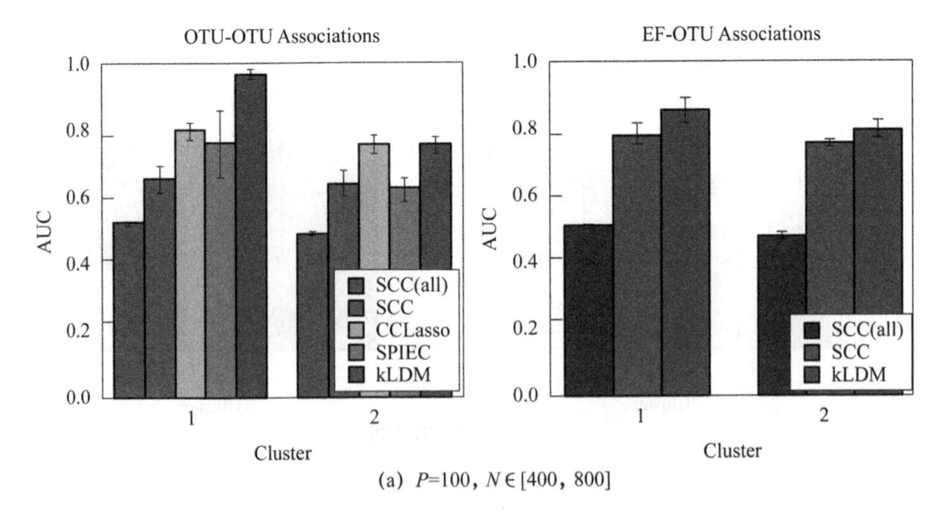

(a) $P=100$, $N\in[400, 800]$

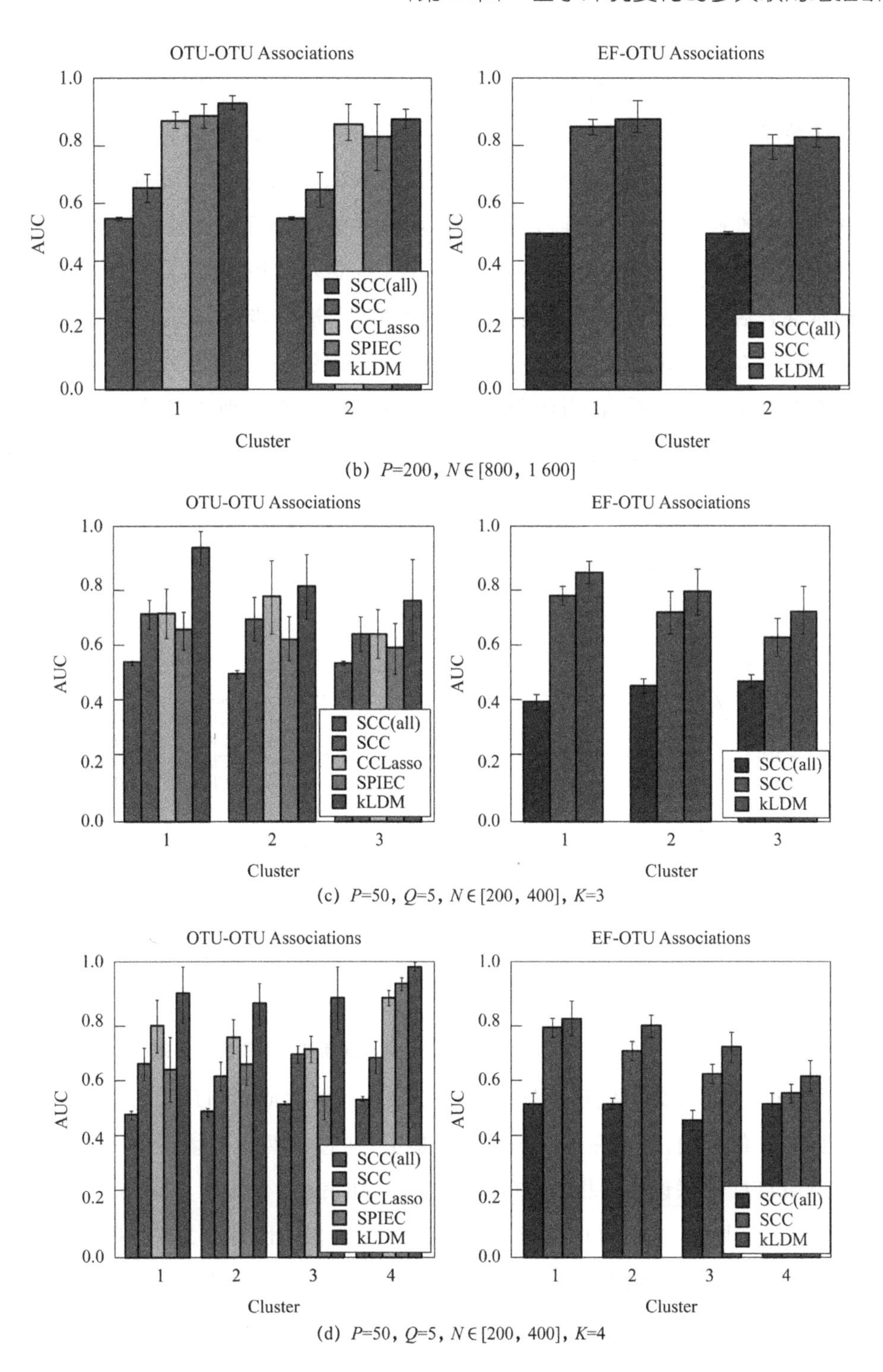

(b) P=200，$N \in$[800，1 600]

(c) P=50，Q=5，$N \in$[200，400]，K=3

(d) P=50，Q=5，$N \in$[200，400]，K=4

图 6.6　kLDM 在改变微生物数量和环境条件数量时的 AUC 值

考虑 kLDM 在估计环境条件时，对样本簇的划分会受到两个样本簇之间环境因素相似性的影响，我们通过仿真仅改变两个簇环境因素均值的距离来检测 kLDM 关联推断的表现情况。从表 6.1 中可以看出，当两种环境条件的环境因素差别较大，如均值距离为 1.5 或 2.0 时（1.5 baseline 和 2.0 baseline），kLDM 关联估计的准确性较高。然而，当两种环境条件的环境因素较为相似时，模型的推断能力下降。这是因为当两种环境条件的环境因素相似时，kLDM 会将它们的样本混合后再做关联推断，影响了推断的功效。进一步地，我们将环境因素均值的距离从 0.1 变化到 10.0，将 kLDM 关联推断的 AUC 值与该距离的关系绘制在图 6.7 中。可以看出，当两种环境条件的环境因素特别相似时，kLDM 推断准确性较低，随着距离增大，AUC 值逐渐升高；当距离超过某一限度时，AUC 值逐渐稳定。

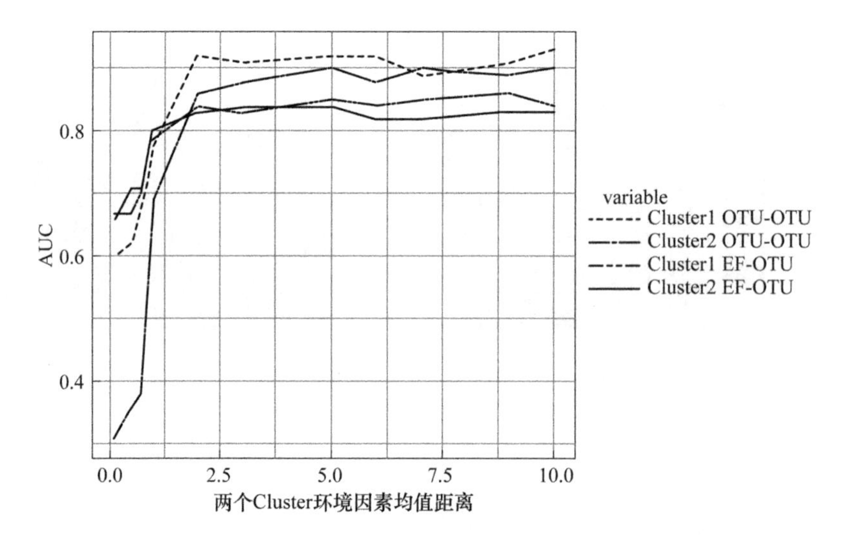

图 6.7　环境条件相似性与 kLDM 关联推断的 AUC 值的关系

类似地，为了考虑不同环境条件之间 EF-OTU 关联或 OTU-OTU 关联的相似性对 kLDM 的影响，我们在 baseline 数据集上，通过将两种环境条件的 EF-OTU 或 OTU-OTU 关联设置为相同，直接进行比较，如表 6.1 所示。与对应的 baseline 数据集上的结果相比，EF-OTU 或 OTU-OTU 关联相似性对于关联推断的结果影响较小。可见环境因素的相似性对于 kLDM 的推断功效影响最大。

表 6.1 分别改变环境因素相似性、EF-OTU 关联相似性和 OTU-OTU 关联相似性对 kLDM 关联估计的 AUC 值的影响

$\lvert\mu_{1j}-\mu_{2j}\rvert$	Cluster1 OTU-OTU	Cluster1 EF-OTU	Cluster2 OTU-OTU	Cluster2 EF-OTU
1.0 baseline	0.78±0.07	0.79±0.08	0.69±0.14	0.80±0.06
1.0 same EF-OTU	0.74±0.06	0.83±0.04	0.66±0.10	0.78±0.04
1.0 same OTU-OTU	0.74±0.07	0.80±0.08	0.77±0.07	0.78±0.05
1.5 baseline	0.89±0.08	0.83±0.04	0.87±0.07	0.83±0.04
1.5 same EF-OTU	0.88±0.08	0.85±0.02	0.82±0.07	0.79±0.04
1.5 same OTU-OTU	0.87±0.08	0.85±0.03	0.88±0.07	0.83±0.03
2.0 baseline	0.92±0.04	0.84±0.08	0.86±0.04	0.83±0.09
2.0 same EF-OTU	0.92±0.04	0.85±0.03	0.87±0.08	0.82±0.04
2.0 same OTU-OTU	0.92±0.04	0.84±0.03	0.89±0.03	0.84±0.02

仿真数据集的参数为 $P=50$、$Q=5$、$K=2$，每种环境条件下样本数范围为[200，400]。baseline 数据集仅改变样本簇之间的环境因素均值的距离。$\lvert\mu_{1j}-\mu_{2j}\rvert=1$ 表示两种环境条件的环境因素均值距离为 1。same EF-OTU 和 same OTU-OTU 数据集是基于 baseline 数据集产生的，即在每个数据集上仅设置两种环境条件下的 EF-OTU 关联相同或 OTU-OTU 关联相同。1.5 same EF-OTU 表示 $\lvert\mu_{1j}-\mu_{2j}\rvert=1.5$ 并且两种环境条件下的 EF-OTU 关联相同。

上述的仿真实验均是假设在所有的环境因素均被检测到时进行关联推断的结果。但是实际采样过程中，很可能只能采集到部分环境因素。因此，我们通过产生只包含部分环境因素的数据集来考察其对关联推断的影响。图 6.8 展示了当设置两个环境条件中仅观测到 20%、40%、60%和 80%的环境因素时对 kLDM 关联推断的影响。当仅有部分的环境因素被检测到时，kLDM 的 AUC 值有所下降，这显示出需要尽可能全面地考虑环境因素。另外，我们将 kLDM 的结果与其他方法做了比较，如表 6.2 所示，可以发现 kLDM 仅使用 60%的环境因素，就能达到与 CCLasso 和 SCC 接近的推断效果。

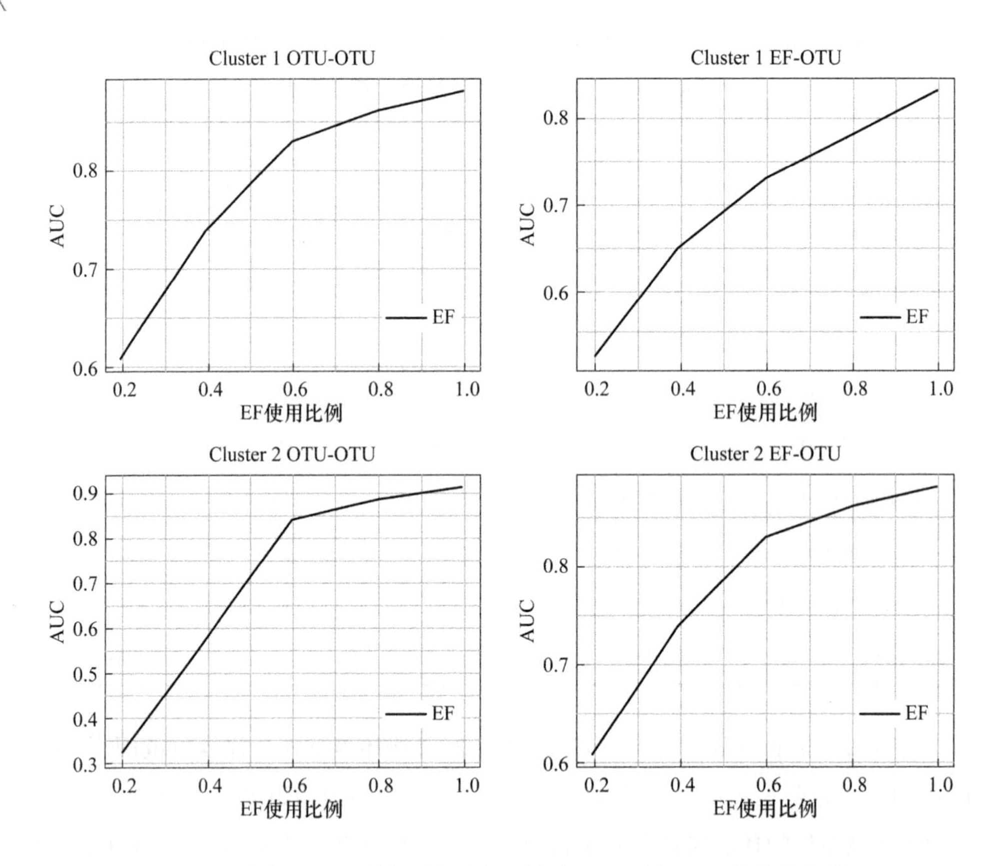

图 6.8 改变可观察到的环境因素比例时 kLDM 的 AUC 值变化情况

表 6.2 使用部分环境因素的 kLDM 的 AUC 值与其他方法使用所有环境因素的结果比较

方法	Cluster1 OTU-OTU	Cluster1 EF-OTU	Cluster2 OTU-OTU	Cluster2 EF-OTU
SCC(all)	0.69±0.02	0.52±0.02	0.50±0.00	0.45±0.02
CCLasso	0.59±0.04	—	0.70±0.02	—
SPIEC	0.50±0.00	—	0.50±0.00	—
SCC	0.55±0.05	0.76±0.09	0.55±0.01	0.73±0.03
kLDM(100%)	0.88±0.11	0.83± 0.08	0.91±0.04	0.83±0.03
EF (80%)	0.86±0.11	0.78±0.04	0.88±0.08	0.78±0.03
EF (60%)	0.83±0.11	0.73±0.05	0.84±0.08	0.72±0.05
EF (40%)	0.74±0.10	0.65±0.07	0.58±0.20	0.63±0.04
EF (20%)	0.61±0.03	0.52±0.04	0.32±0.08	0.55±0.03

注:表中结果与图 6.8 对应。EF(20%)指使用 20%的环境因素进行关联推断。

6.6.2 结肠癌数据集实验结果

肠道微生物与结肠癌(CRC)的关联已被众多研究报道[260-261],我们这里分析了 Baxter 等[236]发布的结肠癌数据集来证明 kLDM 在真实数据中关联推断的有效性。该数据集包含 5 种已知的与 CRC 相关的微生物,分别为 Peptostreptococcus、Parvimonas、Fusobacterium、Porphyromonas 和 Prevotella。

我们这里用到了 117 个 OTU、4 种 EF 和 490 个样本。4 种环境因素分别是肠道隐血实验检测结果(FIT 值)、诊断状态〔健康(Normal)、高危(High Risk Normal)、腺瘤(Adenoma)、高级腺瘤(Advanced Adenoma)和癌症(Cancer)〕、年龄和性别。kLDM 估计了两个样本簇,即两种环境条件(Cluster1 和 Cluster2)。Cluster1 记为 Cancer,因为 90%的癌症患者的肠道样本都在其中,并且该样本簇的肠道隐血实验检测结果显著高于 Cluster2,如表 6.3 所示;Cluster2 记为 Healthy,因为其包含了 83.7%的健康人群的样本,如表 6.4 所示。另外,腺瘤和高级腺瘤样本在 Cluster1 和 Cluster2 中均存在。需要注意的一点是,这两个样本簇并不是简单根据诊断状态对样本进行划分的,而是 kLDM 综合考虑 EF 值、微生物丰度和关联的结果。

通过比较两个 Clusters 的微生物丰度和关联,可以发现二者有着不同的模式。5 种和 CRC 相关的微生物在两个 Clusters 中的相对丰度如图 6.9 所示。可以看出 Prevotella 在两种环境条件下均较多,然而其余 4 种在两个 Clusters 中存在显著差别(P 值<0.001),在 Cancer 群体中的相对丰度显著高于 Healthy 群体。进一步比较 Cluster1 和 Cluster2 的 OTU-OTU 关联网络,如图 6.10 所示,我们可以发现,Healthy 群体中的关联网络(图 6.10(b))连接得较为紧密而且分布得较为均衡,并且与 5 种 CRC 相关的微生物有关联的 OTU 较少;相反在 Cancer 群体中(图 6.10(a)),关联网络较为稀疏并且存在与 CRC 相关微生物的强关联,如表 6.5 所示。Peptostreptococcus、Parvimonas、Fusobacterium 和 Porphyromonas 相互有着较强的关联,但是它们与外界微生物的关联较弱。相反 Prevotella 与其他的普通 OTU 有着较多的联系,如 Phascolarctobacterium 和 Clostridium_XlVa。基于这两个 Cluster 之间微生物丰度和关联分布的差别,可以看出在 Cancer 群体中存在着明显的微生物关联移位(Translocation),并且 Prevotella 可能在癌症发展过程中扮演着重要角色。

彩图 6.10

表 6.3　结肠癌数据集两个 Cluster 环境因素均值比较

环境因素	Cluster 1	Cluster 2	*P* 值
FIT	531.15	8.47×10^{-7}	7.18×10^{-22}
Age	61.81	59.05	0.013
Gender (Female)	46.89%	53.31%	0.066

表 6.4　结肠癌数据集中两个 Cluster 的诊断状态组成

名称	健康	高危	腺瘤	高级腺瘤	癌症
Cluster1	19	9	34	48	**108**
Cluster2	**103**	41	55	61	12

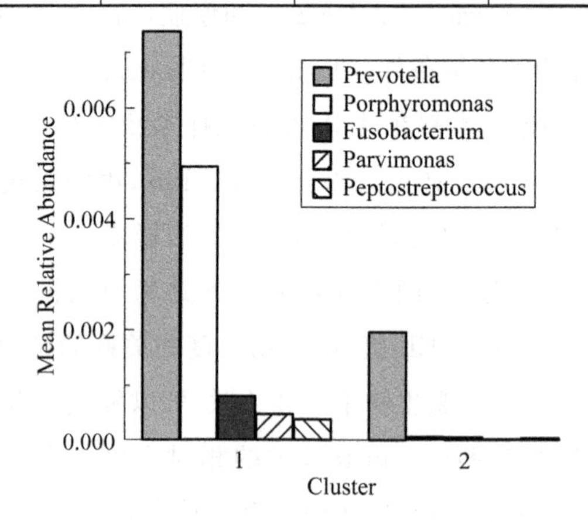

图 6.9　CRC 相关的微生物在两个 Cluster 中的相对丰度比较

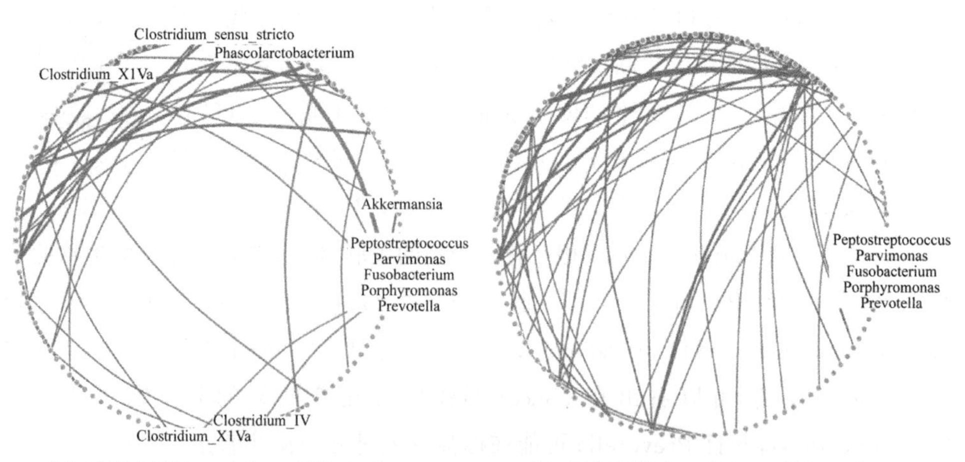

图 6.10　CRC 数据集两个 Cluster 的微生物关联网络比较

之前的研究已经表明 Peptostreptococcus 和 Fusobacterium 与炎症发展相关[262-263]。结合表 6.5，我们的研究再次确认了 Peptostreptococcus 和 Fusobacterium 在 Cancer 群体中存在正相关关系，并且二者丰度在结肠癌患者中相对较高。一方面，在 Cancer 群体中，Porphyromonas 和 Peptostreptococcus 均与诊断结果的严重程度呈正相关关系，表明这两种细菌可能可以作为结肠癌标志物，有助于结肠癌的早期诊断。另一方面，Prevotella 在 Healthy 群体中也与诊断结果正相关，暗示其也可以作为 CRC 诊断的指标。有研究显示 Fusobacterium 在癌症发展过程中可能扮演着乘客微生物的角色(Passenger Microbe)，该微生物高丰度通常对应着更严重的病情。我们的结果也显示 Cancer 群体中肠道隐血检测值较高的个体更有可能携带 Fusobacterium。

表 6.5 两个 Cluster 中与 5 种 CRC 相关的微生物有关联的 OTU 或 EF

Cluster 1 (Cancer)		
OTU	EF/OTU	关联
Parvimonas	Porphyromonas	+0.238
Prevotella	Phascolarctobacterium	−0.234
Peptostreptococcus	Porphyromonas	+0.220
Peptostreptococcus	Parvimonas	+0.191
Parvimonas	Fusobacterium	+0.180
Porphyromonas	Prevotella	+0.173
Peptostreptococcus	Fusobacterium	+0.155
Fusobacterium	Porphyromonas	+0.155
Porphyromonas	Akkermansia	+0.121
Prevotella	Clostridium_XlVa	−0.095
Prevotella	Clostridium_sensu_stricto	+0.091
Prevotella	Clostridium_IV	−0.090
Parvimonas	Prevotella	+0.085
Prevotella	Clostridium_XlVa	−0.082
Porphyromonas	Diagnostic State (EF)	+0.294
Fusobacterium	FIT (EF)	+0.245
Peptostreptococcus	Diagnostic State(EF)	+0.281
Cluster 2 (Healthy)		
OTU	EF/OTU	关联
Prevotella	Diagnostic State(EF)	+0.274

6.6.3 TARA 海洋数据集结果

接下来我们重新用 kLDM 分析了 TARA 海洋数据集，以探索在自然环境中微生物群落的关联随环境因素的变化。数据集由 67 个 OTU，17 种 EF 和 221 个样本组成，并且数据集中包含由专家注释的已知的物种关联信息，便于与 kLDM 估计的关联进行比较。kLDM 估计出了两种环境条件，Cluster1 包含 168 个样本和 67 个 OTU，Cluster2 包含 53 个样本和 26 个 OTU。这里 Cluster2 中的 OTU 因为受到样本数的限制，所以 kLDM 对 OTU 的数目进行了过滤。比较两种环境条件的环境因素均值可以看出，Cluster1 中的盐分和温度显著高于 Cluster2，但是其氧气含量、磷酸盐浓度和硅酸盐浓度均低于 Cluster2，如表 6.6 所示。

表 6.7 中列出了两个 Clusters 中权重绝对值排前 1%且有文献支持的 OTU-OTU 或者 EF-OTU 关联。在 Cluster1 中，四种 OTU-OTU 关联属于两种已知类型的交互，分别为 Phaeocystis 和 Amphibelone anomala 的共生交互与 Amoebophrya ceratii 和 Cochlodinium_01 fulvescens 的寄生关系。对于环境因素与微生物的交互，kLDM 发现 Amphibelone anomala 与磷酸盐浓度相关。Amphibelone anomala 在进化发育树上与 Pfiesteria piscicida 较为接近，而后者的丰度受到磷酸盐浓度的调节，故 Amphibelone anomala 与磷酸盐可能存在类似的交互作用。从 kLDM 对于 EF-OTU 关联推断的结果我们还发现 Blastodinium mangini 喜欢在盐度较高的水域生长，Phaeocystis 的生长受到磷酸盐的影响。

在 Cluster2 中，我们发现 Blastodinium_06 与温度和氧气浓度相关。Skovgaard 等报道过某些 Blastodinium spp. 适宜在温度较高的水域生存并且能够进行光合作用，故 Blastodinium_06 与温度和氧气存在关联是可以理解的。另外，Phaeocystis globose 被报道过其暴发会引起氧气的损耗，而在 Cluster2 中我们也发现了其与氧气浓度的关联。大部分微生物与环境的交互仍然是未知的，限制了我们对 EF-OTU 关联的进一步解释。

接下来我们分析了 kLDM 在两个 Cluster 中权重排名靠前的关联，与专家注释的属水平关联的匹配情况。由于已知关联的微生物是属水平的，因此，我们认为如果两个 OTU 在物种分类上与两个属匹配，并且存在关联就算是与专家注释结果相符。另外，我们也将其与之前 mLDM 估计的静态关联网络结果进行了比较(记为 Static)。从表 6.8 中我们可以看出，尽管 Static 中匹配的 OTU-OTU 关联个数与 kLDM 考虑环境条件变化的结果接近，但是单个环境条件下匹配的微生物与微生物关联均少于 Static 的数量。这暗示着每种环境条件下除了共有的生物交互外，还存在各自独特的 OTU-OTU 关联。

表 6.6 TARA 数据集上两个群体的环境因素均值

环境因素	Mean value in Cluster 1	Mean value in Cluster 2	*P* 值
Depth	39.66	35.71	0.59
Salinity	36.64	35.41	6.78×10^{-11}
Temperature	23.07	18.72	9.21×10^{-4}
Oxygen	195.48	233.56	1.47×10^{-6}
PO4	0.36	0.62	0.02
Si	1.98	7.65	0.03
Chlorophyll	0.09	0.12	0.29
Depth of chlorophyll maximum	61.01	71.87	0.11
Depth of maximum BruntVäisälä frequency	83.30	90.15	0.39
Depth of maximum oxygen concentration	34.72	160.98	2.67×10^{-6}
Depth of minimum oxygen concentration	297.80	553.48	1.32×10^{-18}
Sunshine duration	682.07	788.77	2.91×10^{-6}
Moon phase	0.13	0.03	0.04
Maximum Lyapunov exponent	0.026	0.056	8.05×10^{-4}
Residence time	9.11	14.32	0.09
Latitude	0.06	−0.28	7.54×10^{-13}
Longitude	−0.20	−0.05	0.01

表 6.7 TARA 数据集两个群体中权重绝对值排前 1%且有文献支持的关联

Cluster 1			
OTU	EF/OTU	关联	文献
Amphibelone	Phaeocystis	+0.172	[264]
Phaeocystis	Amphibelone anomala	+0.161	[264]
Amoebophrya ceratii	Cochlodinium_01 fulvescens	+0.120	[265]
Amoebophrya ceratii	Cochlodinium_01 fulvescens	+0.118	[265]
Blastodinium mangini	盐分	+0.536	[266]
Phaeocystis	磷酸盐浓度	+0.508	[267]

续 表

Cluster 1			
OTU	EF/OTU	关联	文献
Amphibelone anomala	磷酸盐浓度	+0.439	[268]
Cluster 2			
OTU	EF/OTU	关联	文献
Blastodinium_06	温度	+0.549	[269]
Blastodinium_06	氧气含量	+0.410	[269]
Phaeocystis	氧气含量	+0.389	[270]

表 6.8 kLDM 和 mLDM 在 TARA 数据集上与已知微生物关联的匹配情况

方法	kLDM Cluster1	kLDM Cluster2	Static
MG@Top 10	2	0	2
MG@Top 20	2	2	4
MG@Top 40	5	—	6
MG@Top 60	7	—	8
MG@Top 80	8	—	9
MG@Top 100	9	—	13
MG@Top 120	13	—	15

注：MG@Top *N* 表示权重绝对值排前 *N* 的微生物与微生物的关联个数。

除了比较匹配的微生物关联数量外，我们深入分析了不同环境条件下 OTU-OTU 关联的类型，并将结果列在表 6.9 中。从该表中我们可以看出 4 种已知的关联，分别为 Phaeocystis-Amphibelone、Vampyrophrya-Copepoda、Amoebophrya-Acanthometra 和 Blastodiniaceae-Copepoda。这些关联可能是在海洋中普遍存在的，因为它们同时存在于整个数据集推断的关联网络和较大的 Cluster1 对应的关联网络中。Amoebophrya 和 Protoperidiniaceae 之间的关联只存在于 Cluster2，可能是因为其在该环境条件下关联较强。以 OTU-32 和 OTU-25 为例，它们之间的关联属于 Amoebophrya-Protoperidiniaceae，并且二者在 Cluster2 中的相对丰度显著高于在 Cluster1 中的丰度。同时结合 Cluster2 中的氧气含量、磷酸盐浓度和硅酸盐浓度均高于 Cluster1 的现象，可以猜测 Cluster2 中的环境条件更适合 Protoperidiniaceae 的生长，并且 Amoebophrya 通过寄生 Protoperidiniaceae 获益。

基于上述的在 TARA 海洋数据集上的分析,我们可以看出 kLDM 有助于发现随着环境因素发生变化的微生物之间的关联关系。

表 6.9 kLDM 和 mLDM 在属水平上匹配的 OTU-OTU 关联类型

Static	kLDM Cluster1	kLDM Cluster2
Phaeocystis,Amphibelone (OTU-23 和 OTU-3)	Phaeocystis,Amphibelone (OTU-23 和 OTU-3), (OTU-43 和 OTU-3)	Amoebophrya,Protoperidiniaceae (OTU-32 和 OTU-25), (OTU-38 和 OTU-25)
Vampyrophrya, Copepoda (OTU-24 和 OTU-1) Amoebophrya, Gonyaulacaceae, Gonyaulax_02/03/04 (OTU-38 和 OTU-12), (OTU-39 和 OTU-4), (OTU-39 和 OTU-12), (OTU-54 和 OTU-20)	Vampyrophrya, Copepoda (OTU-33 和 OTU-2) Amoebophrya ceratii, Gymnodiniaceae fulvescens (OTU-38 和 OTU-14), (OTU-59 和 OTU-14)	
Amoebophrya, Gonyaulacaceae, Alexandrium_01 (OTU-53 和 OTU-11), (OTU-59 和 OTU-11)	Amoebophrya, Gymnodiniaceae, Gymnodinium_06 (OTU-45 和 OTU-38), (OTU-59 和 OTU-45), (OTU-62 和 OTU-45)	
Amoebophrya, Acanthometra (OTU-41 和 OTU-38), (OTU-52 和 OTU-20), (OTU-52 和 OTU-38)	Amoebophrya, Acanthometra (OTU-38 和 OTU-22), (OTU-38 和 OTU-35), (OTU-59 和 OTU-22), (OTU-59 和 OTU-35)	
Blastodiniaceae, Copepoda (OTU-47 和 OTU-2)	Blastodiniaceae, Copepoda (OTU-47 和 OTU-2)	
Amoebophrya, Peridiniaceae (OTU-40 和 OTU-38)		

续 表

Static	kLDM Cluster1	kLDM Cluster2
Amoebophrya，Protoperidiniaceae（OTU-28 和 OTU-20），（OTU-38 和 OTU-25）		

注：在每一项中，前面的英文名为微生物属水平的名称，后面的（OTU-A 和 OTU-B）表示数据中与该属水平关联匹配的 OTU 对。

6.6.4 美国肠道微生物项目实验结果

为了验证 kLDM 推断大数据集微生物群落中复杂关联的能力，我们在美国肠道微生物数据集上做了分析。11 946 个样本中除了包含 22 个与生活饮食方式相关的变量外，还记录了每个个体的健康状况用于比较不同样本簇之间的差异。数据集共包括 10 类疾病，分别为心血管病（Cardiovascular Disease）、小肠细菌过度增殖（Small Intestinal Bacterial Overgrowth）、心理疾病（Mental Illness）、乳糖不耐受（Actose Intolerance）、糖尿病（Diabetes）、炎症性肠病（Inflammatory Bowel Disease, IBD）、肠道易激综合征（Irritable Bowel Syndrome）、艰难梭菌感染（C. Difficile Infection）、癌症（Cancer）和肥胖（Obesity）。kLDM 关联分析获得了 3 个人群，包括两个较大的人群和一个较小的人群，分别为包含 6 831 个样本的 C1、包含 5 003 个样本的 C2，和仅包含 112 个样本的 C3。

通过比较 3 个人群之间生活方式和微生物丰度的分布，可以看出这 3 个群体明显不同的模式，如表 6.10 和表 6.11 所示。C1 和 C2 几乎包含了所有的疾病患者和健康人群；然而在 C3 中，94.64%的人患有 IBD，这些人占了 IBD 患者总数的约 1/4(26.77%)。通过比较他们生活饮食上的差别可以看出，C3 中的人的饮酒频率、食用高脂肪红肉频率明显高于 C1 和 C2 人群；但是同时 C3 人群的蔬菜消耗频率、食用维生素 B 和维生素 D 补充剂的频率和补充益生元的频率也更高。相反地，他们的锻炼频率、食用牛奶替代物的频率和食用奶制品频率显著低于 C1 和 C2 人群。如果比较它们属水平微生物的相对丰度，可以看出 Prevotella、Ruminococcus 和 Sutterella 这 3 种微生物在 C3 丰度明显增加，而 Bifidobacterium 和 Bacteroides 的丰度明显减少。当仅仅比较3个人群中的IBD患者时，我们发现C1和C2中的IBD患者与C3中的，无论在饮食习惯还是微生物丰度上，都存在显著差别。C1和C2中的IBD患者，除了在食用蔬菜、吸烟、食用水果和食用家常菜的频率上有差别外，其余的饮食习惯均无明显差别。

表6.10 20个与生活饮食方式相关的变量在3个人群中的均值比较

生活饮食方式	C1	C2	C3	P值	P值	P值
	(N=6 831)	(N=5 003)	(N=112)	C1 vs C2	C1 vs C3	C2 vs C3
饮酒	−0.011 (0.96)	−0.024 (1)	1.7 (0.1)	0.471	0	0
锻炼	0.066 (0.96)	−0.077 (1.1)	−0.59 (0.25)	3.40×10^{-14}	2.34×10^{-57}	1.19×10^{-44}
发酵植物	−0.14 (0.93)	0.19 (1.1)	0.34 (0.29)	2.88×10^{-68}	6.77×10^{-35}	1.93×10^{-6}
冷冻甜点	−0.28 (0.69)	0.36 (1.2)	1.4 (0.54)	1.42×10^{-234}	2.76×10^{-60}	8.00×10^{-41}
水果	0.26 (0.86)	−0.35 (1.1)	−0.31 (0.35)	1.12×10^{-233}	6.52×10^{-34}	0.21
高脂肪红肉	−0.21 (0.79)	0.26 (1.2)	1.3 (0)	1.16×10^{-128}	0	0
蔬菜	0.41 (0.54)	−0.58 (1.2)	0.86 (0)	0	0	0
维生素D补充剂	−0.069 (1)	0.063 (0.94)	1.4 (0)	3.26×10^{-13}	0	0
维生素B补充剂	−0.17 (0.98)	0.2 (0.97)	1.6 (0)	1.14×10^{-90}	0	0
全谷物	0.12 (0.95)	−0.15 (1)	−0.75 (0.43)	2.61×10^{-47}	1.14×10^{-42}	3.20×10^{-28}
鸡蛋	0.11 (0.88)	−0.15 (1.1)	−0.14 (0.27)	3.70×10^{-43}	6.28×10^{-16}	0.601
家常菜	0.44 (0.49)	−0.62 (1.2)	0.78 (0.33)	0	3.14×10^{-19}	1.94×10^{-92}
奶蛋	0.21 (0.84)	−0.3 (1.1)	0.3 (0.18)	5.39×10^{-153}	5.21×10^{-5}	8.05×10^{-82}
牛奶奶酪	0.099 (0.98)	−0.12 (1)	−0.79 (0.28)	4.59×10^{-31}	1.71×10^{-68}	3.31×10^{-54}
牛奶替代物	−0.11 (0.99)	0.17 (0.99)	−0.95 (0.26)	1.06×10^{-49}	1.99×10^{-70}	2.31×10^{-93}
橄榄油	0.24 (0.85)	−0.34 (1.1)	0.4 (0.21)	7.12×10^{-209}	1.04×10^{-10}	5.19×10^{-88}
家禽	−0.012 (0.89)	0.019 (1.1)	−0.13 (0.39)	0.115	0.003	0.0004
益生元	−0.12 (1)	0.13 (0.97)	1.5 (0.48)	1.10×10^{-39}	1.23×10^{-64}	2.82×10^{-57}
红肉	−0.089 (0.88)	0.098 (1.1)	1.1 (0.11)	2.60×10^{-22}	6.93×10^{-249}	3.09×10^{-278}
小吃	−0.1 (0.86)	0.17 (1.1)	−1.4 (0)	5.16×10^{-46}	0	0
水产	−0.061 (0.81)	0.079 (1.2)	0.22 (0.21)	1.48×10^{-12}	9.20×10^{-27}	1.48×10^{-7}
吸烟	−0.26 (0)	0.36 (1.5)	−0.26 (0)	1.30×10^{-182}	—	1.30×10^{-182}

注：表格中每种生活饮食因素对应的值的显示格式为均值(标准差)。C1、C2和C3表示kLDM推断的3个人群。

表 6.11　美国肠道项目中 3 个群体的健康状况分布

健康状况	C1(N=6 831)	C2(N=5 003)	C3(N=112)
健康	55.31%/52.68%	67.72%/47.24%	5.36%/0.08%
心血管病	3.41%/78.98%	1.24%/21.02%	0.00%/0.00%
小肠细菌过度增殖	3.62%/73.95%	1.74%/26.05%	0.00%/0.00%
心理疾病	9.27%/77.96%	3.58%/22.04%	0.00%/0.00%
乳糖不耐受	14.80%/54.12%	17.13%/45.88%	0.00%/0.00%
糖尿病	2.12%/71.43%	1.16%/28.57%	0.00%/0.00%
炎症性肠病	3.28%/56.57%	1.32%/16.67%	94.64%/26.77%
肠易激综合征	12.91%/76.70%	5.36%/23.30%	0.00%/0.00%
艰难梭菌感染	2.56%/84.13%	0.66%/15.87%	0.00%/0.00%
癌症	5.46%/86.34%	1.18%/13.66%	0.00%/0.00%
肥胖	9.19%/56.94%	9.49%/43.06%	0.00%/0.00%

注：每种疾病在每个人群中计算两种比例 Ratio1/Ratio2。Ratio1 表示患病个体在当前人群中的比例，Ratio2 表示患病个体占该患病人群总体的比例。

深入分析 3 个人群中 IBD 患者的具体诊断结果，如表 6.12 所示。可以看到 C3 人群中的所有 IBD 患者均是结肠克罗恩病，但是 C1 和 C2 人群中关于 IBD 患者具体诊断的缺失值较多，无法做更多比较。医学研究发现克罗恩病患者通常缺乏维生素 B 和维生素 D[271]，而 C3 人群中的使用维生素 B 和维生素 D 补充剂的频率高，有可能与医生的医嘱相关。最近有研究报道不包含高脂肪肉类的“抗炎症”饮食方式能够减轻 IBD 患者的症状[272]，考虑 C3 中 IBD 患者仍然食用了大量的高脂肪红肉，故该人群的饮食方式仍然不够健康，需要减少高脂肪肉类的消耗。另一个值得注意的事情是尽管 C3 中的 IBD 患者补充了更多的益生元，其肠道中 Bifidobacterium 的相对丰度仍然较低。有研究表明补充益生元的饮食方式能够产生抗炎症因子 IL-10，从而改善肠道环境并减轻 IBD 患者症状[273-274]。另外 Philpott 和 Girardin 报道了携带 NOD2 突变的 IBD 患者会降低 IL-10 的表达[275]，是否 C3 人群中的 IBD 患者容易携带 NOD2 突变是存疑的。因为数据集中没有提供患者的这些生活饮食方式在医生诊断前后的变化信息，所以进一步的分析受到了限制。

表 6.12 美国肠道项目中 3 个群体的 IBD 患者诊断分布情况

诊断名称	IBD in C1	IBD in C2	IBD in C3
结肠克罗恩病	7	1	**106**
回肠和结肠克罗恩病	5	1	0
回肠克罗恩病	11	6	0
微观结肠炎	3	0	0
溃疡性结肠炎	35	18	0
缺失	**163**	**40**	0
总数	224	66	106

基于第 5 章提出的静态关联网络推断模型，本章提出了新的层次贝叶斯模型 kLDM，在考虑环境因素变化的情况下推断多个关联网络。kLDM 能够自动推断数据集中环境条件的数目和每种环境条件下的 OTU-OTU 和 EF-OTU 关联。在 kLDM 参数估计过程中，我们提出了基于 EM 算法和基于分治策略的两种优化算法。基于分治策略的算法同时结合聚类与最大后验估计，能够有效求解隐变量和关联网络对应参数。kLDM 关联推断的有效性不仅在仿真数据上得到了验证，并且在多个真实数据集上也得到了证明。特别是在美国肠道项目这样的大数据集上，kLDM 能够帮助生物学家分析微生物群落中复杂的关联，体现其能够考虑环境因素动态变化对关联推断的影响的优势。

值得注意的是，kLDM 推断的环境条件是综合环境因素、微生物相对丰度和微生物群落中的关联的结果。不同的环境条件能够帮助生物学家了解微生物群落中的异质性，有助于发现受到各种环境因素（如营养物质、宿主生活饮食和健康状态）调节的微生物。尽管之前的宏基因组研究都是以小样本为主，但是相信随着测序技术的进一步发展，会有越来越多大规模的测序数据集出现，kLDM 将是一个从大数据集中分析复杂关联的理想工具。当然 kLDM 仍然有一些问题需要改进。考虑很多环境因素的取值多是类别变量，利用高斯分布建模虽然简便，但是其适用性值得商榷。另外，在分治算法中，判断两个样本簇是否能够合并时，kLDM 使用了 EBIC 这样的数学指标。EBIC 是否能够有效识别微生物群落中关联的差异，是否存在更好的评价指标也是一个值得进一步研究的问题。

第7章

人体肠道微生物与疾病的关联研究

人体肠道中存在着种类丰富多样的微生物，统称为肠道微生物群(Microbiota)[276]。肠道微生物群形成了一个复杂的生物生态系统，发挥着广泛的功能，对人类健康产生着重要的影响，包括从消化系统中提取能量，防止病原体定植，促进免疫稳态，产生重要的代谢物，甚至通过肠-脑轴与中枢神经系统沟通[277]。因此，它被认为在许多疾病的发展中起着重要作用，包括炎症性肠病[278]、艰难梭菌感染[279]、糖尿病[280]、心血管疾病[281]和精神障碍[282]。肠道微生物群决定了某些宿主特征，对宿主变量(如人类生活方式和生理变量)做出反应，并将其反映在微生物组成中[283]。因此，在影响人体健康和产生疾病风险的众多因素中，肠道微生物群可能起着介导或影响的作用。

随着高通量测序技术的发展，我们现在能够对细菌的16S rRNA基因的高变区进行测序，并将其聚类成可操作的分类单元(OTU)，以分析环境样品中微生物群落的物种组成。在过去的几年中，许多病例对照研究从人类粪便样本中收集微生物16S rRNA基因数据集，探索肠道微生物群落与人类疾病之间的关联，以揭示疾病特异性微生物生物标志物[284-285]。然而，许多研究表明发现的疾病相关微生物的一致性很低。一个明显的例子是关于肥胖的研究，多个研究报告肥胖者和瘦人之间存在丰度差异的肠道微生物是不一致的[286]。此外，Stanislawski等[287]综合分析了几个肥胖相关的研究结果，发现小样本研究的统计检测能力不足，类杆菌Bacteroidetes和厚壁菌Firmicutes的丰度与肥胖其实并不相关。此外，最近从瑞典人群中构建的一个大型数据集并未显示出与肠易激综合征(IBS)相关的明显微生物特征，但也有研究发现IBS患者的微生物群落异质性高于健康人群[288]。有两个可能的原因导致了以往的研究结果一致性低。一个可能的原因是样本量的限制。一般来说,肠道样本中有成千上万的微生物。由于建立一个由肠道微生物群信息和复杂的人类变量组成的大规模数据集的成本很高[289],研究人员只能通过统计模型对几十个样本进行测序分析,以探索与疾病相关的微生物。因此,模型过度拟合是常见的,从而降低了推断结果的可靠性。另一个可能的原因是忽略了宿主变量的影响,这使得研究人员很难确定计算出的肠道微生物与疾病的关联是否表明微生物与疾病之间存在真实的相互作用。因为存在这样一种可能性,微生物只与某些宿主变量相关,它们与疾病是间接相关的[290]。因此,需要一个包含肠道微生物群落和宿主变量信息的大规模数据集来准确识别微生物群与疾病的关系。幸运的是,由数千个 16S rRNA 基因测序样本和丰富的与人类生活方式、生理变量和疾病相关的人类变量组成的美国肠道项目(American Gut Project,AGP)已经在全球范围内实施。如今,AGP 已经对超过 15 000 个样本进行了测序,这大大扩展了人类肠道微生物群的现有数据。最重要的是,它为每个样本都提供了关于肠道微生物群、人类生活方式和疾病相关的丰富信息。本研究的目的是使用这个数据集探讨这些因素之间的关系。

传统的关联推理试图估计单个微生物和疾病之间的关系,我们的方法不同于传统的关联推理分析,我们的目的是通过使用机器学习(Machine Learning,ML)模型消除人类生活方式的影响,确定整个肠道微生物群是否与人类疾病独立相关。肠道微生物群与疾病之间的关联强度通过用微生物群构建的 ML 模型的分类性能进行评估。虽然研究人员通过合并不同的研究建立了大量的微生物数据集,通过 ML 模型探索肠道微生物群在预测疾病和死亡率方面的作用[291-293],但上述研究忽略了人类生活方式的影响,导致微生物群的预测能力被放大。因为人类生活方式会同时影响肠道微生物群和疾病进展。此外,健康个体(对照组)和患者(病例组)之间的人类生活方式可能存在显著差异,这种差异可能是影响疾病预测能力的主要因素。在这种情况下,我们需要利用肠道微生物群、人类生活方式和生理变量建立一个性能良好的疾病分类模型。我们认为,只有当同时使用肠道微生物群和人类变量(生理特征、生活方式、地理位置和饮食)对疾病进行预测的模型性能明显优于仅使用人类生活方式构建的模型时,才存在独立的肠道微生物群与疾病的关联关系,如图 7.1(a)所示。相反,当同时使用肠道微生物群和人类变量对疾病进行预测的模型性能低于仅使用人类生活方式构建的模型时,肠道微生物群可能与疾病无关,或者需要使用更合适的数据进行分析。

因此,我们利用 AGP 数据和 ML 模型探讨了肠道微生物群和人类变量对多种疾病的分类能力。使用多种机器学习模型对生活方式和饮食因素构成的关键 OTU 和人类变量进行了高功效的识别。我们综合比较了 OTU 和人类变量的表现,以显示它们对疾病的贡献之间的差异。此外,考虑肠道微生物与多种疾病的广泛关联,我们使用 OTU 来判断人类的整体健康状况,并将至少有一种疾病的个体归类为不健康个体。尽管先前已经确定了多种肠道微生物与疾病的关联,但我们的结果表明肠道微生物群与不同的疾病表现出不同的关联强度。在人类变量中加入肠道微生物群可显著提高 IBD 的分类性能。此外,肠道菌群的变化与肠易激综合征(IBS)、艰难梭菌感染(CDI)和不健康状态(UH)均存在独立相关性;然而,对于糖尿病(DI)、小肠细菌过度生长(SIBO)、乳糖不耐症(LI)和心血管疾病(CD),加入肠道微生物群并未显著改善模型表现。我们的研究结果表明,尽管肠道微生物群与许多疾病相关,但其中相当一部分的相关性可能非常弱。此外,我们还报道了用于这些疾病分类的前 10 个特征(OTU 或表型),大多数都得到了先前发表的研究的支持。

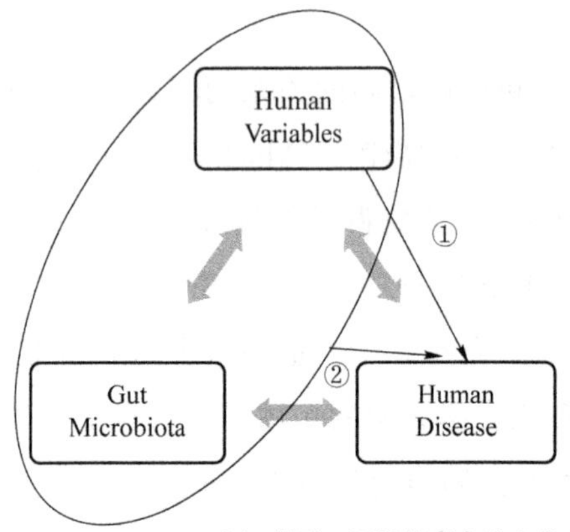

- ①Using human lifestyle and physiological variables to classify human disease with machine learning methods;
- ②Using human variables and gut microbiota to classify human disease with machine learning methods;
- Only when②>①, independent association of gut microbiota with disease can be confirmed;
- Association strengths between gut microbiota and disease is evaluated by classification performance of ML models.

(a) 基于AGP数据库中的人类变量和肠道微生物群建立关联模型

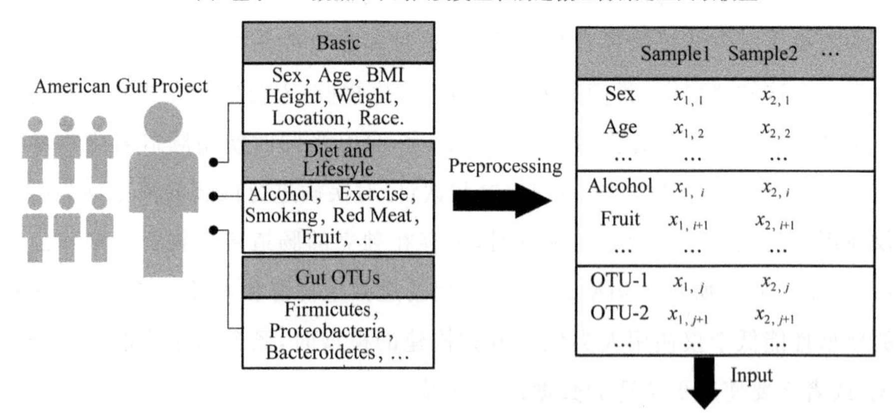

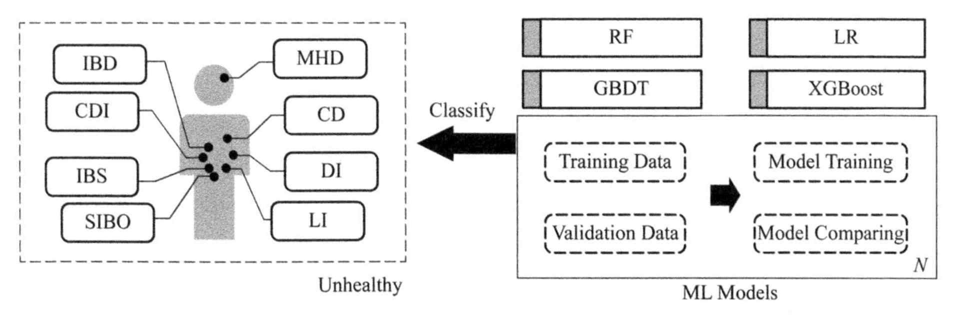

(b) 基于AGP数据库中的人类变量和肠道微生物群使用4种机器学习模型对8种疾病进行分类

图 7.1 疾病分类模型构建流程

7.1 数据收集与分析

7.1.1 数据收集

我们从最新版本的 AGP 数据库(ftp://ftp. microbio. me/AumericanGut/latest,2018 年 1 月更新)上下载了 OTU 表(11-packaged/fecal/100nt/ag_fecal. biom)和人类变量(11-packaged/fecal/100nt/ag_fecal. txt)。原始 OTU 表被保存为二进制文件(. bimo),我们将该文件使用 Python 脚本手动转换为纯文本,脚本可在 GitHub(https://github. com/tinglab/kLDM. git)上获取。原始肠道微生物丰度表(OTU table)包含 15 158 个样品和 2 414 个 OTU,这些 OTU 是 AGP 采用 SortMeRNA 进行了 97% 相似性聚类得到的。OTU 被比对到 Greengenes 数据库,以确定它们的物种类别。OTU 表中的每个单元都显示了特定样品中相应 OTU 丰度。原始的人类变量文件(Meta table)包含 15 158 个样本和 523 个与粪便理化参数、饮食习惯、生活方式选择和一些疾病相关的因素。表中的每个单元格显示了特定样本中对应原数据的测量值。由于本章使用的数据均为公开数据,因此不需要伦理批准。

7.1.2 数据处理

我们选取了30个人类变量(Human Variables)对疾病进行分类，包括生理特征、生活方式、位置和饮食。其中，6个与生理特性有关，2个与生活方式有关，3个与地理位置有关，其余19个与饮食有关(包括食用以下食物的频率：发酵植物、冷冻甜点、水果、高脂肪红肉、家常菜、酒精、红肉、肉类蛋类、牛奶替代品、牛奶奶酪、橄榄油、益生菌、咸味零食、海鲜、蔬菜、维生素D补充剂、维生素B补充剂、谷物和鸡蛋)。与频率相关的人类变量的值被分类如下几类：从不、很少(少于一次/周)、偶尔(1～2次/周)、经常(3～5次/周)和每日。方便起见，根据频率将这些类别重新编码为1到5的整数(其中1表示从不，5表示每日)。由于部分样本的某些变量是缺失的，因此，我们选择了具有完整30个人类变量数据的样本进行以下分析。并去除Reads数过多(前1%)和过少(后2%)的样品，以及均匀度(Evenness)小于2的样品。对于所有选定的样本，OTU根据其平均丰度和非零次进行过滤。最终获得7 571个样本，共517个OTU和30个人类变量。

我们选择了8种被报道过与肠道菌群相关的疾病，分别为心血管疾病(Cardiovascular Disease，CD)、小肠细菌过度生长(Small Intestinal Bacterial Overgrowth，SIBO)、精神障碍(Mental Disorders，MD)、乳糖不耐症(Lactose Intolerance，LI)、糖尿病(Diabetes，DI)、炎症性肠病(Inflammatory Bowel Disease，IBD)、肠易激综合征(Irritable Bowel Syndrome，IBS)、艰难梭菌感染(C. Difficile Infection，CDI)和糖尿病(Diabetes，DI)。受这8种疾病影响的个体的样本被视为不健康(Unhealthy，UH)。提取个体的疾病状态信息，对患病个体的样本进行标记。

7.1.3 机器学习模型训练与评估

为了评估疾病与肠道微生物群和人类变量之间的混杂关联，我们使用了4种机器学习(Machine Learning，ML)模型，分别为随机森林(Random Forest，RF)、梯度推进决策树(Gradient Boosting Decision Tree，GBDT)模型，分别为逻辑回归(Logistic Regression，LR)、极端梯度提升(eXtreme Gradient Boosting，XGBoost)，

并分别计算其 AUC 分数以比较其性能,如图 7.1(b)所示。对于每种疾病,使用训练数据(80%的样本)对 4 种 ML 模型进行 5 倍交叉验证训练,并选择 AUC 分数最高即性能最佳的模型。考虑带有疾病标记的阳性样本所占比例很小,随机选取等量的阴性样本进行模型训练。然后使用剩余 20%的样本作为验证数据对优化模型进行评估和比较。

除了不同的模型类型,我们还使用了 5 种输入特征来构建单独的模型,以获取对每种疾病进行分类的最佳特征。单独的模型分别为仅人类变量(Meta)、仅 OTU 丰度(OTUab)、仅 OTU 出现与否(OTUoc)、人类变量数据和 OTU 丰度(Meta-OTUab),以及人类变量数据和 OTU 出现与否(Meta-OTUoc)。使用相同的数据集对使用不同特征组合的模型进行训练和比较。对于每种类型的特征,从 4 种模型中选择 AUC 分数最高的最佳模型。

为了评估 5 种输入特征模型表现差异的显著性,随机选择训练数据,重复 10 次模型训练过程。AUC 分数以平均值±标准差(Mean±Standard Deviation)表示。对于每种疾病,使用配对样本 t 检验(t-tests)比较特征类型 Meta 和其他 4 种特征类型(OTUab、OTUoc、Meta-OTUab 和 Meta-OTUoc)之间 AUC 分数差异的显著性。在统计分析中,采用 Bonferroni 校正对多重测试误差进行校正。在考虑 9 种疾病和 4 种比较时,我们使用相同的数据在 0.05 显著性水平上检验了 36 个独立的假设。因此,我们没有使用 0.05 的 P 值,而是使用了更严格的 0.001 4 的 P 值。

7.1.4 确定疾病的微生物标志物

对于每个疾病的最佳表现模型,计算每个特征的权重。选择绝对权重前 10 高的特征(OTU 或 Meta)作为该病的微生物生物标志物。然后通过检索已发表的文献或数据库,我们获得了 OTU 的物种分类,并验证了它们与疾病的关系。在这项研究中,我们使用了人类微生物疾病关联数据库(Human Microbe-Disease Association Database,HMDAD,http://www.cuilab.cn/hmdad)作为验证数据库。HMDAD 是从以前的微生物研究中收集的微生物与疾病的关系。被证实的高权重 OTU 被视为该病的微生物生物标志物。

7.2 主要结果

7.2.1 数据描述

本研究中使用的数据集包括 7 571 个样本，517 个 OTU 和 30 个人类变量。在人类变量中，有 6 个变量与生理特征有关〔年龄、性别、身高、体重、体重指数(BMI)和种族〕，2 个变量与生活方式有关(运动和吸烟频率)，3 个变量与地理位置有关(纬度、海拔和国家)，19 个变量与饮食有关(食用水果、高脂肪红肉等的频率)。每个样本都有 8 种疾病的标签(CD、SIBO、MD、LI、DI、IBD、IBS、CDI 和 DI)。此外，如果一个样本有 8 种疾病中的至少一种，就有不健康(UH)的标签。

对于每种疾病，分别使用 5 种类型的特征构建 ML 模型：Meta、OTUab、OTUoc、Meta-OTUab 和 Meta-OTUoc。在相同的训练和验证数据上对模型进行训练和比较。对于每种类型的特征，根据其 AUC 分数选择最佳模型。通过比较仅使用 Meta 和同时使用人类变量和 OTU 信息的模型(Meta-OTUab 和 Meta-OTUoc)的性能，将所有疾病分为 3 类：添加肠道微生物群可以改善模型疾病分类性能、不影响模型疾病分类性能或降低模型疾病分类性能。

7.2.2 将肠道微生物群信息添加到人类变量中显著增强了肠道微生物与 IBD 的关联强度

作为一个全球性的公共卫生问题，由肠道失调引起的 IBD 的发病率呈上升趋势[294-295]。在这项研究中，来自 AGP 的 413 名 IBD 患者被纳入最终数据集，使用 5 种输入特征的最佳模型结果如表 7.1 和图 7.2 所示。该模型仅使用人类变量数据(Meta)作为特征，其 AUC 为 0.746 77±0.012 40。有趣的是，单独使用 OTUoc 的 AUC 为 0.743 41±0.006 96，与 Meta(P=0.485 79)无显著差异，但单独使用 OTUab 的 AUC 为 0.784 55±0.009 05 比 Meta(P=0.000 12)显著高，表明肠道微生物群单独作为 IBD 的关联指标与人类变量作为 IBD 的关联指标效果一样好。此外，使用 Meta 和 OTU 组合(Meta-OTUab)获得的 AUC 为 0.808 44±0.008 55，使用 Meta-OTUoc 获得的 AUC 为 0.790 28±0.006 37，均显著高于单独使用 Meta 获得的结果（P＜0.000 01），表明将肠道微生物群添加到人类变量中显著增强了肠道微生物与 IBD 的关联，并且可以证实肠道微生物群与 IBD 的独立关联。值得注意的是，Meta-OTUoc 比 Meta-OTUab 具有更高的 AUC，这意味着，与肠道微生物的丰度相比，Meta-OTUoc 是 IBD 分类的更好特征。

表 7.1 基于 8 种疾病和 UH 的标签比较 5 种输入特征模型的 AUC 分数

特征	type	Meta	OTUab	OTUoc	Meta-OTUab	Meta-OTUoc
IBD	AUC	0.746 77±0.012 40	0.784 55±0.009 05	0.743 41±0.006 96	0.808 44±0.008 55	0.790 28±0.006 37
	P 值		0.000 12	0.485 79	＜0.000 01	＜0.000 01
DI	AUC	0.830 22±0.008 72	0.744 01±0.018 74	0.645 77±0.015 83	0.812 09±0.015 98	0.816 21±0.013 76
	P 值		＜0.000 01	＜0.000 01	0.020 24	0.032 14
IBS	AUC	0.729 78±0.005 52	0.650 15±0.012 62	0.644 53±0.010 86	0.735 73±0.006 69	0.739 53±0.005 80
	P 值		＜0.000 01	＜0.000 01	0.007 34	0.001 07
SIBO	AUC	0.783 17±0.006 16	0.694 70±0.018 40	0.701 55±0.014 62	0.789 67±0.009 89	0.781 74±0.011 51
	P 值		＜0.000 01	＜0.000 01	0.078 03	0.749 65
CDI	AUC	0.814 70±0.011 22	0.809 16±0.009 22	0.796 03±0.017 00	0.837 19±0.013 08	0.842 52±0.009 59
	P 值		0.243 77	0.023 44	0.002 64	0.000 03
LI	AUC	0.811 89±0.003 86	0.612 20±0.011 17	0.589 64±0.009 87	0.805 80±0.005 95	0.811 05±0.003 75
	P 值		＜0.000 01	＜0.000 01	0.000 36	0.292 60
CD	AUC	0.797 56±0.006 38	0.588 49±0.021 18	0.605 85±0.014 71	0.768 11±0.021 67	0.774 45±0.005 11
	P 值		＜0.000 01	＜0.000 01	0.004 77	0.000 04
MD	AUC	0.680 75±0.006 79	0.611 89±0.008 53	0.586 17±0.015 65	0.632 15±0.010 02	0.650 90±0.015 77
	P 值		＜0.000 01	＜0.000 01	＜0.000 01	0.001 33
UH	AUC	0.730 32±0.003 46	0.656 92±0.006 02	0.653 17±0.005 31	0.730 21±0.003 75	0.735 82±0.002 80
	P 值		＜0.000 01	＜0.000 01	0.949 93	＜0.000 01

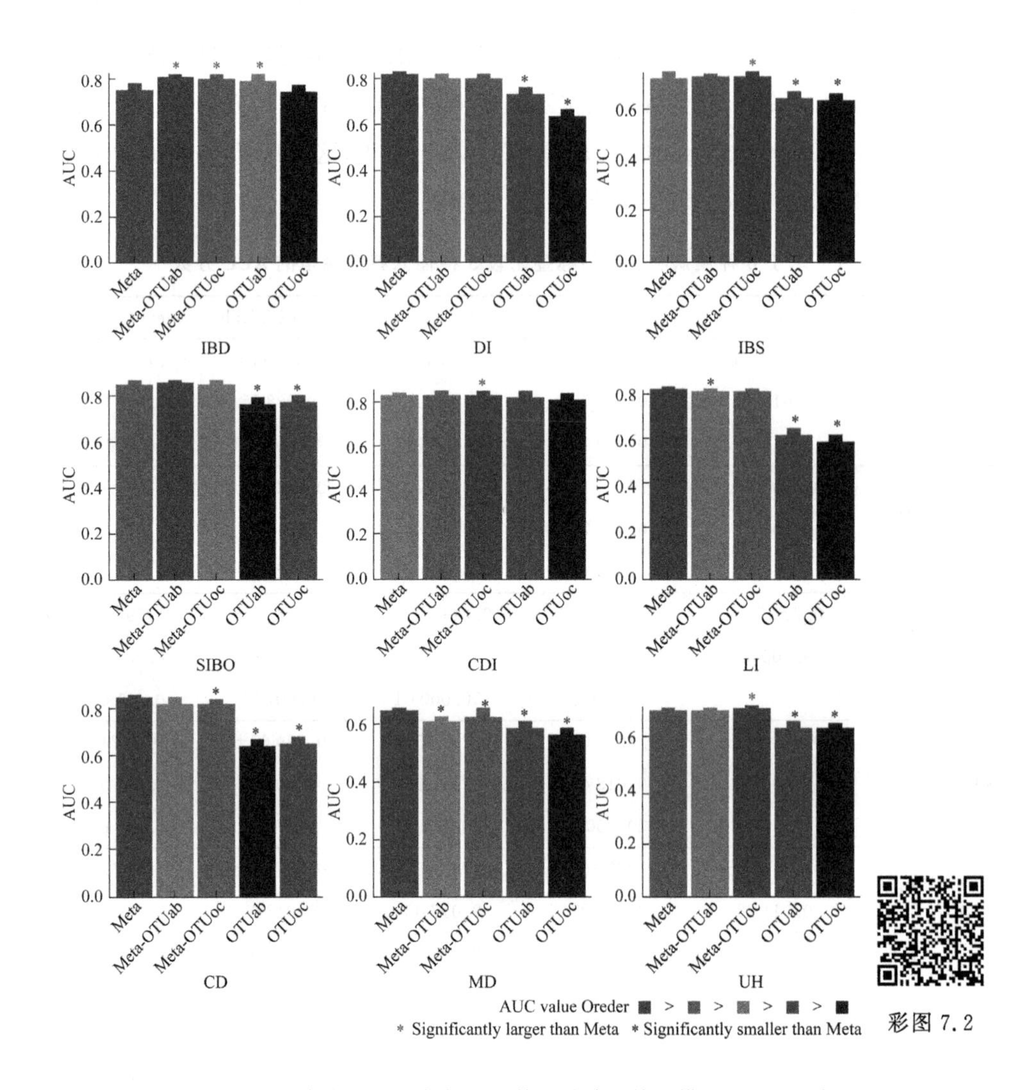

图 7.2　基于 8 种疾病和 UH 的标签比较 5 种输入特征模型的 AUC 分数

接下来，我们评估 Meta 或 OTU 在 Meta、Meta-OTUab 和 Meta-OTUoc 的最佳 ML 模型中的相对作用。我们根据特征的权重对特征进行排序，并重复 10 次模型训练过程计算其平均排名。如表 7.2 所示，我们发现这 3 类最佳 ML 模型得到的排名前 10 的特征是不同的。对于仅使用人类变量（Meta）作为输入特征的模型，IBD 分类排名前 10 的人类变量包括 6 个饮食特征（食用维生素 B 补充剂、益生菌、咸味零食、牛奶奶酪、冷冻甜点和维生素 D 补充剂的频率）、2 个生理特征（体重指数和年龄）和 2 个地理位置特征（经度和纬度）。对于使用 Meta-OTUab 作为输入特征的模型，除3种饮食特征(食用益生菌、维生素B补充剂和维生素D补充剂的频率)外，IBD分类排名前10的特征中的其他7个都是OTU(4种梭状芽孢杆菌Clostridiales、1种类杆菌Bacteroidales、1种丹毒杆菌Erysipelotrichales和1种肠杆菌Enterobacteriales)。用Meta-OTUoc作为输入特征对IBD进行分类时，除食用益生菌的频率、运动频率、体重和种族这4个生理特征外，其余6个特征均为梭状芽孢杆菌Clostridiales。

表7.2 使用3类输入特征的最佳ML模型得到的排名前10的特征

Meta		Meta-OTUab		Meta-OTUoc	
特征	Rank	特征	Rank	特征	Rank
海拔	5	食用益生菌的频率	3.7	f_Lachnospiraceae;g_;s_	5
食用维生素B补充剂的频率	6	f_Erysipelotrichaceae;g_Holdemania;s_	4.7	f_Ruminococcaceae;g_Ruminococcus;s_	14
食用益生菌的频率	6.3	f_Lachnospiraceae;g_;s_	9.8	食用益生菌的频率	15.6
纬度	7.3	f_Rikenellaceae;g_Alistipes;s_indistinctus	13.4	运动频率	24.7
食用咸味零食的频率	7.7	f_Lachnospiraceae;g_Coprococcus;s_	14.5	f_Ruminococcaceae;g_;s_	25.3
年龄	7.7	f_Ruminococcaceae;g_Ruminococcus;s_	21	f_;g_;s_	45.4
体重指数	7.9	f_Enterobacteriaceae;g_Morganella;s_	22.3	体重	48.5
食用牛奶奶酪的频率	8.1	食用维生素D补充剂的频率	23.3	f_Lachnospiraceae;g_;s_	50.7
食用冷冻甜点的频率	9.7	f_Lachnospiraceae;g_[Ruminococcus];s_	29.1	种族	51.2
食用维生素D补充剂的频率	9.7	食用维生素B补充剂的频率	31.3	f_Lachnospiraceae;g_;s_	51.3

7.2.3 将肠道微生物群信息添加到人类变量中提高了肠道微生物与IBS、CDI和UH的关联强度

IBS和CDI被广泛报道与肠道微生物和一些饮食习惯密切相关[278,296]，因此，我们

假设在人类变量中加入肠道微生物将改善这两种疾病的分类。为了研究肠道微生物在疾病分类中的潜在用途，如果样本来自患有8种疾病中的任何一种疾病的个体，我们将其定义为不健康(UH)。最后，我们获得了2 921个不健康的样本用于单独或联合使用OTU或Meta训练模型。如图7.2所示，与Meta相比，Meta-OTUoc对这两种疾病和UH都得到了显著更高的AUC(IBS为0.739 53±0.005 80，CDI为0.842 52±0.009 59和UH为0.735 82±0.002 80)，*P*值分别为0.001 07、0.000 03和0.000 01。而且，使用Meta-OTUab获得的AUC分数与使用Meta获得的AUC分数在所有这两种疾病和UH中没有显著差异，表明添加肠道微生物群信息提高了与IBS、CDI和UH的关联强度。令人惊讶的是，对于CDI，使用OTUab(0.809 16±0.009 22)和OTUoc(0.796 03±0.017 00)获得的AUC与Meta均无显著性差异(P=0.243 77和P=0.023 44)，表明仅根据肠道微生物的丰度信息也可以对CDI进行准确分类。然而，对于IBS和UH，使用OTUab和OTUoc获得的AUC均显著低于使用Meta获得的AUC。

在使用Meta-OTUoc计算模型中每个特征的权重时，我们确定了对这两种疾病和UH进行分类的排名前10的特征，如图7.3所示。在该图中，不同的特征用不同的颜色和形状表征，OTU在属级别进行注释。在图7.3的所有子图中，人类变量和OTU的顺序是固定且统一的，OTU是按照它们的平均丰度大小排序的。当使用Meta-OTUoc作为特征对IBS进行分类时，除了一个OTU注释为梭状芽孢杆菌Clostridia外，排名前10的特征中的其他9个都是人类变量，包括3个饮食特征(食用牛奶奶酪、益生菌和牛奶替代品的频率)、4个生理特征(年龄、性别、体重和身高)，1个地理位置特征(纬度)和1种生活方式特征(运动频率)。对于CDI，排名前10的特征包括2个饮食特征(食用维生素B补充剂和益生菌的频率)、2个生理特征(BMI和体重)、1个生活方式特征(运动频率)和5个OTU(1个丹毒螺旋体Erysipelotrichales、3个梭状芽孢杆菌Clostridiales和1个类杆菌Bacteroidales)。在对UH进行分类时，除3个被注释为梭状芽孢杆菌Clostridiales的OTU外，排名前10的特征中的其他7个都是人类变量，包括5个饮食特征(食用牛奶奶酪、益生菌、牛奶替代品、冷冻甜点和维生素B补充剂的频率)、1个生理特征(年龄)和1个生活方式特征(运动频率)。

7.2.4 将肠道微生物群信息添加到人类变量中对肠道微生物与 DI、SIBO、LI 和 CD 的关联强度没有影响

最近肠道微生物也被报道与 DI、SIBO、LI、CD 和 MD 有关[279-282,297]。如图 7.2 所示，①对于这 5 种疾病，单独使用肠道微生物群（OTUab 和 OTUoc）的 AUC 均显著低于使用 Meta 获得的 AUC，表明单独使用肠道微生物群并不能很好地将它们进行分类；②对于 DI 和 SIBO，使用 Meta 和 OTU（Meta-OTUab 和 Meta-OTUoc）组合获得的 AUC 与单独使用 Meta 获得的 AUC 没有显著差异，这表明将肠道微生物群添加到人类变量中对 DI 和 SIBO 的关联强度没有影响；③对于 LI，使用 Meta-OTUoc 获得的 AUC 与单独使用 Meta 获得的 AUC 没有显著差异，表明添加肠道微生物群信息对 LI 的关联强度没有影响；④对于 CD，使用 Meta-OTUab 获得的 AUC 与单独使用 Meta 获得的 AUC 没有显著差异，这表明增加肠道微生物群丰度特征对 CD 的关联强度没有影响；⑤单独使用 Meta 或使用 Meta-OTU_{ab}、Meta-OTU_{oc}都不能提供很好的 MD 分类性能。

根据特征权重（图 7.3）确定了使用 Meta 和 OTU 组合对 DI、SIBO、LI 和 CD 进行分类的排名前 10 的特征。使用 Meta-OTUoc 分类 DI 时排名前 10 的特征包括 7 个 OTU（2 个梭状芽孢杆菌 Clostridiales、2 个脱硫弧菌 Desulfovibrionales、1 个革兰细菌 Coriobacterials、1 个肠杆菌 Enterobacteriales 和 1 个假单胞菌 Pseudomonadales）和 3 个生理特征（BMI、年龄和体重）。在用 Meta-OTUab 对 SIBO 进行分类时，除 5 个饮食特征（食用牛奶奶酪、谷物、冷冻甜点、咸味零食和维生素 B 补充剂的频率）和 1 个生理特征（体重）外，排名前 10 的特征中有 4 个都是 OTU（2 个梭状芽孢杆菌 Clostridiales、1 个革兰细菌 Coriobacterials 和 1 个乳杆菌 Lactobacterials）。分类 LI 时排名前 10 的特征包括 5 个饮食特征（食用牛奶替代品、牛奶奶酪、冷冻甜点、高脂肪红肉和红肉的频率）、1 个生活方式特征（运动频率）、1 个生理特征（BMI 和种族）和 1 个梭状芽孢杆菌 Clostridiales。我们有理由认为，对 LI 进行分类的排名前二的人类变量是食用牛奶替代品和牛奶奶酪的频率，其次是种族。值得注意的是，CD 主要由 7 个 OTU 分类，其中 6 个被注释为梭状芽孢杆菌 Clostridiales，以及 3 个生理特征（年龄、体重和身高）。

彩图 7.3

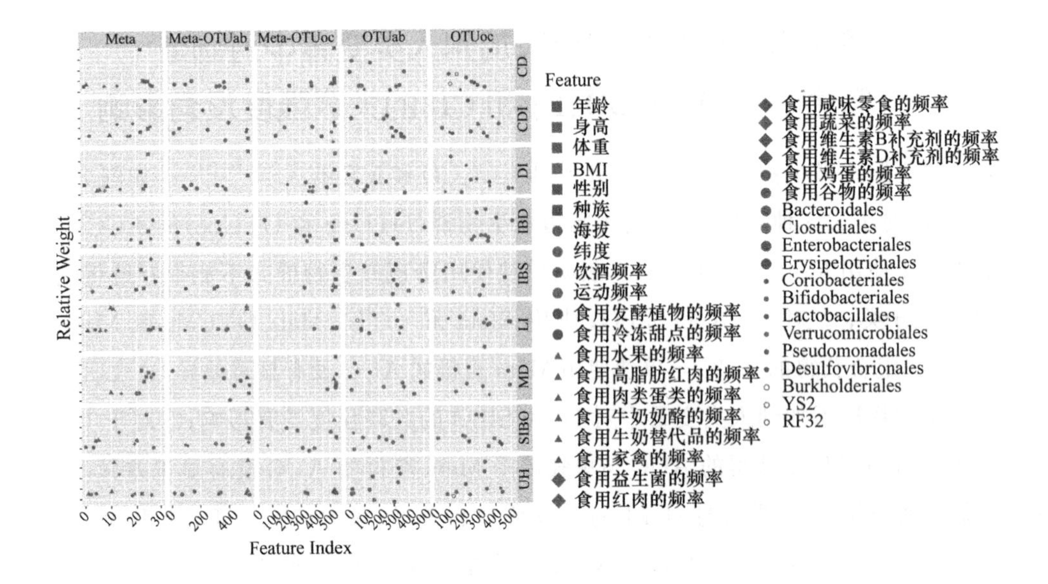

图 7.3 具有最高 AUC 分数的最佳模型的特征分布

7.3 讨　　论

7.3.1 与人体疾病有关的重要微生物

对于 IBD，将肠道微生物群添加到人类变量中可以比单独使用人类变量获得更好的结果，Meta-OTUoc 比 Meta-OTUab 获得了更高的 AUC 分数。在用 Meta-OTUoc 分类 IBD 的排名前 10 的特征中，8 个是 OTU，其中 1 个属于克雷伯氏菌属 Klebsiella。Klebsiella 是一种能产生细胞毒素(Tillivaline)的肠道病原菌，被认为参与 IBD 的发病机制[298]。有趣的是，8 个 OTU 中有 7 个属于梭状芽孢杆菌目 Clostridiales。在科水平上，有两个被注释到瘤胃科 Ruminococcaceae，这在 IBD 中被报道为一个突出的家系，特别是其中两个种 Ruminococcus torques 和 Ruminococcus gnavus[299]，另外 3 个被注释到乳螺科 Lachnospiraceae，它也被报道与 IBD 有关[300]。Ruminococcus gnavu 的生理生态位被推测为黏液溶性，该物种的显著变化影响黏液层的微妙平衡，并可能增加 IBD 患者的肠道通透性[299]。对于 UH 分类，单独使用 OTUab 获得的 AUC 显著高于单独使用 Meta 获得的 AUC，表明仅利用肠道微生物的丰富信息就可以准确地对 AU 进行分类，肠道微生物可能是人类总体健康状况的生物标志物。排名前 10 的 OTU 中有 8 个属于梭状芽孢杆菌目 Clostridiales。在梭状芽孢杆菌目下，Lachnospiraceae 科与许多人类疾病有关，如炎症性肠病[300]、肠易激综合征[301]、1 型糖尿病[302-303]、艰难梭菌感染[304]和肝硬化[305]。据报道，瘤胃科 Ruminococcaceae 也与艰难梭菌感染和 1 型糖尿病[302]有关。与人类总体健康状况有关的另外两个较重要的 OTU 属于类杆菌属 Bacteroides 和双歧杆菌属 Bifidobacterium。根据先前的研究，类杆菌属与几种人类疾病有关，包括 5 种肠道疾病(肠易激综合征[301]、艰难梭菌感染[304]、大肠癌[306]、克罗恩病[307-308]和传染性结肠炎[309])、1 型糖尿病和肝硬化[302-303]。

7.3.2 与人体疾病有关的重要变量

人类变量在人类疾病分类中表现出很强的效率。根据图 7.3 展示的结果，我们发现生理特征(BMI、年龄、身高和体重)是与大多数疾病相关的重要的人类变量，其次是地理位置特征(纬度和海拔)和食用益生菌、牛奶奶酪的频率和摄入酒精的频率。BMI 和年龄被发现是除乳糖不耐症之外的其他 7 种疾病的重要分类标准，这得到了人口统计学研究和临床数据的支持[310]。来自实验和观察性研究的多个证据表明，对于相当大比例的 IBS 患者来说，他们的症状与摄入特定食物有关，如牛奶，其中含有乳糖，这是一种世界范围内许多成年人无法有效消化的双糖[311]。此外，有证据表明益生菌可能通过各种机制对 IBS 产生影响[312]。根据先前的研究，我们发现除 BMI 和年龄之外，牛奶奶酪和益生菌的摄入量是 IBS 分类中较重要的两种人类变量。对于 DI 分类，我们发现 BMI 和年龄是两个较重要的人类变量，这也得到了之前研究的支持[310]。我们发现，对 SIBO 进行分类的最重要的健康特征是益生菌的摄入频率，这一点得到了系统综述的支持[313]。综述和数据分析表明，益生菌对预防 SIBO 既安全又有效。我们还发现，牛奶奶酪和牛奶摄入量的频率是 LI 分类较重要的两个特征。这一发现并不奇怪，因为非消化乳糖的分解导致 LI，因此，LI 管理通常包括将牛奶和奶制品排除在饮食之外。值得注意的是，与种族相关的特征也被列为 LI 分类的十大健康特征之一。这一发现已被先前的报告证实，即乳糖酶在不同人群中的持久性不同[314]。年龄和性别是 CD 分类的两个重要特征，这是一个合理的结论，因为据报道年龄是发展成 CD[315] 的最强的危险因素之一，而且男性的 CD 患病率高于女性[316]。

7.3.3 去除益生菌、维生素 B 补充剂和维生素 D 补充剂摄入频率

益生菌摄入频率是 IBD、CDI、IBS、SIBO 和 UH 的排名前 10 的特征之一；摄入维生素 B 补充剂的频率是 CDI、IBD、SIBO 和 UH 的排名前 10 的特征之一；摄入维生素 D 补充剂的频率是 IBD 和 MD 的排名前 10 的特征之一，如图 7.3 所示。考虑一些样本可能是来自遵循临床医生建议的饮食习惯的人群中的；因此，我们在去掉这三个特征之后，重复了我们的分析。如表 7.3 所示，我们发现，去除益生菌和维生素 B 补充剂和维生素 D 补充剂摄入频率后，Meta-OTUab、Meta-OTUoc、OTUab 和 OTUoc 对 IBD 的分类结果均明显优于 Meta，Meta-OTUab、Meta-OTUoc 和 OTUab 对 CDI 的分类结果均显著优于 Meta，Meta-OTUoc 对 SIBO 和 UH 的分类结果明显优于 Meta，Meta-OTUab 和 Meta-OTUoc 对 DI、IBS 和 LI 的分类与 Meta 无显著性差异，而 Meta-OTUab、Meta-OTUoc、OTUab 和 OTUoc 对 CD 和 MD 的分类结果均明显差于 Meta。这些结果意味着将肠道微生物群添加到人类变量中增强了肠道微生物与 IBD、SIBO、CDI 和 UH 的关联，表明肠道微生物与 IBD、SIBO、CDI 和 UH 之间存在独立关联。

表 7.3 去除益生菌、维生素 B 补充剂和维生素 D 补充剂摄入频率后比较 9 种疾病的 5 种输入特征模型的 AUC 分数

特征	type	Meta	OTUab	OTUoc	Meta-OTUab	Meta-OTUoc
IBD	AUC	0.721 28±0.009 60	0.782 71±0.009 02	0.745 11±0.006 29	0.786 59±0.010 88	0.760 38±0.007 49
	P 值		<0.000 01	0.000 09	<0.000 01	<0.000 01
DI	AUC	0.830 12±0.007 02	0.741 73±0.021 79	0.652 72±0.011 30	0.815 48±0.015 68	0.818 20±0.010 92
	P 值		<0.000 01	<0.000 01	0.039 03	0.011 67
IBS	AUC	0.709 91±0.003 96	0.650 67±0.012 77	0.644 54±0.010 84	0.715 36±0.010 94	0.718 87±0.008 56
	P 值		<0.000 01	<0.000 01	0.159 56	0.007 59

续 表

特征	type	Meta	OTUab	OTUoc	Meta-OTUab	Meta-OTUoc
SIBO	AUC	0.754 45±0.005 95	0.695 04±0.018 58	0.701 82±0.014 04	0.773 23±0.022 34	0.771 15±0.010 00
	P 值		0.000 02	0.000 01	0.016 36	0.000 06
CDI	AUC	0.763 23±0.020 33	0.811 31±0.006 59	0.795 60±0.018 64	0.830 95±0.010 99	0.811 89±0.011 97
	P 值		0.000 14	0.002 14	0.000 04	0.000 20
LI	AUC	0.810 04±0.003 73	0.612 36±0.011 67	0.588 44±0.009 66	0.804 22±0.006 76	0.809 92±0.003 66
	P 值		<0.000 01	<0.000 01	0.003 88	0.842 46
CD	AUC	0.802 53±0.004 88	0.583 62±0.019 94	0.605 82±0.008 68	0.765 69±0.012 59	0.778 78±0.009 35
	P 值		<0.000 01	<0.000 01	<0.000 01	0.000 11
MD	AUC	0.683 77±0.010 71	0.612 11±0.008 13	0.585 70±0.014 90	0.634 46±0.011 11	0.649 18±0.014 84
	P 值		<0.000 01	<0.000 01	<0.000 01	0.000 72
UH	AUC	0.720 88±0.002 98	0.656 93±0.005 95	0.653 17±0.005 31	0.719 32±0.003 86	0.726 56±0.003 95
	P 值		<0.000 01	<0.000 01	0.434 82	0.000 27

7.3.4 不同疾病的最佳模型和模型性能随 OTU 数的变化而变化

通过在 5 种特征类型和 9 种疾病的验证数据集上验证 4 种机器学习模型的 AUC 分数及它们在不同特征和疾病预测中的性能，如图 7.4 所示，其中，节点的颜色表示不同的机器学习方法，节点的大小表示标准差。我们发现，不同的 ML 模型对不同的特征和不同的疾病表现不同，但 XGBoost 和 GBDT 模型表现相似。在除 IBD 和 MD 之外的大多数疾病分类任务中，这两种模型的 AUC 分数都高于其他方法，除了使用 Meta 和 Meta-OTUoc 进行 SIBO 预测外，LR 模型使用其他 4 种特征预测 IBD 的 AUC 分数最高，RF 模型通过 Meta 预测 MD 的 AUC 分数最高。这些结果表明，我们可以结合 4 种机器学习模型的优点，从而提高整体预测的准确性。

当有太多的 OTU 作为输入特性时，模型可能会被过度拟合。因此，我们评估了最佳模型结果中 4 种疾病(IBD、DI、IBS 和 UH)的分类性能随 OTU 数量的变化情况。使用不同数量的 OTU 获得的 AUC 分数的变化情况如图 7.5 所示。我们发现，仅使用部分 OTU 比使用全部 518 个 OTU 可能获得更好或相等的结果。特别是对于 IBD，仅使用前 3%的 OTU(20 个 OTU)与对 4 种类型的输入特征使用所有 OTU 的结果没有显著不同。对于 IBS，OTU 数量对 OTU 和 Meta 的组合没有显著影响，OTUab 和 OTUoc 使用前 5.8%(30 个 OTU)和前 7.7%(40 个 OTU)的 OTU 与使用所有 OTU 的结果没有显著差异。有趣的是，对于 DI，Meta-OTUab 使用前 2%的 OTU(10 个 OTU)产生了比使用所有 OTU 更好的结果。此外，当我们仅使用肠道微生物进行疾病分类时，OTUab 比 OTUoc 取得的结果更好，这可以解释为使用 OTUoc 比使用 OTUab 时信息损失更大。然而，在与人类变量结合后，Meta-OTUoc 的表现在大多数情况下都超过了 Meta-OTUab。这种差异可能是由于人类变量数据的值与微生物丰度相关，而对于疾病分类，人类变量和微生物丰度提供的信息是重叠的。

彩图 7.4

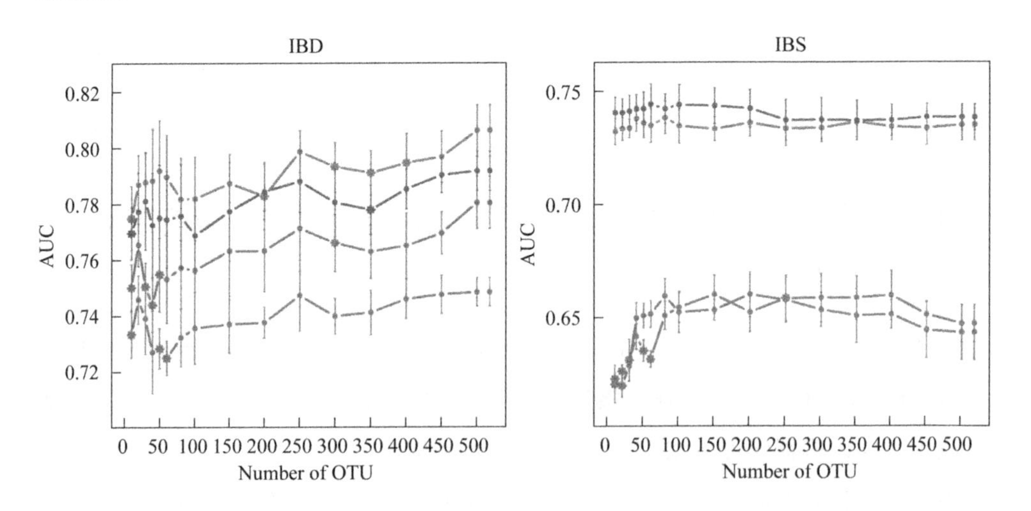

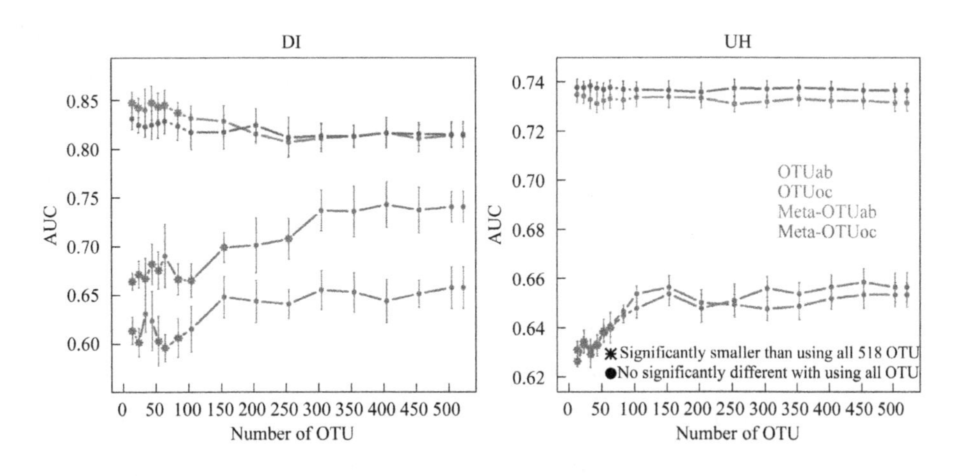

图 7.4　4 种机器学习模型在不同特征和疾病预测中的性能

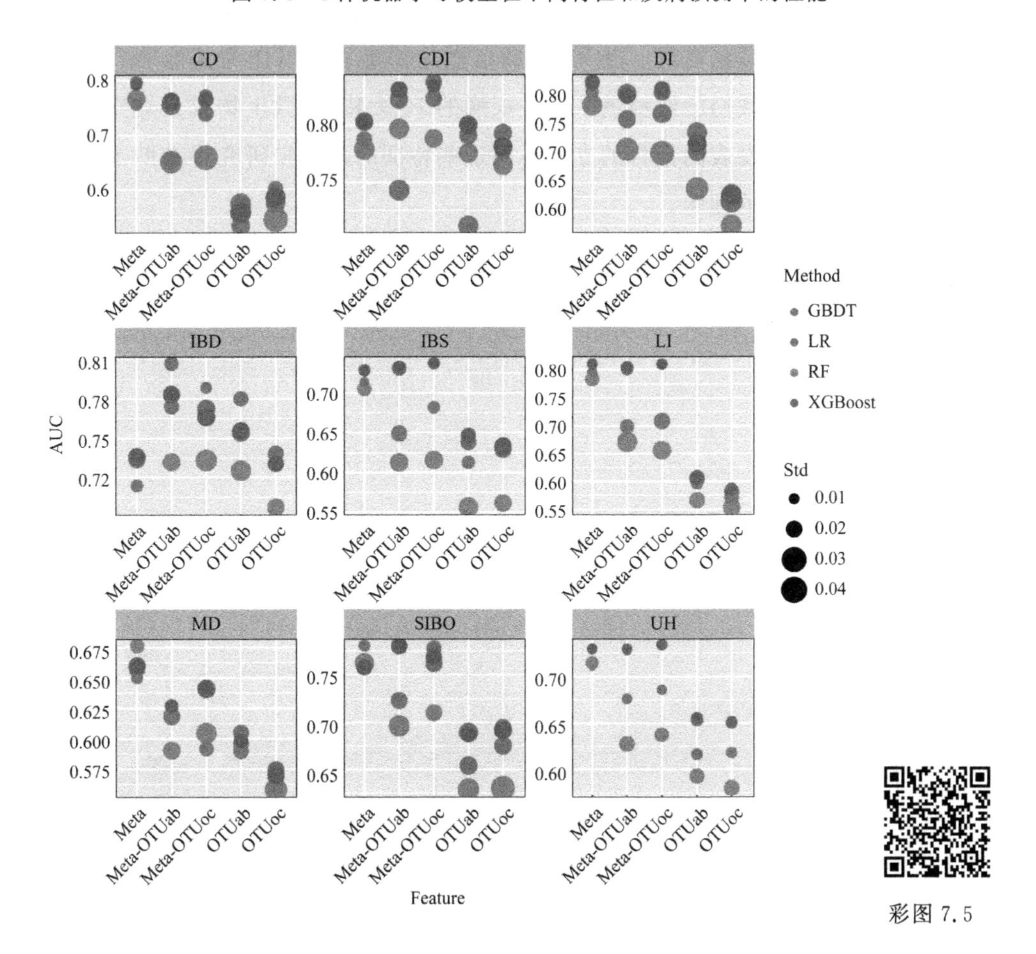

彩图 7.5

图 7.5　最优模型的 AUC 分数随 OTU 数量变化的变化情况

生活方式特征和生理特征对人类疾病风险的影响已被揭示是由肠道微生物群介导的。由于样本量有限以及生活方式特征和生理特征在群体范围内的偏差，检测疾病相关微生物的病例对照研究之间的一致性较低。为了准确地推断肠道微生物群与疾病的关系，我们提出通过同时包含人类变量和肠道微生物群来建立机器学习模型。当同时使用肠道微生物群和人类变量的模型的表现优于只使用人类变量的模型时，独立的肠道微生物群-疾病关联将得到证实。我们发现肠道微生物群与不同疾病的关联强度不同。结合人类变量和肠道微生物群在预测 IBD、IBS、CDI 和不健康状态方面取得了最佳效果，表明肠道微生物群与这些疾病之间存在独立的相关性。基于 OTU 的预测结果与基于 Meta 的预测结果对于 IBD 和 CDI 的预测结果相似，因此我们可以通过测量肠道微生物群来预测这些疾病。虽然肠道微生物群也被报道与 LI、CD 和 MD 有关，但其不能很好地预测这些疾病。肠道微生物群与疾病之间的关系仍需进一步研究，肠道微生物是否可以作为其他疾病的生物标志物仍需探索。我们已经报道了这些疾病的 10 大特征(微生物或人类变量)，大多数都得到了先前发表的报告的支持。对这些特征的进一步研究将有助于我们对人类疾病分子机制的理解。

第8章

基于自然语言的微生物关联网络构建

作为一个新的人体“器官”,肠道微生物与宿主之间的关系一直是生物医学领域的研究热点。成千上万的微生物栖息在宿主的肠道中,肠道微生物之间存在着竞争、共生或捕食等复杂的相互作用[317]。除此之外,肠道微生物群还与宿主环境密切交互。肠道微生物组成的波动、微生物产生的特定代谢产物或蛋白质可以影响宿主的免疫系统、新陈代谢、神经系统和健康状况[318]。许多研究报道了肠道微生物群失调与人类疾病之间的紧密联系[319],包括炎症性肠病、糖尿病、心血管疾病、精神健康障碍和肿瘤免疫治疗[320-324]。许多与肠道微生物相关的代谢产物,如短链脂肪酸、三甲胺氧化物、次级胆汁酸、色氨酸和吲哚代谢物等,通过调节 T 细胞、B 细胞、树突状细胞和巨噬细胞的功能,对宿主的免疫系统产生一定影响[325-337]。同时,宿主的饮食类型、生活方式或药物摄入也能够塑造肠道微生物群[328]。明显不同的饮食类型,如素食和杂食、脂肪摄入量和水果多酚摄入量,均可导致微生物组成的差异[329]。吸烟者肠道中的肠杆菌科和乳杆菌科较多,而梭菌科、奈瑟氏菌科和卟啉单胞菌科的丰度较低[330]。最近的一项研究还报告了药物摄入对肠道微生物的影响与宿主的饮食类型和疾病状态相关[331]。

随着对肠道菌群研究的不断积累,我们可以看出肠道微生物与宿主之间的相互作用受多种可能因素驱动,并且具有动态性。当我们将肠道微生物群视为一个生物系统,并评估微生物组成变化对宿主的影响时,从系统生物学的视角进行研究可能是有帮助的,该视角需要考虑不同的微生物种类和多个相关变量。目前,与肠道微生物相关的知识碎片化现象明显,因为肠道微生物群是复杂的,通常一项研究只能关注肠道微生物与宿主在某个方面的关联,这限制了对肠道微生物进行系统和全面地理解。尽管许多研究已经通过手动整理的方式将肠道微生物群的不同类型的知识进行了整合，如 MicroPhenoDB[332]、GIMICA[333]、MASI[334] 和 Peryton[335]，并存储在各种数据库中，但依靠手动审查的方法很难应用于大规模的出版物分析和肠道微生物的知识库构建。自然语言处理(NLP)和深度学习技术的发展为自动挖掘肠道微生物与宿主之间相互作用提供了可能，通过命名实体识别(NER)和关系抽取[336]，我们有机会构建肠道微生物知识蓝图。最近，许多研究采用 NLP 技术提取生物医学实体关系，并取得了良好的成果，如 MarkerGenie[337]、MDIDB[338] 和 MDKG[339]。

为了解决肠道微生物知识碎片化的问题，并提供肠道微生物与宿主交互的蓝图，我们提出了肠道微生物知识库(GMKB)，这是一个系统地整合了肠道微生物之间以及肠道微生物群与宿主之间各种类型的关联的新知识库。GMKB 的构建流程如图 8.1 所示，GMKB 由 6 种类型的实体和这些实体之间的关联组成，这些实体及它们之间的关联是通过命名实体识别和关联抽取技术从 PubMed 数据库中提取的。GMKB 可以提供与肠道微生物相关的全面信息，并辅助微生物学和生物信息学研究。通过对生物医学文献进行大规模分析，GMKB 中包括了全面的肠道微生物与宿主免疫系统、新陈代谢、饮食、生活方式、健康状况和药物干预之间的关联。为了辅助生物学家的研究并推动新的分析方法的发展，我们开发了实体和关联的搜索功能。

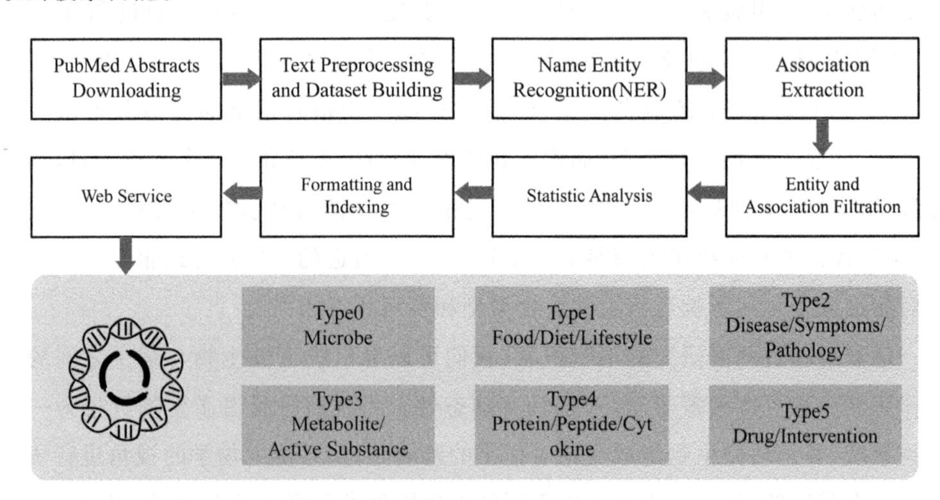

图 8.1 肠道微生物知识库(GMKB)的构建流程

8.1 数据采集及预处理

实体和关联信息是从 PubMed 数据库中提取的。所有文章信息，包括 PubMed 编号、标题、摘要、期刊名称、关键词和发表时间，均是以 XML 格式从 FTP 站点（ftp://ftp.ncbi.nlm.nih.gov/pubmed）上下载的。首先，我们保存具有 DOI 编号的英文出版物；其次，在 14 693 346 篇文章中，进一步筛选掉标题名称、期刊名称或摘要文本缺失的文章；再次，为了提高分析效率，我们删除了 2000 年之前发布的研究或标题中包含“review”或“survey”的文章；最后，通过自动关键词匹配程序识别与肠道微生物相关的文章。这些关键词包括“益生菌”“肠道”“微生物”“宏基因组”“细菌”“生活方式”“饮食”“微生物群落”“微生物组”“微生物生物体”“微生物形态”，以及一系列肠道微生物属名。肠道微生物的分类名称来自 GMrepo，即人类肠道微生物数据库（https://gmrepo.humangut.info/home）[340]。经过预处理，我们保留了 456 102 篇文章供后续分析使用。

8.2 实体标注及命名体识别

为了高效分析大规模生物医学文章的摘要并构建肠道微生物群与宿主之间关联的知识图谱，我们采用了命名实体识别（NER）技术。通过训练深度学习模型自动地从句子中挖掘知识实体，而不是仔细阅读文章并手动提取感兴趣的知识。目前，NER 考虑了与肠道微生物相关的几个主要实体类别，包括“微生物”“食物/食物成分”“饮食类型”“生活方式”“疾病/症状/病理学”“蛋白质/肽/细胞因子”“代谢物”“活性物质”“药物/治疗干预”。为了训练 NER 模型，首先，4 名数据标注专家手动整理了 14 335 篇文章的摘要，并对文本中的实体进行了注释。样本中共有 38 813个“微生物”实体，7 675 个“食物/食物成分”实体，3 969 个“饮食类型”实体，1 202 个“生活方式”实体，41 372 个“疾病/症状/病理学”实体，15 994 个“蛋白质/肽/细胞因子”实体，10 852 个“代谢物”实体，6 930 个“活性物质”实体，以及 20 721 个“药物/治疗干预”实体。然后，我们随机选择了 500 个样本作为测试数据集，其余的样本用于对预训练的 BERT 模型进行微调。最终，NER 模型在测试数据上实现了 85.0%的精确度和 72.5%的召回率，在预处理后可以应用于其他出版物，以自动提取不同类型的实体。

8.3 关联提取和筛选

基于上述提取的实体，通过模式匹配推断不同实体之间的关系。对于每对实体，它们的关系可以是关联的也可以是独立的；对于关联的实体，进一步它们的关系可以是正向或负向的关联。我们尝试通过设计关联模式模板并进行模式匹配来判断两个实体的关系。当根据两个实体的上下文很难确定它们的关联是正向或负向时，关系保持关联。摘要段落被分成多个句子，只推断同一句子中的实体关联。当一个句子中有两个以上实体时，会解析任意两个实体之间的关系。考虑了一些特定的语法，例如，“与[实体]相比…”“与[实体]不同…”“而不是[实体]…”，并省略了相应的实体。然后，使用模式模板识别正向或负向关联。我们列出了正向关联的模式，例如“[A]促进[B]”“[A]诱导[B]”“[A]结合[B]”“[A]与[B]正相关”“[A]产生[B]”，并扩展了相应的同义表达。类似地，还有负向关联的模式，包括“[A]抑制[B]”“[A]减少[B]”“[A]限制[B]”“[A]负相关[B]”“[A]逆转[B]”“[A]削弱[B]”，等等。此外，我们还提供了特定的表达方式，例如，“高/低[A]与低/高[B]相关”“减少/增加[A]与增加/减少[B]”，以改进模式匹配的过程。关联提取后，在不同文章中预测出了 1 622 099 个关联和 276 655 个实体。接下来，仅存在于一篇文章中的实体及相关关联被移除。剩余 80 479 个实体经过 3 位专家的手动检查，最终保留了 50 317 个实体。对于出现在不同文章中的关联，我们合并了具有相同两个实体的关联，结果包含了 634 927 个合并的关联。值得注意的是，合并的关联记录的不仅是关于两个实体的信息，还记录了所有文章中关联的类型(正向、负向和关联)以及相应的 PubMed 编号。

8.4 关联网络结果统计

为了方便可视化，某些类型的实体被合并。如“食物/食品成分”、“饮食类型”

和“生活方式”被合并为“Type1：食物/饮食/生活方式”。“代谢物”和“活性物质”被合并为“Type3：代谢物/活性物质”。一般来说，属于“Type0：微生物”($N=$12 431)或“Type2：疾病/症状/病理”($N=$10 009)的实体数量远远超过其他类型的实体，而“Type1：食物/饮食/生活方式”($N=$5 387)和“Type5：药物/治疗干预”($N=$6 868)是实体数量最少的两种类型。微生物之间的关联数量最多($N=$89 216)。此外，微生物与“Type2：疾病/症状/病理”($N=$64 601)或微生物与“Type3：代谢物/活性物质”($N=$60 774)之间的关联比其他类型更多。GMKB 的 634 927 个关联来自 304 224 篇文章，大部分研究关注肠道微生物与宿主表型之间的关系。

GMKB 网络服务的两个核心模块是查询感兴趣的关联或实体。如图 8.2(a)所示，用户可以在搜索框中输入感兴趣的词，服务器将查询与该实体词相关的所有关联，并根据 PubMed 数据库中相关文章的数量进行排序。GMKB 将实体之间的关系分类为 3 种类型，包括正向关系、负向关系和关联关系。如图 8.2(b)所示，用户可以搜索不同类型的实体，GMKB 将显示实体词的名称以及其在不同文章中出现的频率。通过单击右侧的【详情】按钮，GMKB 将列出实体的详细关联信息。基于 NER 模型识别出的实体，构建了倒排索引以支持搜索功能。用户可以在搜索框中输入完整的实体名称或部分实体名称，然后服务器会根据相关文章的数量按降序返回所有匹配的关联或实体。对于匹配的关联，列出了两个实体的名称以及 3 种关联类型(正向、负向和关联)的支持文章数量。此外，GMKB 中显示了前 12 篇文章的 PubMed 编号，用户可以通过点击与 PubMed 编号绑定的超链接来浏览文章。对于匹配的实体，GMKB 以表格形式显示实体的名称和频率，并且可以通过单击【详细信息】按钮来访问其详细关联信息。图 8.3 显示了一个实体的综合关联信息示例。对于用户查询的每个实体，系统将与之相关的实体分为 6 个类别，包括微生物、食物/饮食/生活方式、疾病/症状/病理学、代谢物/活性物质、蛋白质/肽/细胞因子和药物/干预措施。当查找微生物“厚壁菌门”的可能关联时，根据另一个实体的类别显示了所有关联，相关实体列表根据相关文章的数量进行排序。用户可以通过单击蓝色按钮(“‹”和“›”)浏览更多内容或查找其他实体。

人们可以在 GMKB 的网页上直接下载 6 种类型实体的信息、所有挖掘出的关联以及相关出版物的摘要。实体名称及其在文章中的频率保存在制表符分隔的文件中。实体之间的关联以 JSON 格式记录，每一行对应一个关联。存储了两个实

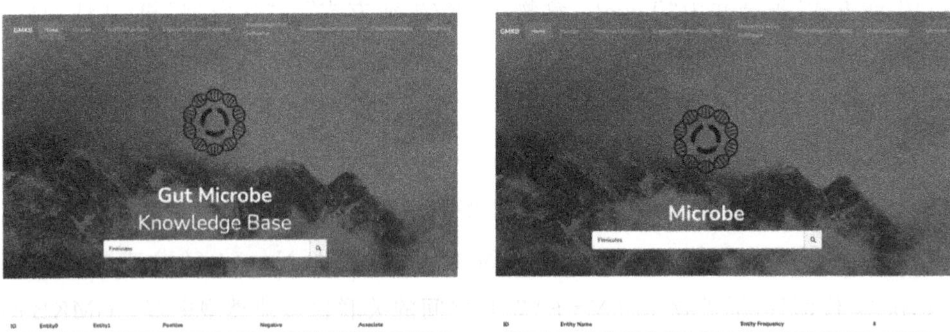

(a) 不同实体之间的关联查询　　　　(b) 实体信息查询

图 8.2　肠道微生物知识库(GMKB)的两个核心功能

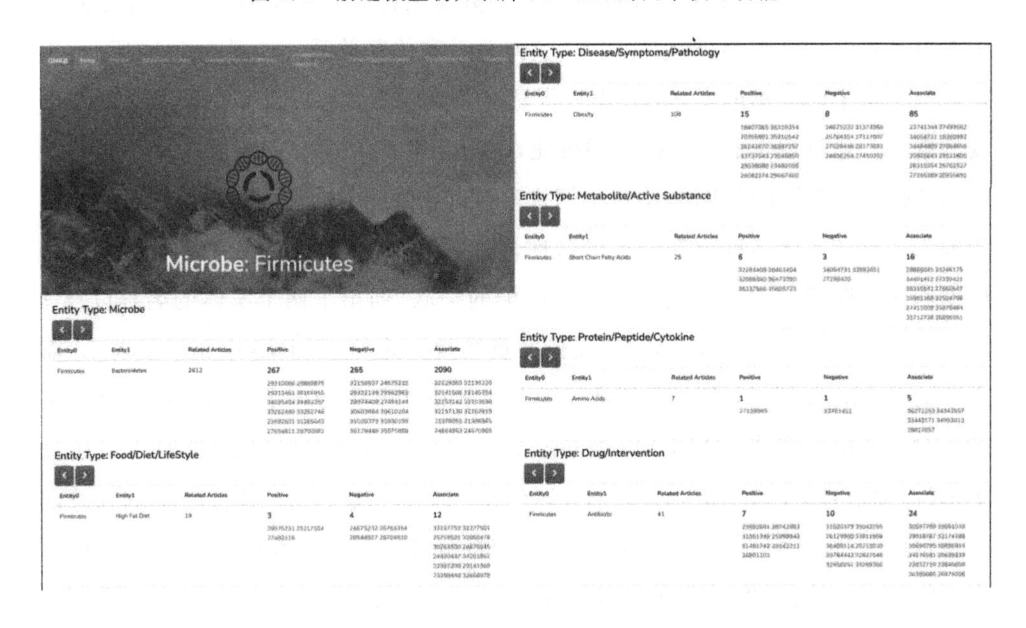

图 8.3　实体的综合关联信息示例

体的名称和类型、关联文章的 PubMed 编号以及支持文章的数量。根据关联类型(正向、负向和关联),PubMed 编号进一步分类。出版物信息,包括 PubMed 编号、DOI 编号、期刊名称、出版日期、标题、摘要和关键词,也以 JSON 格式存储。

8.5 软件架构和实现

通过 MVC 架构开发的 Web 服务可以访问 GMKB。后端语言采用 Python 3.8.8,Web 框架使用 Flask 1.1.2。前端采用了基于 Bootstrap 4.0.0 的 Boomerang UI Kit(https://www.bootmb.com/themes/boomerang/)和 JQuery 3.2.1(https://jquery.com/)。使用 Flashtext(http://github.com/vi3k6i5/flashtext)从标题和摘要中提取关键词。知识库和相关的倒排索引以 JSON 格式保存。用于构建 NER 模型的数据集由开源文本标注工具 Doccano(https://github.com/doccano/doccano)进行注释。然后使用自然语言处理工具 spaCy 3.6.0(https://spacy.io/)训练和评估 NER 模型,该模型由经过训练的管道和 spacy-transformers 包的 BERT 模型进行微调的权重构建。

作为一个复杂的生物系统,肠道微生物群落与宿主的饮食类型和生活方式、疾病进展、免疫系统和新陈代谢等存在紧密的关系,许多研究已经报道了这一点。然而,与肠道微生物相关的知识是零散的,研究人员很难系统且全面地分析肠道微生物群落与宿主之间的相互作用。通过利用自然语言处理技术自动解析与肠道微生物相关的文章,并构建集成的肠道微生物知识图谱 GMKB,这一肠道微生物研究的新分析工具提供了有用的功能:①搜索肠道微生物与感兴趣因素之间的特定关联,②查找与特定肠道微生物相关的所有潜在关联信息。GMKB 是关于肠道微生物与宿主知识绘制的初版工作。在未来,GMKB 将定期更新,知识库可以进一步改进,与其他肠道微生物数据库进行整合,在挖掘实体词方面实现概念规范化和细粒度分类,以及使用更合适的方法来可视化大规模的知识图谱。它可以作为一个有价值的工具,帮助生物学家分析宿主表型与肠道微生物之间的相互作用,并促进与肠道微生物相关的生物信息学方法的发展和验证。

第9章
关联推断在水体微生物中的应用与研究

9.1 蓝藻水华微生物

9.1.1 蓝藻水华的概念

湖泊富营养化导致的水华已成为全球性环境污染问题，很多湖泊都被报道过蓝藻水华暴发[341-345]。水华是在富含营养盐的水体中，含有叶绿素可进行光合作用的藻类在良好光照条件下，在水体表层大量繁殖和聚集的现象。水华暴发会导致水体缺氧，产生有毒物质，影响水生生物和饮用水水质。水华主要由蓝藻、绿藻和硅藻等引起。海洋中主要由甲藻或硅藻形成赤潮，淡水湖泊中则主要由蓝藻繁殖引起蓝藻水华。蓝藻水华指在富含营养盐的水体中蓝藻大量繁殖聚集，危害水体生态环境。其暴发时，会降低水体透光性并导致水体缺氧，后期蓝藻腐烂产生藻毒素和难闻气味，污染水质。蓝藻水华发生范围广、危害大，藻毒素对人类健康构成严重威胁，是淡水湖泊治理的主要问题[346]。根据蓝藻水华的定义可知，水华发生时蓝藻在水体表面会聚集产生可观性特征。观察发现，蓝藻在水面上聚集之前是以群体颗粒形式分布在水体中，这种颗粒直径约3 cm。此外，大量聚集的蓝藻水华当受因风力推动形成的波动而被打散在水体中时，蓝藻会继续以蓝藻群体颗粒的形式存在。之所以大量的蓝藻细胞会以蓝藻群体颗粒的形式存在，是因为蓝藻会产生并分泌细胞外多糖EPS(Exopolysaccharide)。蓝藻细胞依靠细胞外多糖，产生结构性的黏附，从而形成有规则的并具有明显外廓的云雾状区带，即蓝藻群体颗粒。同时,细胞外多糖的存在也让蓝藻藻块呈现黏稠特性,使得大量微生物附着在上面。

富营养化导致的蓝藻水华污染水质,已破坏多个淡水湖泊生态系统,并频繁引发全球各地的饮用水安全问题[347]。1999 年中国滇池的蓝藻疯长,水华大面积覆盖,导致昆明市第三自来水厂停产;2007 年太湖蓝藻水华大面积暴发导致“5·29 供水危机”事件[348],引发各界关注[349];美国 Erie 湖于 2014 年和 2015 年连续两年暴发蓝藻水华迫使自来水厂关闭,威胁周边居民的正常生活[350-351];2016 年美国犹他湖的蓝藻水华大面积暴发,产生藻毒素和臭味严重影响水质,甚至导致周边居民身体不适。蓝藻水华危害巨大,急需研究和治理,其主要危害包括:①破坏水体生态系统,导致湖水缺氧、生物死亡;②危害周边禽畜和居民健康,产生藻毒素和化合物,引起腹泻、肝损伤及食品安全问题;③引发水源地供水安全问题,堵塞给水系统,释放毒素和硫化物,严重时可能引起水荒;④影响环境景观,破坏自然风景区水体景观效果。

9.1.2 太湖蓝藻水华微生物

太湖位于 30°55′～31°32′ N、119°52′～120°36′ E,是我国第三大淡水湖,面积为 2 428 km^2,横跨江浙两省,是周边地区的重要饮用水水源地,兼具航运、灌溉和渔业等功能[352-355]。自 20 世纪 80 年代起,太湖开始受到氮、磷等营养盐污染,水质逐渐恶化。早在 20 世纪 50 年代,中国科学院水生所就开始报道太湖藻类的组成情况。20 世纪 60 年代初的研究发现蓝藻占所有藻类的 90%左右,以微囊藻属和长孢藻属为主[356]。20 世纪 80 年代后期的调查发现蓝藻在夏季占所有藻类的 90%以上,优势种为微囊藻属[357]。2004 年的研究鉴定出了太湖中将近 70 种属的藻类,且发现微囊藻属为优势属[358]。成芳等从 2007 年开始的统计也发现了相同的结论。综合研究表明,太湖水华基本都是蓝藻水华,且优势藻属为微囊藻属。无锡环境监测中心从 20 世纪 90 年代开始得出了相同的结果。近年来,蓝藻水华暴发时间越来越长,面积也向湖心扩散。长孢藻属在太湖蓝藻暴发过程中的优势性也日益凸显。2007 年太湖因蓝藻水华污染引发供水危机后,针对水华的治理研究变得紧迫。治理手段主要包括蓝藻打捞、生态清淤、控源截污和增殖放流等,其中控源截污是首选。尽管经过十年的治理,太湖水质有所改善,但蓝藻水华问题仍未完全解决,仍有反弹和波动,反映了治理任务艰巨且暴发机制复杂[359-363]。

蓝藻水华暴发时水体中蓝藻大量繁殖,蓝藻细胞依靠细胞外多糖形成结构性黏附,呈现有规则的云雾状区带,称为蓝藻藻块。蓝藻藻块构成特殊的“藻际微环境”,

蓝藻与细菌进行物质交换和信号传导[364]。蓝藻藻块中具有独特结构和功能的附着在蓝藻细胞上的细菌被称为附生细菌(Attached bacteria)。附生细菌与蓝藻相互作用,蓝藻通过光合作用产生有机物为附生细菌提供能量,细菌分解有机物为蓝藻提供细胞光合作用所需的无机物,并可能存在碳、氮、磷、硫和微量元素的交流,影响蓝藻水华暴发[365-366]。研究发现,蓝藻藻块中的附生细菌与水体中的浮游细菌在物种组成上有明显差异[367-368]。微生物驱动水体中的氮元素和磷元素循环,研究蓝藻藻块中附生微生物群落具有重要意义。前期多采用 DGGE 方法调查细菌多样性[369-371],近年来 16S rRNA 基因测序研究微生物多样性成为主流[372-375]。已有研究基于 16S rRNA 多样性分析附生细菌种类[376-377],发现其群落结构随时间变化,并推测其与微囊藻有交流作用[378-379]。但通过宏基因组学研究附生细菌在蓝藻藻块中生态地位的相对较少[380]。蓝藻藻块中蓝藻与附生细菌共同组成微生物群落,两者相互作用,可能与蓝藻水华暴发密切相关[378]。也有研究发现附生细菌对蓝藻水华的响应更敏感[378],且附生细菌可预测蓝藻水华暴发。因此,开展蓝藻藻块宏基因组学研究,探索蓝藻与附生微生物的关系,对了解太湖蓝藻水华暴发机制意义重大。

9.1.3 太湖蓝藻水华的宏基因组学研究

很多学者开展了大量的关于蓝藻水华暴发机理的研究,从营养盐、气象因素、生物因子等角度探索蓝藻水华的暴发原因。随着高通量测序技术和宏基因组学的发展,微生物在水体中的重要性逐渐显现,但蓝藻和附生微生物相互作用的机理并未得到重视。本文针对蓝藻水华暴发问题,研究蓝藻藻块中微生物群落,通过宏基因组学探索暴发机制,并结合多种监测数据划分水华暴发阶段,研究不同阶段的微生物特性。宏基因组作为一种强大且方便的工具,已经被用于研究各种环境中微生物和环境的交互。通过分子生物学的方法研究水生微生物群落的组成和功能,已经使许多淡水湖泊的研究产生了突破性进展。然而,很少有宏基因组学研究关注蓝藻藻块中蓝藻和其附生细菌之间潜在的互惠共生关系。因此,这些成分之间的统计关联仍然不清楚,尤其是分子机制上的关系。尽管在先前的研究中已经证实了蓝藻和附着的微生物之间存在互惠关系,但其在分子水平上的关系仍未被证实。16S rRNA 基因高变区测序是一种简便的方法,用于了解蓝藻藻块群落的系统发育组成。同时,对所有蓝藻藻块生物的遗传物质进行测序和分析能够揭示藻块微生物群落中的功能联系。为此,本章收集了太湖蓝藻水华暴发过程中的蓝藻藻块样本,同时进行了 16S rRNA 基因测序和宏基因组测序研究,并结合营养盐、理化和活检等多种数据，对蓝藻水华暴发中存在的优势藻的交替演变现象进行了解释，并探索了蓝藻及其附着细菌在蓝藻水华暴发中分别扮演的角色。

9.1.4 样本采集

太湖蓝藻的暴发主要集中在西北部，因此采样主要集中在太湖西北部水域，从 2015 年 3 月至 2016 年 1 月，我们进行了为期 11 个月的连续采样，覆盖蓝藻水华暴发的一个周期，一共采集了 26 个蓝藻藻块样本，如表 9.1 所示。为了收集样本，在距水面表层 0.5 m 处采集蓝藻水华，用 1.5 mL 无菌移液管将蓝藻水华移至无菌细胞筛网（40 μm）上，再用无菌 0.01 M PBS 充分清洗，重复冲洗 10 遍去除样本中的杂质、浮游细菌和非紧密结合的附生细菌。然后立即进行 DNA 提取。若不能及时提取，则将样本固定在优级纯（Guaranteed Reagent，GR）级别的无水乙醇中，并将其保存在－80 ℃。

为了研究蓝藻水华与环境因子的关系，在采样的同时对水体的 15 个理化指标进行了现场原位测定，如表 9.2 所示。水温（WT）、酸碱度（pH）、溶解氧（DO）、透明度（SD）、浊度（TURB）和蓝绿藻密度（ACD）等指标利用多参数水质测量仪 YSI6600-V2 进行测定。总磷（TP）（GB/T 11893—1989）、总氮（TN）（HJ 636—2012）、铵盐（NH_4^+-N）（HJ 535—2009）、高锰酸盐指数（COD_{Mn}）（GB/T 11892—1989）、生物需氧量（BOD）（HJ 505—2009）、化学需氧量（COD）（GB/T 11914—1989）和叶绿素含量（Chl a）等按照标准的水质分析方法进行分析。同时也记录了包括水位（WL）在内的一些水文特征。因为这些环境因子之间并不是相互独立的，所以首先对这 15 个环境因子之间进行了内部的 Spearman 关联性分析，然后筛选出其中 8 个因子进行归一化后再参与后续的与蓝藻藻块组成的关联分析。

表 9.1 太湖蓝藻藻块的采样信息

采样日期	2015 年 3 月	2015 年 4 月	2015 年 5 月	2015 年 6 月	2015 年 7 月	2015 年 8 月	2015 年 9 月	2015 年 10 月	2015 年 11 月	2015 年 12 月	2016 年 1 月
样本名	150304.1 150304.2 150306	150402 150409.1 150409.2 150420 150427	150504 150514.1 150514.2 150521	150608.1 150608.2 150615	150701	150806 150804	150902	151028	151123	151211 151222	160104 160119 160127

表 9.2　15 个理化因子的测量值

样本名	WT	pH	SD	DO	TURB	SS	COD_{Mn}	BOD	TN	NH_4-N	TP	Chl a	COD	ACD	WL
150304.1	8.1	7.8	50	12.5	15	12	3.4	3.6	2.2	0.15	0.04	0.015	31	255	2.6
150304.2	7.7	8.06	30	12.2	45	33	4.5	3.5	2.45	0.14	0.05	0.012	32	291	2.2
150306	8	7.69	30	11.9	50	31	7.1	4.1	2.87	0.12	0.12	0.015	38	1361	2.6
150402	19.8	8.25	50	10.12	17	5	5.2	3.4	1.51	0.09	0.03	0.009	37	354	3.5
150409.1	13.6	7.82	30	10	25	6	5.4	3.6	2.53	0.2	0.01	0.011	36	422	3.4
150409.2	13.7	7.85	40	10.05	15	5	5	3.4	2.41	0.12	0.01	0.016	34	255	3.3
150420	17	7.55	30	9.83	30	15	5	3.7	2.84	0.08	0.06	0.015	39	435	3.6
150427	21.3	8.75	40	10.24	9	5	5.2	3.8	2.6	0.12	0.05	0.019	45	242	3.8
150504	21.7	8.33	30	9.43	60	48	3.9	2	2.39	0.14	0.05	0.013	24	450	2.2
150514.1	22.9	8.67	40	11.25	41	35	5.1	2.4	3.14	0.19	0.05	0.025	48	1252	2.9
150514.2	22.7	8.62	40	10.46	68	50	4.9	3.1	2.84	0.13	0.06	0.029	46	1221	3.4
150521	22.6	8.96	40	12.19	38	17	5.7	3.4	2.9	0.19	0.06	0.029	56	1735	3.5
150608.1	24	8.78	30	7.6	48	12	3.7	2.2	1.97	0.18	0.06	0.032	25	2325	2.4
150608.2	23.8	8.86	40	8.71	51	21	3.6	2.2	1.93	0.18	0.05	0.021	26	955	2.1
150615	26.8	8.84	30	8.2	49	25	4.12	0	2.15	0.16	0.06	0.0247	32.1	1528	3
150701	24.9	8.01	30	8.55	45	35	4.9	5.2	1.99	0.03	0.07	0.016	33	2125	3
150804	32.4	8.51	50	7.3	35	24	2.7	0.8	1.14	0.08	0.01	0.024	24	2202	2.8
150806	32.3	9.63	30	11.2	67	55	4.8	3.1	1.28	0.16	0.11	0.065	28	3123	3.2
150902	28.7	9	30	11.9	99	63	5.5	3	1.18	0.13	0.09	0.1	19	6678	4.2
151028	20	8.95	30	9.1	49	16	4.7	1.9	0.9	0.08	0.1	0.0335	17	3159	3.6
151123	15.1	8.5	40	9.44	30	8	6.2	4.2	2.34	0.19	0.08	0.0445	72.1	6432	5.8

续表

样本名	WT	pH	SD	DO	TURB	SS	COD_{Mn}	BOD	TN	NH_4-N	TP	Chl a	COD	ACD	WL
151211	9.98	8.15	40	9.75	28.5	16	6.34	3.98	2.45	0.18	0.09	0.4165	69.3	20431	5.8
151222	7.1	8.56	30	12.1	55	36	7.21	4.43	3.33	0.25	0.11	0.2321	76.6	8135	5.6
160104	10.2	8.21	30	9.21	47	34	8.01	4.76	4.32	0.3	0.14	0.0763	82.6	6489	5.3
160119	6.34	7.9	20	11.4	62	43	8.21	3.21	4.56	0.27	0.26	0.3245	88.6	10347	5.3
160127	1.21	8.21	40	13.21	34	15	7.01	4.01	4.01	0.291	0.21	0.0321	70.2	2315	5.2

注：WT为水温(Water Temperature)，单位为℃；pH为酸碱度；SD为透明度(Clarity)，单位为cm；DO为溶解氧(Dissolved Oxygen)，单位为mg/L；TURB为浊度(Turbidity)，单位为NTU；SS为悬浮物(Suspended Solids)，单位为mg/L；COD_{Mn}为高锰酸盐指数(Permanganate Index)，单位为mg/L；BOD为生物需氧量(Biological Oxygen Demand)，单位为mg/L；TN为总氮(Total Nitrogen)，单位为mg/L；NH_4-N为铵盐(Ammonium)，单位为mg/L；TP为总磷(Total Phosphorus)，单位为mg/L；Chl a为叶绿素含量(Chlorophyll a)，单位为mg/L；COD为化学需氧量(Chemical Oxygen Demand)，单位为mg/L；ACD为蓝绿藻密度(Algae Cell Density)，单位为10^3/L；WL为水位(Water Level)，单位为m。

9.1.5 半定量活检和扫描电镜分析

为了确定蓝藻藻块中主要的藻类，我们在光学显微镜下鉴定了蓝藻藻块中的蓝藻成分，并根据形态学和半定量活检的方法估计它们的相对丰度。具体来说，首先用移液管将 0.1 mL 摇匀后的蓝藻藻块样本移至计数框，通过光学显微镜进行蓝藻分类鉴定。鉴定方法采用随机半定量方法，即将多个藻块(多于 100 个)移至离心管(50 mL)中，使用戊二醛(2.5%，4 ℃)固定过夜，再用 PBS 缓冲液(pH=7.3)冲洗 3 遍。每次冲洗后将其与无水乙醇均匀混合，然后弃上清液。最后用扫描电镜(S-3000N，Japan)对固定好的蓝藻藻块进行组成鉴定，并统计各种蓝藻的数目。

9.1.6 DNA 提取与高通量测序

为了从蓝藻藻块中提取 DNA，我们遵循以下步骤：①用胍硫氰酸酯和 N-月桂酰肌氨酸(SIGMA)溶解 200 mg 的蓝藻藻块；②在 70 ℃孵化 1 h；③使用磁珠进行振荡离心，将上清液转移到一个新的 500 μL 的试管中，试管中提前加入了提取缓冲液(TENP 混合物，包括 ddH2O、盐酸、hcl、EDTA、NaC、PVPP 和水)，重复该步骤 3 次；④把所有的上清液进行高速离心，产生的上清液在 4 ℃的温度下用异丙醇沉淀一晚；⑤沉淀后的混合物再以高速离心的方式进行离心，丢弃掉上清液，并在沉淀物中添加磷酸盐缓冲液和醋酸钾，在冰上冷却数小时；⑥加入乙醇和醋酸钠，并将混合物储存在−20 ℃下数小时；⑦将混合物高速离心，用 70%的乙醇清洗产生的 DNA 沉积两次；⑧将 DNA 溶解并保存在 TE 缓冲区(AM9849)。

为了描述藻块中的微生物组成，我们对 16S rRNA 的 V4 区(250 bp)进行了扩增测序。PCR 扩增条件和引物参照之前发表的论文中的描述。纯化的扩增子在深圳华大基因的 Illumina MiSeq PE250 测序仪上进行了测序。序列已经上传至 NCBI，SRA (Sequence Read Archive)序列号是 SRP129864。为了描述藻块中的微生物功能，我们提取 2 μg 的 DNA 参照《Illumina TruSeq DNA Sample Prep v2 Guide》进行了 350 bp 插入片段长度的建库。建库质量通过 Agilent bioanalyzer with a DNA LabChip 1000 kit 进行评估。所有合格的文库被送到华大的 Illumina HiSeq2500 进行了双端测序。测序数据已经上传至 NCBI，SRA 序列号是 SRP129300。

9.2 数据分析

9.2.1 16S rRNA 测序数据分析

1. 序列聚类和多样性分析

对于 16S rRNA 得到的测序数据，我们采用 QIIME 对其进行分析，基本分析流程见 2.1 节。简单来说，首先根据 barcode 信息对测序数据进行拆分，得到各个样本的测序数据。其次，过滤掉测序质量低于 20 和测序长度小于 200 的序列。去嵌合体之后，通过基于参考序列的 OTU 聚类方法以 97%的相似度进行聚类。再次，将 OTU 的序列比对到 Greengenes(V201305)数据库中进行物种注释和进化树构建。最后，将序列比对到 OTU 上计算每一个 OTU 在各个样本中的丰度，得到 OTU 表格，并基于 OTU 表格进行多样性分析。对于 alpha 多样性，选用了 Observed OTU，PD whole tree 和 Chao1 3 个指标评估丰富度，选用 Equitability 评估均匀度，选用 Simpson 评估综合 alpha 多样性。并利用 R 软件中的 vegan 包[381-382]，基于 OTU 表格计算这些指标。考虑不同样本的测序深度不同，用样本量最小的样本序列数(～25K 序列)对样本进行抽平和稀疏曲线分析。对于 beta 多样性，选用了 weighted uniFrac 距离来衡量样本之间的物种组成相似性。

2. Partial Mantel 相关性分析

为了确定藻块中蓝藻组成和细菌组成的决定因子，我们分别对蓝藻组成(C)和环境组成(E)、蓝藻组成(C)和细菌(B)组成、细菌组成(B)和环境组成(E)进行了地理位置(G)距离矫正的 Partial Mantel 相关性分析。首先，我们用 Weighted UniFrac 距离来衡量样本之间的蓝藻组成以及细菌组成的差异性，用欧氏距离(Euclidean Distance)来衡量样本环境组成之间的差异性，用经纬度距离(Vincenty Distance)来衡量样本采样地点之间的位置距离。为了确定独立于地理位置的相关性，采用 R 软件中 vegan 包的 Partial Mantel 检验计算位置矫正的相关性。为了确定藻块中蓝藻组成与环境更相关还是与细菌组成更相关，首先计算地理位置(G)和细菌组成(B)矫正的蓝藻组成(C)和环境组成(E)的 Partial Mantel 相关性，即

R(C,E|G,B)。然后,计算地理位置(G)和环境组成(E)矫正的蓝藻组成(C)和细菌组成(B)的 Partial Mantel 相关性,即 R(C,B|G,E)。最后,比较 R(C,E|G,B)和 R(C,B|G,E)两个 Partial Mantel 检验的 r 值和 P 值,确定环境和细菌中哪个对蓝藻组成影响更大。此外,为了衡量细菌更容易受到蓝藻还是环境的影响,计算了地理位置(G)和蓝藻组成(C)矫正的细菌组成(B)和环境组成(E)的 Partial Mantel 相关性,即 R(B,E|G,C)。并比较 R(B,E|G,C)和 R(C,B|G,E)两个 Partial Mantel 检验的 r 值和 P 值,确定环境和蓝藻中哪个对细菌组成影响更大。

3. 结构方程模型构建

为了了解环境变量如何影响蓝藻和细菌的组成,我们基于环境因子测量值以及蓝藻和细菌的多样性指标,构建了结构方程模型(Structural Equation Modeling,SEM)。具体来说,我们首先考虑了一个包括所有合理途径的完整模型,然后顺序消除非重要途径,直到产生最终的显著性模型。在模型构建过程中,采用卡方检验和近似均方根误差来评估模型的拟合效果。SEM 相关分析使用 R 软件中的 lavaan 包进行。

9.2.2 宏基因组测序数据分析

1. 序列拼接与基因预测

宏基因组数据的详细分析流程见 2.3 节。针对蓝藻藻块的宏基因组测序数据,首先对含有 2 个以上 N 碱基的序列和低质量(<20)碱基数超过 20%的序列进行过滤。过滤后的高质量序列利用 Megahit(V1.0.5)进行拼接,参数为-min-contig-len=150,--k-min=27,--k-max=123,--k-step=8,-min-count=1。拼接后的序列用 MetaProdigal(V2.6.3)采用默认参数进行基因预测,并将高质量序列利用 Bowtie2 比对到预测到的基因上,计算基因的深度。

2. 物种和功能分析

将预测到的基因利用 Diamond 比对到 NCBI 的微生物(细菌,古细菌,真菌和病毒)非冗余基因组数据库,从而对各样本中的物种组成进行注释分析,生成 m8 文件。将比对结果上传到 Megan,采用 weighted-LCA 算法进行物种丰度谱的计算。同时,将预测到的基因注释到 KEGG 和 SEED 数据库,得到功能数据库各个级别功能分类上的丰度。

9.2.3 两种优势藻藻块的比较分析

1. 样本分组

根据蓝藻藻块样本的半定量活检结果，两种蓝藻属长孢藻（Dolichospermum）和微囊藻（Microcystis），在从 2015 年 3 月到 2016 年 1 月的采样期间，交替占据优势藻地位。2015 年 3 月到 5 月初，长孢藻是优势藻；2015 年 5 月中到 12 月底，微囊藻是优势藻；次年 1 月初到 1 月末，长孢藻再次成为优势藻。因此，26 个藻块样本可以根据半定量活检得到的优势藻属组成，并通过 k-均值聚类算法将其分为两类：长孢藻优势藻藻块（Dolichospermum-dominated CA，DCA）和微囊藻优势藻藻块（Microcystis-dominated CA，MCA）。另外，我们也对环境因子进行了聚类分析，来验证样本划分的合理性。

2. 物种和生态网络的比较分析

首先，我们对 DCA 和 MCA 中通过 16S rRNA 测序分析得到的长孢藻和微囊藻的丰度进行了比较；然后，采用 Wilcoxon 秩和检验，检测了在 DCA 和 MCA 中丰度存在显著差异的细菌。另外，我们对两组样本的 alpha 多样性也进行了差异检验。在显著性检验中，P 值小于 0.05 定义为显著性阈值。我们通过 rrnDB 数据库[383]估计每个 OTU 的拷贝数，并计算每个样本的平均拷贝数[384]。对于数据库中没有 16S rRNA 拷贝信息的 OTU，用其父辈的拷贝数代替。对于数据库中有拷贝信息的 OTU，用其子代的平均拷贝数作为其拷贝数。样本的平均 16S rRNA 拷贝数为每个 OTU 的拷贝数乘以其相对丰度并把样本中所有 OTU 的结果相加。然后，我们对 DCA 和 MCA 中样本的 16S rRNA 平均拷贝数进行了 Wilcoxon 秩和检验。

为了比较在 DCA 和 MCA 中构建的生态网络，我们利用网络分析软件 MENA（Molecular Ecological Network Analysis）[157,385-386]分别对 DCA 和 MCA 进行网络构建。首先，计算任意两个 OTU 之前的皮尔森相关系数（Pearson Correlation Coefficient，PCC）；然后，进行置换检验，计算 PCC 的显著性，当两个 OTU 之间的 PCC 显著（FDR$<$0.05）时，两个 OTU 之间存在一条边；最后，利用 Cytoscape 中的网络分析插件对在 DCA 和 MCA 中构建的生态网络进行网络拓扑特性比较分析。

3. 功能比较分析

为了比较DCA和MCA代谢通路的差异,我们利用基因集富集分析(Gene Set Enrichment Analysis,GSEA)进行KO(KEGG Ontology)富集分析。具体来说,首先获取KEGG代谢通路文件,包含代谢通路名称和参与对应通路的基因列表,并获取KEGG注释的功能丰度谱文件,将这两个文件作为GSEA的输入文件。定义P值小于0.05为显著性阈值。另外,考虑不同的代谢通路之间可能有共享的基因,因此,我们基于不同代谢通路重合的基因数目与基因丰度,衡量代谢通路之间的关系。

9.3 主要结果

9.3.1 数据描述和环境数据分析

如表9.1所示,从2015年3月到2016年1月的调查期间,我们从太湖中共收集了26个蓝藻藻块样本,该时间段覆盖了蓝藻水华暴发的一个周期。对收集到的样本分别进行了16S rRNA基因测序和WGS宏基因组测序。其中,由于150304.2的DNA总量较少,故仅对其进行了WGS宏基因组测序。样本测序之后,总共产生了610 MB高质量的16S rRNA基因数据(Illumina MiSeq)和198.98 GB高质量的WGS宏基因组数据(Illumina HiSeq)。

另外,采样的同时我们测定了15个理化因子,包括主要的水文特征(WT、pH、SD、TURB、SS和WL)、有机污染物指数(DO、BOD和COD)、还原物质指数(TN、NH4-N和TP)、高锰酸盐指数(COD_{Mn})和藻类指数(BOD和Chl a),如表9.2所示。WT、TN和TP在采样时间内表现出显著的动态。WT先上升,2015年8月开始下降;相反,TN先下降,2015年11月开始上升;TP保持相对稳定,直到2015年12月开始上升。这些环境因素的Spearman相关性表明,一些因素之间具有较强或者中度的相关性,包括TP和Chl a(0.52)、TN和TP(0.60),以及WT和TN(−0.69)。基于这些环境因素的测量值,我们也可以将样品分为两组,且该分组结果与按照优势藻属分类的结果基本一致。

9.3.2 优势蓝藻属的交替演变

为了监测蓝藻的季节变化，通过半定量活检的方式对时间序列的蓝藻藻块样本中的蓝藻种类进行标签和定量。调查期间，我们共检测到微囊藻属、长孢藻属、束丝藻属、游丝藻属、浮丝藻属、拟浮丝藻属等6个蓝藻属，水华微囊藻(M. flos-aquae)、鱼害微囊藻(M. ichthyobabe)、铜绿微囊藻(M. aeruginosa)、惠氏微囊藻(M. wesenbergii)、片状微囊藻(M. panniformis)、挪氏微囊藻(M. novacekii)、放射微囊藻(M. botrys)、绿色微囊藻(M. viridis)和史密斯微囊藻(M. smith)等微囊藻属的9个常见种，水华长孢藻(D. flos-aquae)和清河长孢藻(D. qinghe)等长孢藻属的2个常见种。物种相对丰度详见表9.3。

观察发现长孢藻属(出现了2个种)和微囊藻属(出现了8个种)在所有的样本中占据藻类的绝对优势，即两种属的丰度占总藻丰度的98%左右。另外，这两种优势蓝藻属呈现了交替演变的现象，其中冬春季以长孢藻为优势藻，夏秋季微囊藻为优势藻。也就是说，蓝藻藻块的优势藻在五月初会由长孢藻变为微囊藻，在12月末又会由微囊藻变回长孢藻，如图9.1(a)所示。更为详细地，在2015年3月、2015年4月，长孢藻是蓝藻藻块中的优势藻，平均相对丰度为59%，而在其他月份其平均相对丰度仅为5.8%。在2015年5月—2015年12月，微囊藻是蓝藻藻块中的优势藻，平均相对丰度为93.6%，而在其他月份其平均相对丰度为38.2%。根据这一现象，26个蓝藻藻块样本可以被划分为两组：长孢藻占优势物种的蓝藻藻块(Dolichospermum-dominated Cyanobacterial Aggregates，DCA)和微囊藻占优势物种的蓝藻藻块(Microcystis-dominated Cyanobacterial Aggregates，MCA)。MCA包含15个样本，主要对应于2015年5—12月，即水华暴发较为严重的时间段，而DCA包含11个样本，主要对应其余时间段，该时间段水华暴发得相对较弱。根据16S rRNA测序数据分析得到的蓝藻组成结果显示，87.5%的MCA样本都是微囊藻占优势地位，90%的DCA样本都是长孢藻占优势地位，如图9.1(b)所示。

彩图9.1

表 9.3 样本半定量活检得到的优势物种的相对丰度

样本名	M. ic	M. f	M. w	M. a	M. p	M. n	M. b	M. vi	D. f	D. q	Pa. l	Ps. r	A. f
150304.1	0	0.07	0	0.14	0	0	0	0	0.79	0	0	0	0
150304.2	0.14	0.36	0	0	0	0	0	0	0.5	0	0	0	0
150306	0.04	0.06	0	0.02	0	0	0	0	0.88	0	0	0	0
150402	0.05	0.1	0	0.25	0	0	0	0	0.45	0	0.15	0	0
150409.1	0.03	0.04	0	0.43	0	0.04	0	0	0.45	0	0	0	0
150409.2	0.12	0.32	0	0.04	0.03	0	0	0	0.48	0	0.01	0	0
150420	0.13	0.42	0	0.06	0	0	0	0	0.32	0	0.03	0	0.04
150427	0.24	0.2	0	0.02	0.04	0.04	0	0	0.39	0	0.04	0	0.04
150504	0.34	0.26	0.04	0	0.04	0.02	0	0	0.21	0	0.08	0	0.02
150514.1	0.3	0.57	0	0.11	0	0	0	0	0.03	0	0	0	0
150514.2	0.1	0.71	0	0.03	0.03	0.02	0	0	0.1	0	0	0	0
150521	0.35	0.58	0	0.01	0.02	0.01	0	0	0.04	0	0	0	0
150608.1	0.1	0.69	0.06	0	0.04	0	0	0	0.1	0.02	0	0	0
150608.2	0.08	0.75	0.07	0	0.07	0	0	0	0.01	0.01	0	0	0
150615	0.11	0.71	0.09	0	0.08	0	0	0	0.01	0	0	0	0
150701	0.41	0.19	0.2	0.16	0	0.01	0	0.01	0	0	0	0.01	0
150804	0.4	0.36	0.07	0.14	0	0.04	0	0	0	0	0	0	0
150806	0.26	0.18	0.22	0.27	0.02	0.04	0	0.01	0	0	0	0.01	0
150902	0.12	0.07	0.42	0.24	0.12	0.04	0	0	0	0	0	0.01	0
151028	0.01	0.09	0.1	0.5	0.13	0.03	0.01	0.02	0.11	0	0	0	0
151123	0	0.11	0.08	0.18	0.03	0.59	0	0	0	0	0	0	0

续 表

样本名	M. ic	M. f	M. w	M. a	M. p	M. n	M. b	M. vi	D. f	D. q	Pa. l	Ps. r	A. f
151211	0.21	0.31	0	0	0	0.47	0	0	0.01	0	0	0	0
151222	0.14	0.58	0	0.03	0	0.03	0	0	0.22	0	0	0	0
160104	0.03	0.51	0.01	0.03	0	0	0	0	0.41	0	0	0	0
160119	0	0.06	0	0	0	0	0	0	0.94	0	0	0	0
160127	0	0.06	0.01	0.04	0	0.03	0	0	0.85	0	0	0	0

注：M 为微囊藻（Microcystis），D 为长孢藻（Dolichospermum），M. ic 为鱼害微囊藻（M. ichthyoblabe），M. f 为水华微囊藻（M. flos-aquae），M. w 为惠氏微囊藻（M. wesenbergii），M. a 为铜绿微囊藻（M. aeruginosa），M. p 为片状微囊藻（M. panniformis），M. n 为挪氏微囊藻（M. novacekii），M. b 为放射微囊藻（M. botrys），M. vi 为绿色微囊藻（M. viridis），D. f 为水华长孢藻（D. flos-aquae），D. q 为清河长孢藻（D. qinghe），Pa. l 为 Pa. lauterbornii，Ps. r 为 Ps. raciborskii，A. f 为 A. flosaquae。

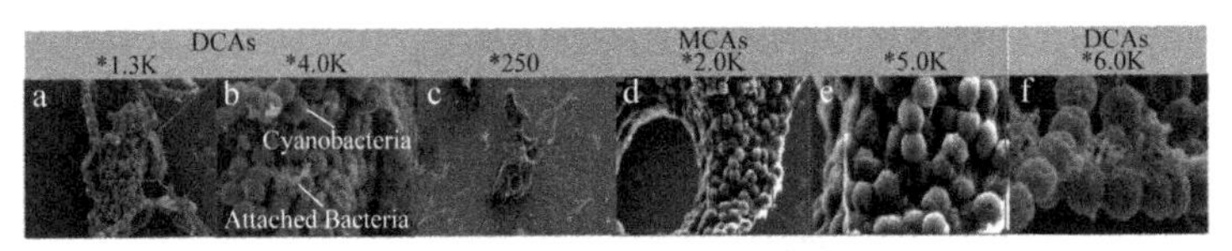

(a) DCA和MCA的电镜图比较

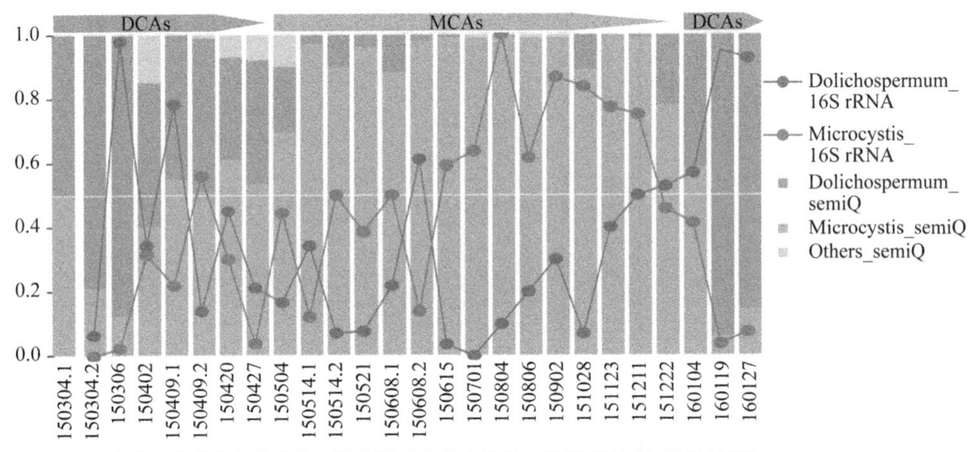

(b) 样本中长孢藻和微囊藻丰度图(曲线为活检结果，柱状图为16S rRNA结果)

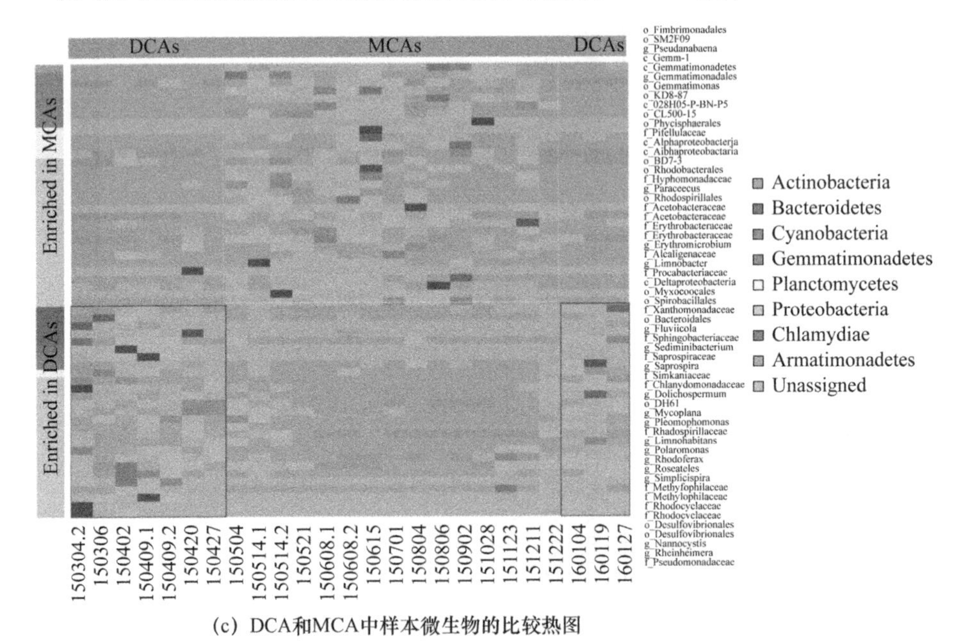

(c) DCA和MCA中样本微生物的比较热图

图 9.1　太湖一个周期内蓝藻藻块优势藻交替演变和附着微生物的演变

9.3.3 附着细菌的交替演变

为了监测蓝藻的季节变化，我们通过半定量活检的方式对时间序列的蓝藻藻块样本中的蓝藻种类进行标签和定量。16S rRNA 测序分析显示 3 种优势微生物门是蓝藻门 Cyanobacteria(39.3%)、变形菌门 Proteobacteria(33.2%)和拟杆菌门 Bacteroidetes(20.5%)，合计占比 93%，如图 9.2(a)所示。通过宏基因组测序数据拼接后的 Contigs 物种注释也得到了类似的结果，两种测序分析的物种在门水平上相对丰度的相关性大于 0.85，如图 9.2(b)和图 9.2(c)所示。从物种组成上来看，两组样本 MCA 和 DCA 共有的 OTU 有 4 733 种，但是 MCA 样本独有的 OTU(5 877)远远比 DCA 独有的 OTU(2 114)多。根据多样性结果，MCA 样本的 alpha 多样性指数要显著高于 DCA 的，如图 9.3(a)所示，这意味着微囊藻藻块中附着了更多种类的细菌，形成了更加复杂的藻际微环境。此外，我们评估了每一个样本的群落组成 16S rRNA 加权平均拷贝数，如图 9.3(b)所示，并对两组样本的样本平均拷贝数的差异性进行了检验。Wilcoxon 秩和检验结果显示 DCA 样本比 MCA 具有显著更高的 rRNA 拷贝数($P=0.001\,8$)。

为了检测蓝藻藻块中附着的微生物对优势藻属的特异性，我们对 MCA 和 DCA 中的微生物进行了秩和检验，检测在两组样本中丰度存在显著差异的物种(FDR<0.05，1 000 次置换检验)。根据检验结果可知，有 31 个微生物属在 MCA 样本中显著富集，同时有 27 个微生物属在 DCA 样本中显著富集，如图 9.1(c)所示。对富集的微生物进行物种注释后，从富集微生物的物种组成上来看，变形菌属占较大比例。在 MCA 中富集的 31 个属中，19 个是变形菌属。而在 DCA 中富集的 27 个属中，17 个是变形菌属。

彩图 9.2

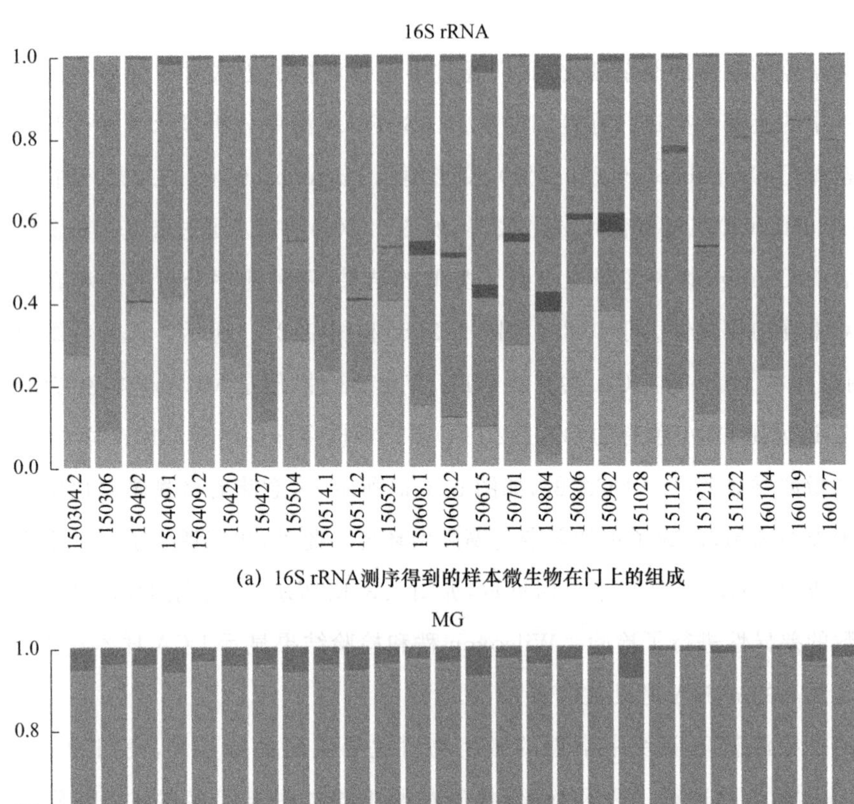

(a) 16S rRNA测序得到的样本微生物在门上的组成

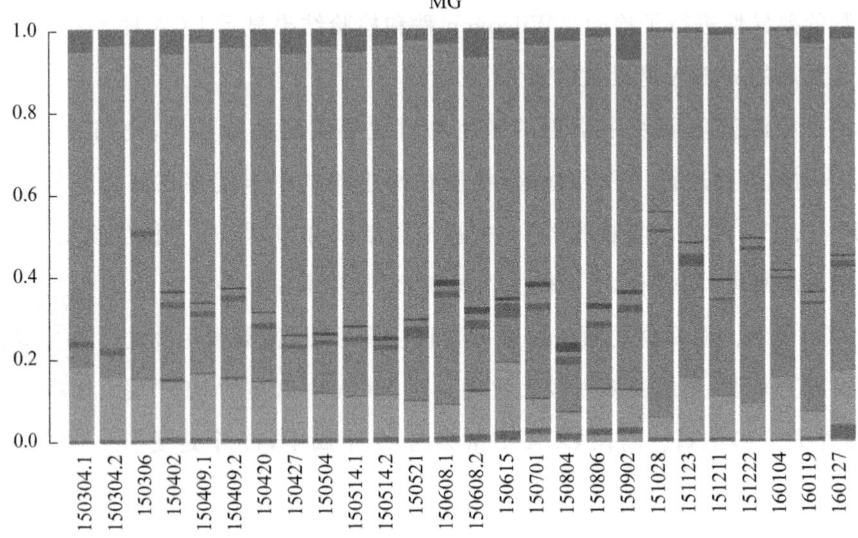

(b) WGS宏基因组测序得到的样本微生物在门上的组成

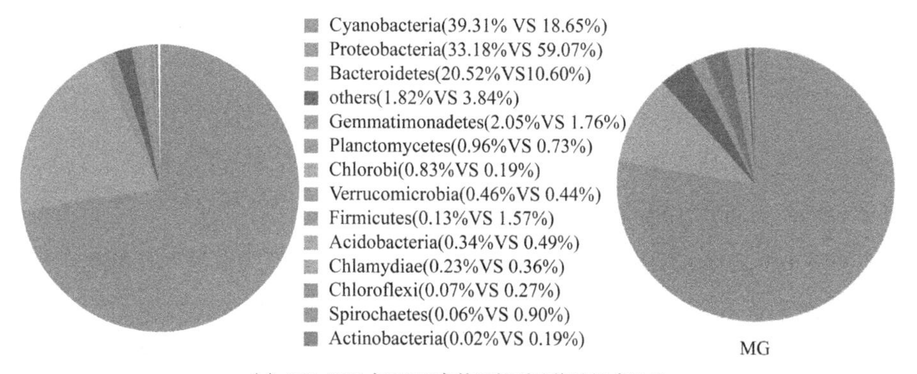

(c) 16S rRNA与WGS宏基因得到的物种组成比较

图 9.2 样本物种组成情况和物种多样性变化

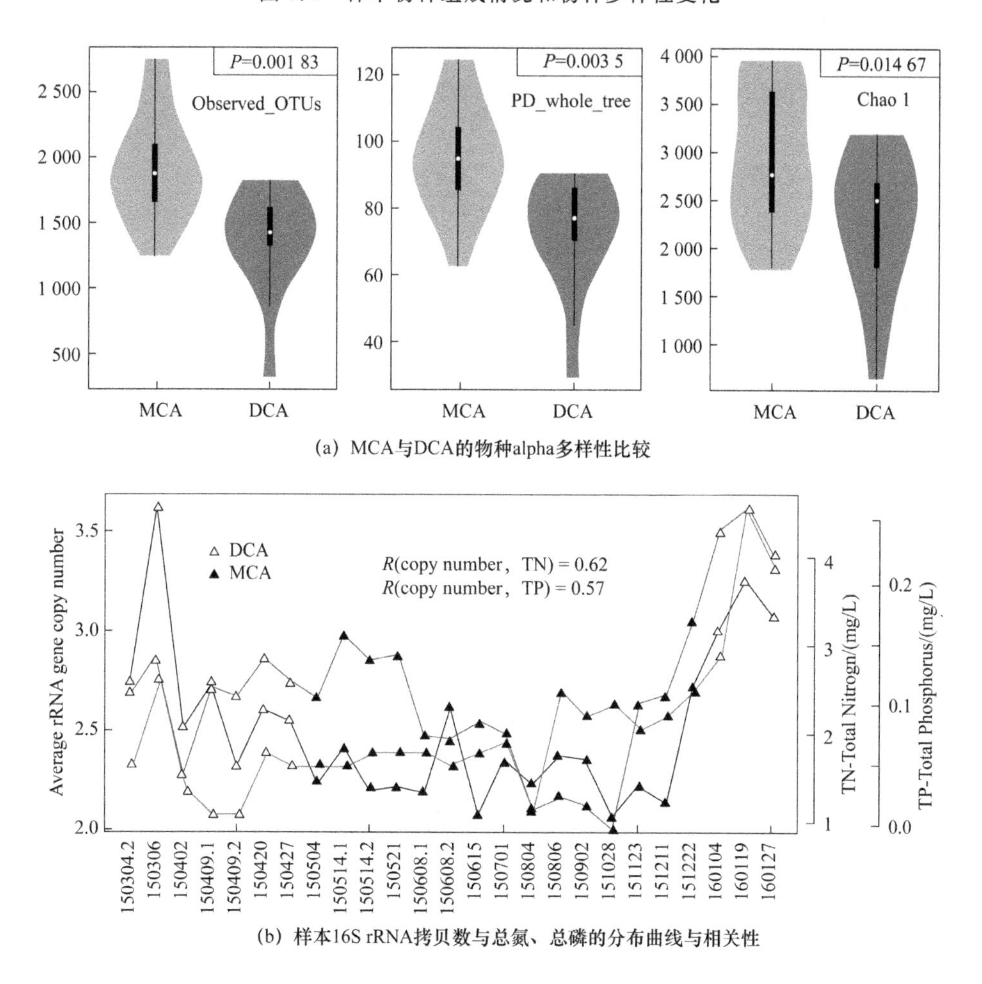

(a) MCA与DCA的物种alpha多样性比较

(b) 样本16S rRNA拷贝数与总氮、总磷的分布曲线与相关性

图 9.3 样本物种组成情况和物种多样性变化

9.3.4 生态网络的交替演变

为了研究不同藻属藻块的生态网络，我们分别对 DCA 和 MCA 构建了生态网络，如图 9.4 所示，并进行了网络拓扑结构分析，如表 9.4 所示。网络分析显示，长孢藻和微囊藻在网络中都占据关键地位，如图 9.5 所示，表明了它们作为蓝藻属在藻块中扮演着重要的生态角色。长孢藻属有 11 个相关联的微生物属，包括 10 个变形菌门(Proteobacteria)下的属和 1 个绿弯菌门(Chloroflexi)下的属。而且，除了伯克氏菌属(Burkholderia)之外的其他 10 个属都是与长孢藻正相关的。微囊藻属有 12 个正相关的邻居和 5 个负相关的邻居，包含 13 个变形菌门(Proteobacteria)下的属，2 个芽单胞菌门(Gemmatimonadetes)下的属，1 个绿菌门(Chlorobi)下的属和 1 个没有注释信息的属。

彩图 9.4

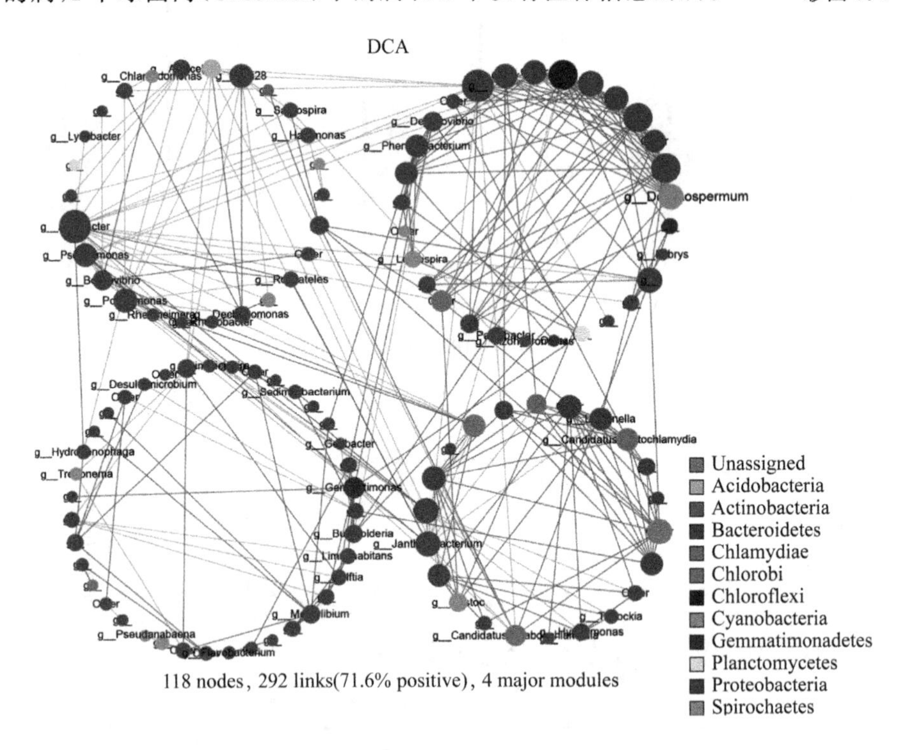

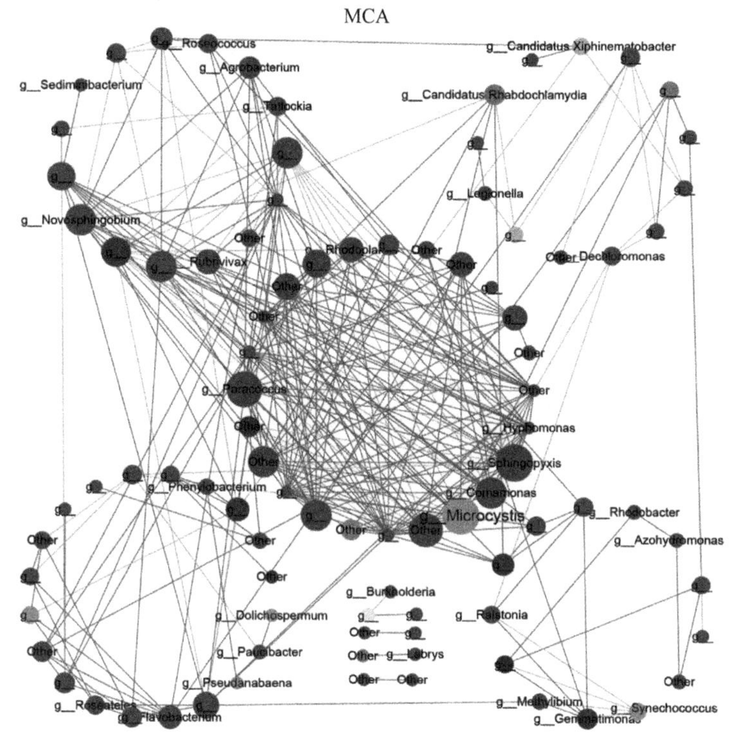

94 nodes, 307 links(80.1% positive), 5 major modules

图 9.4 MCA 和 DCA 的生态网络

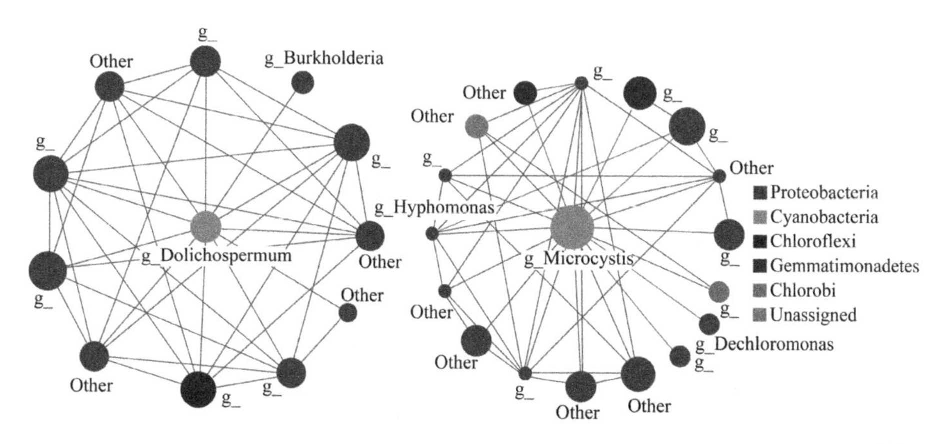

图 9.5 与长孢藻和微囊藻相关的细菌

彩图 9.5

基于 DCA 样本构建的微生物共出现网络中包含 118 个属和 292 条边，而 MCA 的生态网络中包含 94 个属和 307 条边。其中

MCA 网络中负相关边的比例(19.9%)比 DCA 网络中负相关边的比例(28.4%)要低,表明在 MCA 群落中更多的微生物是以互利共生的状态存在的,以更好地在水华严重暴发状态下生存。如表 9.4 所示,MCA 网络的平均聚集系数为 0.23,显著高于同等规模的随机网络(0.056)。同时,其特征路径长度是 4.2,比同等规模的随机网络高一些(2.6)。DCA 网络中也存在相似的结论,这表明了在蓝藻藻块网络中,大多数的微生物都是高度相依、密切联系的。

表 9.4 MCA 和 DCA 中微生物网络的拓扑特征统计

网络	DCA	MCA
节点数	118	307
边数	292	94
模块数	5	9
正相关边比例	71.6%	80.1%
负相关边比例	28.4%	19.9%
幂律 R^2	0.82	0.73
平均聚集系数	0.22	0.23
平均自由度	4.94	6.53
平均路径长度	4.20	3.29
网络密度	0.04	0.07

9.3.5 蓝藻藻块组成变化的驱动因子

为了确定引起蓝藻藻块组成变化的独立于地理位置的驱动因子,我们对样本的各个组分的相似性与各个样本的环境因子相似性进行了 Partial Mantel 检验,结果如图 9.6(a)所示,其中,OTU 表示由 16S rRNA 测序得到的物种组成,mOTU 表示由 WGS 宏基因组得到的物种组成,Genes 表示由 WGS 宏基因组得到的功能组成。总体来说,总磷(TP)、总氮(TN)、水温(WT)和溶氧量(DO)与蓝藻藻块的物种组成之间显著性相关最强($P<0.01$),Mantel 相关系数 r 分别为 0.54、0.52、0.47 和 0.46。另外,代表季节性变化的水位 WL 与蓝藻藻块功能组成之间显著性相关($P<0.01$),Mantel 相关系数为 $r=0.25$。根据水温 WT 和总氮 TN 的动态变化,当水温 WT 值较低且总氮 TN 较高时,长孢藻是蓝藻藻块的优势属。相反,

当水温 WT 较高且总氮 TN 较低时，微囊藻是蓝藻藻块的优势属。

另外，我们分别对蓝藻组成和环境组成、蓝藻组成和细菌组成、细菌组成和环境组成之间进行了地理位置距离矫正的 Partial Mantel 相关性分析。结果显示蓝藻组成与环境因子的相关性（Mantel 相关系数 $r=0.85$，$P=0.001$）比与细菌组成的相关性（Mantel 相关系数 $r=0.76$，$P=0.001$）更高。而细菌组成与蓝藻组成的相关性（Mantel 相关系数 $r=0.76$，$P=0.001$）比与环境因子的相关性更高（Mantel 相关系数 $r=0.27$，$P=0.017$）。为了构建细菌 alpha 多样性的驱动机制，我们进行了结构方程模型的构建，结果如图 9.6(b)所示。蓝藻的 alpha 多样性是细菌 alpha 多样性最主要的影响因子（标准路径稀疏为 0.40，$P<0.05$）。结构方程模型的结果与 Partial Mantel 检验的结果一致，均表明蓝藻藻块中蓝藻组成主要受环境因子（总氮 TN，总磷 TP 和水温 WT 等）影响，而蓝藻藻块中附着的细菌组成主要受蓝藻组成影响。

彩图 9.6

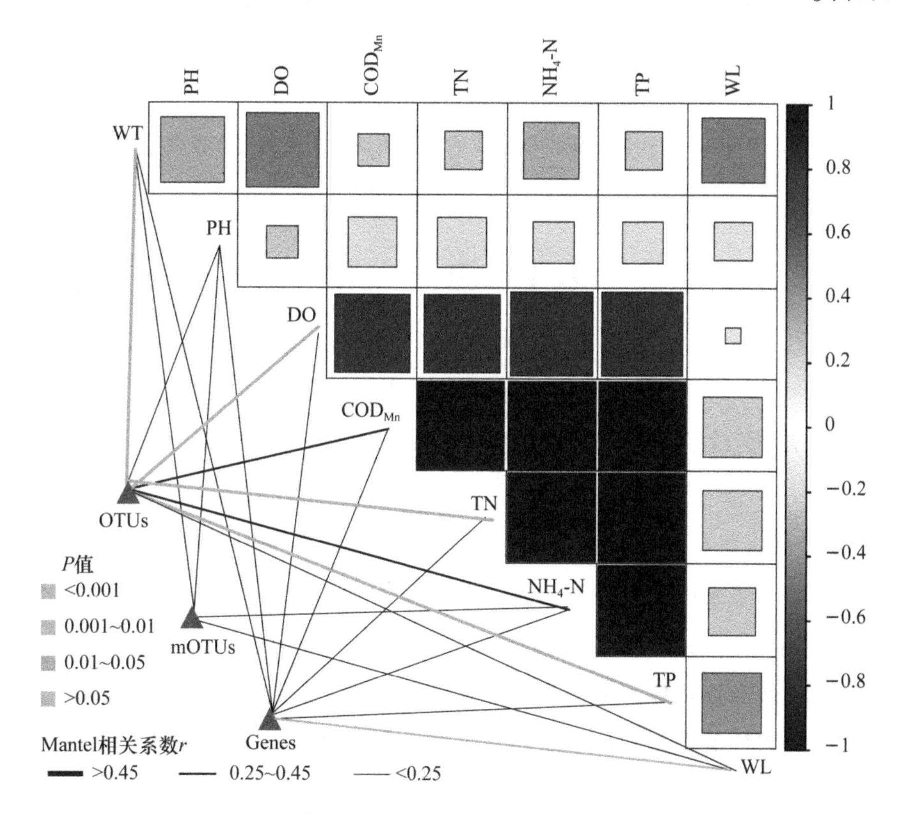

(a) 环境因子与样本物种组成和功能组成的相关性

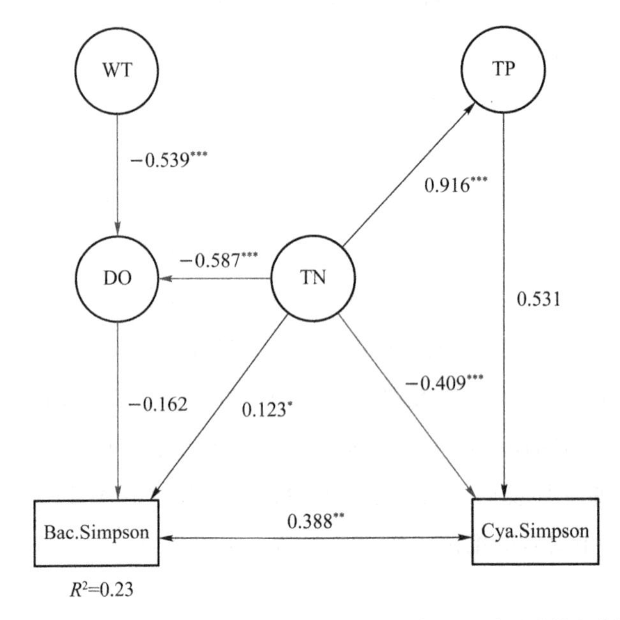

(b) 细菌多样性组成和蓝藻多样性组成以及环境因子之间的结构方差模型

图 9.6　蓝藻藻块微生物组成的环境驱动因子与结构方程模型

9.4　讨　　论

9.4.1　水华中不同藻属的季节演变现象

太湖蓝藻水华呈季节性变化,即微囊藻和长孢藻之间的优势蓝藻属交替演替。总氮、总磷和水温是影响交替演替的 3 个主要因素。这证实了以前在太湖和其他水生态系统中记录的蓝藻不同优势属或不同优势微囊藻的演替现象[387-396]。以前的研究表明,微囊藻在夏季和秋季的蓝藻水华中占主导地位[397-398]。在实验室研究中,从太湖分离的微囊藻和长孢藻的共培养实验证明,两个蓝藻属之间具有种间竞争关系[393]。此外,滇池研究表明,温度、总氮和总磷与水华束丝藻(Aphanizomenon flos-aquae)和铜绿微囊藻(Microcystis aeruginosa)的交替演替过程最相关[395]。在富营养的饮用水供应水库中,我们发现了总磷水平和与季节性相关的参数,即温度和太阳辐射，触发了蓝藻优势物种微囊藻（Microcystis）和长孢藻(Dolichospermum)之间的演替[394]。这些结果表明，不同蓝藻属物种的交替演替可能是蓝藻水华暴发过程中普遍存在的现象，并且这种演替主要受环境因素(如水温和营养浓度)的驱动。

当总氮含量较高时，长孢藻在蓝藻藻块中占主导地位，且整个微生物群落的物种数量比微囊藻占主导地位时的数量明显要少，这个现象与“资源－比率”理论一致，即“资源越多，物种数量越少”[399]。“资源-比率”理论已经在实验室培养的微生物群落实验中被证实[400]。已经有培养实验[401-402]和微生物群落研究表明，微生物的 rRNA 操纵子拷贝数会随着可获得的营养充足性发生变化[403]。而整个微生物群落平均的 rRNA 操纵子拷贝数也会随着时间的推移在生态演替中发生变化，而且其变化规律间接地与资源可用性的变化显著相关。太湖蓝藻藻块的微生物群落分析结果也表明，在高氮水平即营养盐充足的条件下，平均 rRNA 拷贝数较高，且样本的平均拷贝数与总氮呈正相关关系。这一结果支持并进一步验证了之前的理论。

9.4.2 蓝藻和附着细菌的共生关系

我们的分析表明，附着细菌与蓝藻组成的相关性比蓝藻组成与环境的相关性更为密切。蓝藻与其附着细菌之间的关系以前曾被研究过[404-406]，这些研究都表明细菌和蓝藻群落组成之间有高度的相关性。在这里，我们的生态网络分析并揭示了长孢藻和微囊藻藻际环境中的网络小世界。微生物之间网络小世界的特性，曾在海洋微生物群落研究中被报道过[407]，这一属性使得群落对扰动更加稳健。然而，长孢藻和微囊藻藻块中附着的细菌大多数在现有的基因组数据库中未找到，这说明了我们对蓝藻相关细菌的认识非常有限。另外，生态网络分析发现伯克霍尔德菌(Burkholderia)与长孢藻间存在相关性，它曾被报道过与蓝藻存在共存关系[408]。伯克霍尔德菌属的基因组注释表明，很多 Burkholderia 属下的物种，如 Burkholderia pseudomallei、Burkholderia mallei 和 Burkholderia thailandensis 等，都能进行反硝化作用[409]，因此，它们可以通过氮代谢通路与长孢藻关联。脱氯单胞菌(Dechloromonas)与微囊藻间存在相关性，它的基因组具有大量的环境传感器和信号传导途径[410]。两种脱氯单胞菌菌株还被报道其会以硝酸盐作为电子受体完成各种单芳族化合物的矿化[411]。这些结果表明氮循环通道作为一种功能链接的重要性,从而形成蓝藻和它们紧密附着的细菌之间的互惠关系。基于各种培养实验,氮也已经被广泛地报道为影响蓝藻水华的最重要因素之一[412-414]。然而,很少有研究已经确定蓝藻藻块中的氮循环途径。在这里,我们的宏基因组分析表明,蓝藻藻块中蓝藻和细菌形成了共氮代谢通路。

在生态网络分析中,2 个芽单胞菌属(Gemmatimonas)被发现与微囊藻存在正相关关系,芽单胞菌属是表征该期间的特有种类。芽单胞菌属通过出芽的方式繁殖,是一类革兰氏阴性细菌[415]。芽单胞菌属下的一个种 Gemmatimonas phototrophica(AP64^{T})曾在淡水水体中被分离出来,其主要的固碳通路是兼性异氧的微生物,但它被发现可以利用蓝藻素(Cyanophycin)和海藻糖(Trehalose)作为能量贮存物质[416]。芽单胞菌属下的另一个种 Gemmatimonas aurantiaca 曾在污水处理系统的活性污泥中被发现,其细胞胞内被证明可以聚集大量如多磷酸盐(Polyphosphate)等的贮存物质[417]。芽单胞菌属(Gemmatimonas)的这些特征可能是其与微囊藻共生的重要原因。尽管芽单胞菌属已被发现附着于微囊藻群体颗粒上[418-419],且我们的网络分析证明它与微囊藻之间存在正相关关系,但是关于芽单胞菌属与微囊藻相互作用的具体机制,目前还不是很清楚。后续需要进行全基因组分析,可能会有进一步的发现。

在环境因子相关性分析中,我们检测到了一些已知的关系,如悬浮固体和浊度(Spearman 相关系数为 0.89)或藻类细胞密度和叶绿素 a(Spearman 相关系数为 0.94)。这在一定程度上证明了环境因子数据测量的可靠性。部分曼特尔检验(Partial Mantel Tests)和结构方程模型(SEM)分析均表明,藻块中附着的细菌组成与蓝藻组成的相关性比与蓝藻组成环境因素的相关性更高。以前的研究表明,环境介导的交替演替蓝藻很可能会导致其附着细菌变化,而我们的研究结果证实了这一猜测。以前的研究认为营养物质浓度可通过影响细菌生长直接影响藻块中的细菌[420]。然而,在我们的研究中,蓝藻与细菌的相关性更为显著,营养物质可能通过影响蓝藻种群而对细菌产生间接影响。

受富营养化的影响而产生的水污染问题,会导致多个相互作用的微生物群落存在的复杂淡水生态系统失衡。全球范围内蓝藻水华的发生频率不断上升,影响范围逐渐扩大,不断地对研究人员和环境管理者提出新的挑战和警告。与以前在太湖和世界上许多湖泊的研究相一致,本研究表明,两个蓝藻属(长孢藻和微囊藻)

可以在不同季节的蓝藻藻块中交替演替，其方式依赖于温度和营养素的变化。此外，无论是基于微生物群落组成的生态网络分析还是基于基因水平上的共代谢通路分析，蓝藻及其附着的细菌之间存在共生关系。利用这些结果，我们发现了蓝藻藻块各个成分的共依存性。进一步研究附着细菌和蓝藻之间的相互依赖性，可能为控制水华暴发提供新的治理思路和潜在的靶标。

本章收集了一个周期的蓝藻藻块样本作为一个整体，进行了 16S rRNA 和宏基因组学测序，分析蓝藻藻块的物种和功能组成。同时结合环境数据和活检数据，对蓝藻水华不同优势藻属的样本进行了比较分析。首先，活检数据揭示了水华暴发时不同优势藻的交替演变现象，并基于该现象对样本进行分组研究。然后，基于样本微生物多样性研究发现了蓝藻藻块附生细菌的宿主特异性和生态网络的演变。接着，基于样本微生物功能基因研究发现了蓝藻藻块中随着优势藻属变化的主要功能基因和代谢通路。最后，基于环境因子相关性研究得到氮对样本组成的影响和蓝藻组成会显著影响附着微生物组成的结论，推导出氮循环是蓝藻和附生细菌的功能纽带，并构建出了共氮代谢通路。本章的结果为蓝藻水华的治理提供了新的思路和靶标。

第10章
总结与展望

10.1 总　　结

理解微生物与环境的交互是微生物群体生态学的一个重要研究课题。由于传统的基于实验室培养的研究方法存在一定局限性，因此，生物学家对微生物群体的动态、新陈代谢的复杂性及真实环境中微生物群落内部的交互知之甚少。宏基因组测序技术的发展使我们能够通过分析测序数据来了解真实环境中的微生物群落，同时也对数据分析方法提出了新的挑战。为了应对该挑战我们需要结合生物学问题，开发出准确、高效的计算工具。

关联分析是探索微生物群落中复杂交互的重要计算手段，它能够帮助生物学家了解微生物之间以及微生物与环境之间数量变化的规律。准确的关联分析不仅需要考虑测序数据自身的特点，如组成成分偏差、过度散布和间接关联等问题；还需要考虑微生物交互的基本事实，如与环境因素紧密联系、随着时间动态变化等特点。

本书通过考虑宏基因组测序数据的特点及微生物交互的生物学特征，探讨了3种关联推断方法，分别为能够检测非对称布尔蕴含关系的BIMS算法、能够同时考虑微生物群落内部及微生物与环境因素关联的mLDM模型和考虑环境因素动态变化的多关联网络推断kLDM模型。BIMS算法能够检测到除简单的线性关系外的更加复杂的关系，适用于复杂生态网络关系的研究。mLDM模型能够考虑组成成分偏差、过度散布、间接关联和环境因素影响，准确推断条件依赖的微生物之间的关联和环境因素与微生物的直接关联。该模型推断出的微生物之间的条件依赖关系去掉了多种因素的间接影响,以帮助生物学家更好地理解微生物群落中的交互。该模型适用于样本量有限、环境条件单一的情况,可以对微生物群落中的关联关系进行准确预测。kLDM模型通过对环境因素分布做假设来推断不同环境条件下的关联网络,从而解决非线性关联问题。该模型估计的环境条件,是综合考虑环境因素、微生物丰度和微生物群落中关联相似性的结果,该结果能够拓展研究人员的分析思路。该模型适用于样本量较大、环境条件复杂的数据集,能够帮助分析微生物群落中的非线性关联。

此外,随着微生物高通量测序数据的积累和人工智能技术的发展,本书进一步探索了新的微生物关联推断方法。利用公开的肠道微生物项目和多种机器学习方法探讨了肠道微生物群和人类变量对多种疾病的分类能力,并将其与环境因素的贡献进行对比,发现了肠道微生物群与不同疾病的关联强度差异并提供了疾病的微生物列表。本书还通过对蓝藻水华微生物的多组学研究,揭示了太湖蓝藻藻块微生物物种和功能结构的动态变化。

10.2 展 望

当前大规模宏基因组数据的积累、多种新型测序技术及分析手段的发展,以及人工智能基因组学大模型的兴起,均为微生物关联推断研究注入了新的动能。尽管本书为基于宏基因组学数据进行微生物关联推断提供了新的思路和工具,并尝试对现有关联推断方法存在的问题加以改进,但是仍然有很多问题需要进一步解决。结合当前宏基因组学的研究热点和发展趋势,本节将探讨潜在的研究方向。

第一个研究方向是对关联推断模型进行优化,使其能够处理超高维度的关联推断问题。随着测序技术的快速发展,读段长度和测序深度都在不断提升,能够捕捉到的微生物种类越来越多,对宏基因组测序样本中所谓“暗物质”的理解也在不断深入。最近有研究人员通过整合多个人类肠道宏基因组数据集,对微生物基因组进行拼接和重构,构建了数千个新的原核生物基因组。可以预见,随着微生物种类的增多,关联推断需要考虑的维度将变得更高。本书提出的层次贝叶斯模型还不能处理超高维度的数据,这些模型需要被进一步简化和扩展,才能够解决未来的高维度关联推断问题。

第二个研究方向是多组学数据结合对关联分析算法提出的挑战。随着宏基因组学研究的不断深入，更多的学者开始结合其他类型的数据，如单细胞测序数据、宏转录组测序数据和生化数据，探究微生物的代谢机制和微生物与宿主的交互作用等深层次问题。尽管本文提出的模型能够同时分析测序数据和环境因素，但是对于如何与单细胞组学数据、宏转录组测序数据、基因突变数据和生化指标等结合进行更细致的关联推断，仍然需要我们进行更深入地探索。

第三个研究方向是结合人工智能基因组学大模型进行更精准的微生物关联推断。本书介绍的关联推断方法主要是基于宏基因组测序的序列丰度变化来分析微生物之间的交互关系，实际上随着微生物全基因组序列的积累，我们可以从基因功能和蛋白结构的角度出发，对微生物之间的关联进行更深层次的解析。当前涌现的蛋白质结构预测工具 AlphaFold 与 ESMFold 及基因组学大模型 Evo，为深入到微生物基因和蛋白功能角度，评估不同微生物的基因与蛋白交互来解析微生物关联机制提供了新的工具。

我们坚信随着微生物关联推断方法的不断进步，未来的研究定能够对微生物群落复杂交互进行更准确的解析。这不仅将加深我们对宿主或自然环境中微生物交互的理解和认识，还可以帮助我们更好地利用和调节微生物群落，为人类健康带来福祉。

参考文献

[1] KELLENBERGER E. Exploring the unknown [J]. EMBO Reports, 2001, 2(1): 5-7.

[2] PACE N R. A molecular view of microbial diversity and the biosphere [J]. Science, 1997, 276(5313): 734-740.

[3] TYSON G W, CHAPMAN J, HUGENHOLTZ P, et al. Community structure and metabolism through reconstruction of microbial genomes from the environment [J]. Nature, 2004, 428: 37-43.

[4] WOOLEY J C, GODZIK A, FRIEDBERG I. A primer on metagenomics [J]. PLoSComputational Biology, 2010, 6(2): e1000667.

[5] DELONG E F. The microbial ocean from genomes to biomes [J]. Nature, 2009, 459: 200-206.

[6] STREIT W R, SCHMITZ R A. Metagenomics—the key to the uncultured microbes [J]. Current Opinion in Microbiology, 2004, 7(5): 492-498.

[7] DESAI N, ANTONOPOULOS D, GILBERT J A, et al. From genomics to metagenomics [J]. Current Opinion in Biotechnology, 2012, 23(1): 72-76.

[8] ZHOU X G, REN L F, MENG Q S, et al. The next-generation sequencing technology and application [J]. Protein & Cell, 2010, 1(6): 520-536.

[9] QUAST C, PRUESSE E, YILMAZ P, et al. The SILVA ribosomal RNA gene database project: Improved data processing and web-based tools [J]. Nucleic Acids Research, 2013, 41(D1): D590-D596.

[10] DESANTIS T Z, HUGENHOLTZ P, LARSEN N, et al. Greengenes, a

chimera-checked 16S rRNA gene database and workbench compatible with ARB [J]. Applied and Environmental Microbiology, 2006, 72 (7): 5069-5072.

[11] COLE J R, WANG Q, FISH J A, et al. Ribosomal Database Project: Data and tools for high throughput rRNA analysis [J]. Nucleic Acids Research, 2014, 42(D1): D633-D642.

[12] SAYERS E W, CAVANAUGH M, CLARK K, et al. GenBank [J]. Nucleic Acids Research, 2021, 49(D1): D92-D96.

[13] MARKOWITZ V M, CHEN I M A, PALANIAPPAN K, et al. IMG: The integrated microbial genomes database and comparative analysis system [J]. Nucleic Acids Research, 2012, 40(D1): D115-D122.

[14] MUKHERJEE S, SESHADRI R, VARGHESE N J, et al. 1, 003 reference genomes of bacterial and archaeal isolates expand coverage of the tree of life [J]. Nature Biotechnology, 2017, 35(7): 676-683.

[15] LANGMEAD B, SALZBERG S L. Fast gapped-read alignment withBowtie 2 [J]. Nature Methods, 2012, 9: 357-359.

[16] LI H. Aligning sequence reads, clone sequences and assembly contigs with BWA-MEM[J]. arXiv preprint arXiv:1303.3997, 2013.

[17] BUCHFINK B, XIE C, HUSON D H. Fast and sensitive protein alignment using DIAMOND [J]. Nature Methods, 2015, 12: 59-60.

[18] WESOLOWSKA-ANDERSEN A, BAHL M I, CARVALHO V, et al. Choice of bacterial DNA extraction method from fecal material influences community structure as evaluated by metagenomic analysis [J]. Microbiome, 2014, 2: 19.

[19] CONSORTIUM T M, EHRLICH S D. MetaHIT: the European union project on metagenomics of the human intestinal tract [M]//NELSON K E, ed. Metagenomics of the Human Body. New York, NY: Springer New York, 2010: 307-316.

[20] TURNBAUGH P J, LEY R E, HAMADY M, et al. The human microbiome project [J]. Nature, 2007, 449: 804-810.

[21] ACINAS S G, SARMA-RUPAVTARM R, KLEPAC-CERAJ V, et al. PCR-induced sequence artifacts and bias: Insights from comparison of two 16S rRNA clone libraries constructed from the same sample [J]. Applied and Environmental Microbiology, 2005, 71(12): 8966-8969.

[22] OULAS A, PAVLOUDI C, POLYMENAKOU P, et al. Metagenomics: Tools and insights for analyzing next-generation sequencing data derived from biodiversity studies [J]. Bioinformatics and Biology Insights, 2015, 9: 75-88.

[23] PENG Y, LEUNG H C M, YIU S M, et al. IDBA-UD: A de novo assembler for single-cell and metagenomic sequencing data with highly uneven depth [J]. Bioinformatics, 2012, 28(11): 1420-1428.

[24] LI D H, LIU C M, LUO R B, et al. MEGAHIT: An ultra-fast single-node solution for large and complex metagenomics assembly via succinct de Bruijn graph [J]. Bioinformatics, 2015, 31(10): 1674-1676.

[25] NURK S, MELESHKO D, KOROBEYNIKOV A, et al. metaSPAdes: A new versatile metagenomic assembler [J]. Genome Research, 2017, 27(5): 824-834.

[26] RHO M, TANG H X, YE Y Z. FragGeneScan: Predicting genes in short and error-prone reads [J]. Nucleic Acids Research, 2010, 38(20): e191.

[27] HYATT D, CHEN G L, LOCASCIO P F, et al. Prodigal: Prokaryotic gene recognition and translation initiation site identification [J]. BMC Bioinformatics, 2010, 11: 119.

[28] MENDLER K, CHEN H, PARKS D H, et al. AnnoTree: Visualization and exploration of a functionally annotated microbial tree of life [J]. Nucleic Acids Research, 2019, 47(9): 4442-4448.

[29] ARNDT D, MARCU A, LIANG Y J, et al. PHAST, PHASTER and PHASTEST: Tools for finding prophage in bacterial genomes [J]. Briefings in Bioinformatics, 2019, 20(4): 1560-1567.

[30] LUO C W, KNIGHT R, SILJANDER H, et al. ConStrains identifies microbial strains in metagenomic datasets [J]. Nature Biotechnology,

2015，33：1045-1052.

[31] LU Y Y，CHEN T，FUHRMAN J A，et al. COCACOLA：Binning metagenomic contigs using sequence composition，read CoverAge，CO-alignment and paired-end read LinkAge [J]. Bioinformatics，2017，33(6)：791-798.

[32] SIEBER C M K，PROBST A J，SHARRAR A，et al. Recovery of genomes from metagenomes via a dereplication，aggregation and scoring strategy [J]. Nature Microbiology，2018，3：836-843.

[33] CAPORASO J G，PASZKIEWICZ K，FIELD D，et al. The Western English Channel contains a persistent microbial seed bank [J]. The ISME Journal，2012，6(6)：1089-1093.

[34] FIERER N，LAUBER C L，RAMIREZ K S，et al. Comparative metagenomic，phylogenetic and physiological analyses of soil microbial communities across nitrogen gradients [J]. The ISME Journal，2012，6(5)：1007-1017.

[35] ANDREOTE F D，JIMÉNEZ D J，CHAVES D，et al. The microbiome of Brazilian mangrove sediments as revealed by metagenomics [J]. PLoS One，2012，7(6)：e38600.

[36] LARSEN P E，COLLART F R，FIELD D，et al. Predicted Relative Metabolomic Turnover (PRMT)：Determining metabolic turnover from a coastal marine metagenomic dataset [J]. Microbial Informatics and Experimentation，2011，1(1)：4.

[37] YANG Y，LI B，JU F，et al. Exploring variation of antibiotic resistance genes in activated sludge over a four-year period through a metagenomic approach [J]. Environmental Science & Technology，2013，47(18)：10197-10205.

[38] MATHIEU A，VOGEL T M，SIMONET P. The future of skin metagenomics [J]. Research in Microbiology，2014，165(2)：69-76.

[39] QIN J J，LI R Q，RAES J，et al. A human gut microbial gene catalogue established by metagenomic sequencing [J]. Nature，2010，464：59-65.

[40] MORGAVI D P, KELLY W J, JANSSEN P H, et al. Rumen microbial (meta)genomics and its application to ruminant production [J]. Animal: an International Journal of Animal Bioscience, 2013, 7 (Suppl 1): 184-201.

[41] HUNTER S, CORBETT M, DENISE H, et al. EBI metagenomics—a new resource for the analysis and archiving of metagenomic data [J]. Nucleic Acids Research, 2014, 42(Database issue): D600-D606.

[42] GILBERT J A, STEELE J A, CAPORASO J G, et al. Defining seasonal marine microbial community dynamics [J]. The ISME Journal, 2012, 6 (2): 298-308.

[43] SUNAGAWA S, COELHO L P, CHAFFRON S, et al. Ocean plankton. Structure and function of the global ocean microbiome [J]. Science, 2015, 348(6237): 1261359.

[44] NIH HMP WORKING GROUP, PETERSON J, GARGES S, et al. The NIH human microbiome project [J]. Genome Research, 2009, 19(12): 2317-2323.

[45] PROCTOR L M. The human microbiome project in 2011 and beyond [J]. Cell Host & Microbe, 2011, 10(4): 287-291.

[46] HUTTENHOWER C, GEVERS D, KNIGHT R, et al. Structure, function and diversity of the healthy human microbiome [J]. Nature, 2012, 486: 207-214.

[47] CONSORTIUM I H R N. The Integrative Human Microbiome Project: Dynamic analysis of microbiome-host omics profiles during periods of human health and disease [J]. Cell Host & Microbe, 2014, 16(3): 276-289.

[48] MCDONALD D, HYDE E, DEBELIUS J W, et al. American gut: An open platform for citizen science microbiome research [J]. mSystems, 2018, 3(3): e00031-e00018.

[49] BUERMANS H P J, DEN DUNNEN J T. Next generation sequencing technology: Advances and applications [J]. Biochimica et Biophysica

Acta，2014，1842(10)：1932-1941.

[50] METZKER M L. Sequencing technologies—The next generation [J]. Nature Reviews Genetics，2010，11：31-46.

[51] PFEIFFER F，GRÖBER C，BLANK M，et al. Systematic evaluation of error rates and causes in short samples in next-generation sequencing [J]. Scientific Reports，2018，8：10950.

[52] FOX E J，REID-BAYLISS K S，EMOND M J，et al. Accuracy of next generation sequencing platforms [J]. Next Generation，Sequencing & Applications，2014，1：1000106.

[53] SHARPTON T J. An introduction to the analysis of shotgun metagenomic data [J]. Frontiers in Plant Science，2014，5：209.

[54] JANDA J M，ABBOTT S L. 16S rRNA gene sequencing for bacterial identification in the diagnostic laboratory:Pluses，perils，and pitfalls [J]. Journal of Clinical Microbiology，2007，45(9)：2761-2764.

[55] OCHMAN H，ELWYN S，MORAN N A. Calibrating bacterial evolution [J]. Proceedings of the National Academy of Sciences of the United States of America，1999，96(22)：12638-12643.

[56] CHAKRAVORTY S，HELB D，BURDAY M，et al. A detailed analysis of 16S ribosomal RNA gene segments for the diagnosis of pathogenic bacteria [J]. Journal of Microbiological Methods，2007，69(2)：330-339.

[57] 张军毅，朱冰川，徐超，等. 基于分子标记的宏基因组 16S rRNA 基因高变区选择策略 [J]. 应用生态学报，2015，26(11)：3545-3553.

[58] BREITWIESER F P，LU J，SALZBERG S L. A review of methods and databases for metagenomic classification and assembly [J]. Briefings inBioinformatics，2019，20(4)：1125-1136.

[59] SEGATA N，WALDRON L，BALLARINI A，et al. Metagenomic microbial community profiling using unique clade-specific marker genes [J]. Nature Methods，2012，9：811-814.

[60] TRUONG D T，FRANZOSA E A，TICKLE T L，et al. MetaPhlAn2 for enhanced metagenomic taxonomic profiling [J]. NatureMethods，2015，

12：902-903.

[61] DARLING A E, JOSPIN G, LOWE E, et al. PhyloSift: Phylogenetic analysis of genomes and metagenomes [J]. PeerJ, 2014, 2: e243.

[62] SUNAGAWA S, MENDE D R, ZELLER G, et al. Metagenomic species profiling using universal phylogenetic marker genes [J]. Nature Methods, 2013, 10: 1196-1199.

[63] WOOD D E, SALZBERG S L. Kraken: Ultrafast metagenomic sequence classification using exact alignments [J]. Genome Biology, 2014, 15 (3): R46.

[64] OUNIT R, WANAMAKER S, CLOSE T J, et al. CLARK: Fast and accurate classification of metagenomic and genomic sequences using discriminative k-mers [J]. BMC Genomics, 2015, 16(1): 236.

[65] LINDGREEN S, ADAIR K L, GARDNER P P. An evaluation of the accuracy and speed of metagenome analysis tools [J]. Scientific Reports, 2016, 6: 19233.

[66] KIM M, LEE K H, YOON S W, et al. Analytical tools and databases for metagenomics in the next-generation sequencing era [J]. Genomics & Informatics, 2013, 11(3): 102-113.

[67] REEDER J, KNIGHT R. Rapidly denoising pyrosequencing amplicon reads by exploiting rank-abundance distributions [J]. Nature Methods, 2010, 7: 668-669.

[68] EDGAR R C, HAAS B J, CLEMENTE J C, et al. UCHIME improves sensitivity and speed of chimera detection [J]. Bioinformatics, 2011, 27 (16): 2194-2200.

[69] EDGAR R C. Search and clustering orders of magnitude faster than BLAST [J]. Bioinformatics, 2010, 26(19): 2460-2461.

[70] FU L M, NIU B F, ZHU Z W, et al. CD-HIT: Accelerated for clustering the next-generation sequencing data [J]. Bioinformatics, 2012, 28(23): 3150-3152.

[71] HAO X L, JIANG R, CHEN T. Clustering 16S rRNA for OTU

prediction: A method of unsupervised Bayesian clustering [J]. Bioinformatics, 2011, 27(5): 611-618.

[72] JIANG L H, DONG Y C, CHEN N, et al. DACE: A scalable DP-means algorithm for clustering extremely large sequence data [J]. Bioinformatics, 2017, 33(6): 834-842.

[73] CAPORASO J G, KUCZYNSKI J, STOMBAUGH J, et al. QIIME allows analysis of high-throughput community sequencing data [J]. Nature Methods, 2010, 7: 335-336.

[74] SCHLOSS P D, WESTCOTT S L, RYABIN T, et al. Introducing mothur: Open-source, platform-independent, community-supported software for describing and comparing microbial communities [J]. Applied and Environmental Microbiology, 2009, 75(23): 7537-7541.

[75] HANDELSMAN J, RONDON M R, BRADY S F, et al. Molecular biological access to the chemistry of unknown soil microbes: A new frontier for natural products [J]. Chemistry & Biology, 1998, 5(10): R245-R249.

[76] RONDON M R, AUGUST P R, BETTERMANN A D, et al. Cloning the soil metagenome: A strategy for accessing the genetic and functional diversity of uncultured microorganisms [J]. Applied and Environmental Microbiology, 2000, 66(6): 2541-2547.

[77] LU J, SHU Y, ZHANG H, et al. The landscape of global ocean microbiome: From bacterioplankton to biofilms [J]. International Journal of Molecular Sciences, 2023, 24(7): 6491.

[78] CAI L, ZHANG T. Detecting human bacterial pathogens in wastewater treatment plants by a high-throughput shotgun sequencing technique [J]. Environmental Science & Technology, 2013, 47(10): 5433-5441.

[79] CAO C, JIANG W J, WANG B Y, et al. Inhalable microorganisms in Beijing's $PM_{2.5}$ and PM_{10} pollutants during a severe smog event [J]. Environmental Science & Technology, 2014, 48(3): 1499-1507.

[80] KIMES N E, CALLAGHAN A V, AKTAS D F, et al. Metagenomic

analysis and metabolite profiling of deep-sea sediments from the Gulf of Mexico following the Deepwater Horizon oil spill [J]. Frontiers in Microbiology, 2013, 4: 50.

[81] YATSUNENKO T, REY F E, MANARY M J, et al. Human gut microbiome viewed across age and geography [J]. Nature, 2012, 486: 222-227.

[82] FALONY G, JOOSSENS M, VIEIRA-SILVA S, et al. Population-level analysis of gut microbiome variation [J]. Science, 2016, 352(6285): 560-564.

[83] LIN S J, CHENG S F, SONG B, et al. The Symbiodinium kawagutii genome illuminates dinoflagellate gene expression and coral symbiosis [J]. Science, 2015, 350(6261): 691-694.

[84] VENTER J C, REMINGTON K, HEIDELBERG J F, et al. Environmental genome shotgun sequencing of the Sargasso Sea [J]. Science, 2004, 304(5667): 66-74.

[85] VILLAR E, FARRANT G K, FOLLOWS M, et al. Environmental characteristics of Agulhas rings affect interocean plankton transport [J]. Science, 2015, 348(6237):e1261447.

[86] SUNAGAWA S, ACINAS S G, BORK P, et al. Tara Oceans: Towards global ocean ecosystems biology [J]. Nature Reviews Microbiology, 2020, 18: 428-445.

[87] BORK P, BOWLER C, DE VARGAS C, et al. Tara Oceans studies plankton at planetary scale [J]. Science, 2015, 348(6237): 873.

[88] DE VARGAS C, AUDIC S, HENRY N, et al. Eukaryotic plankton diversity in the sunlit ocean [J]. Science, 2015, 348(6237):e1261605.

[89] BRUM J R, IGNACIO-ESPINOZA J C, ROUX S, et al. Patterns and ecological drivers of ocean viral communities [J]. Science, 2015, 348(6237):e1261498.

[90] LEWIN H A, ROBINSON G E, KRESS W J, et al. Earth BioGenome Project: Sequencing life for the future of life [J]. Proceedings of the

National Academy of Sciences of the United States of America, 2018, 115 (17): 4325-4333.

[91] HUMAN MICROBIOME JUMPSTART REFERENCE STRAINS CONSORTIUM, NELSON K E, WEINSTOCK G M, et al. A catalog of reference genomes from the human microbiome [J]. Science, 2010, 328 (5981): 994-999.

[92] FRIEDRICH M J. Microbiome project seeks to understand human body's microscopic residents [J]. JAMA, 2008, 300(7): 777-778.

[93] MCCALLUM G, TROPINI C. The gut microbiota and its biogeography [J]. Nature Reviews Microbiology, 2024, 22: 105-118.

[94] WU G D, CHEN J, HOFFMANN C, et al. Linking long-term dietary patterns with gut microbial enterotypes [J]. Science, 2011, 334(6052): 105-108.

[95] TSENG C H, WU C Y. The gut microbiome in obesity [J]. Journal of the Formosan Medical Association, 2019, 118(Suppl 1): S3-S9.

[96] GURUNG M, LI Z P, YOU H, et al. Role of gut microbiota in type 2 diabetes pathophysiology [J]. EBioMedicine, 2020, 51: 102590.

[97] HOOPER L V, LITTMAN D R, MACPHERSON A J. Interactions between the microbiota and the immune system [J]. Science, 2012, 336 (6086): 1268-1273.

[98] QIN N, YANG F L, LI A, et al. Alterations of the human gut microbiome in liver cirrhosis [J]. Nature, 2014, 513: 59-64.

[99] LE CHATELIER E, NIELSEN T, QIN J J, et al. Richness of human gut microbiome correlates with metabolic markers [J]. Nature, 2013, 500: 541-546.

[100] KONOPKA A. What is microbial community ecology? [J]. The ISME Journal, 2009, 3(11): 1223-1230.

[101] KENNEDY J, FLEMER B, JACKSON S A, et al. Marine metagenomics: New tools for the study and exploitation of marine microbial metabolism [J]. Marine Drugs, 2010, 8(3): 608-628.

[102] FUHRMAN J A, CRAM J A, NEEDHAM D M. Marine microbial community dynamics and their ecological interpretation [J]. Nature Reviews Microbiology, 2015, 13: 133-146.

[103] CRAM J, SUN F Z, FUHRMAN J A. Marine bacterial, archaeal, and protistan association networks [M]//Encyclopedia of Metagenomics. Boston, MA: Springer US, 2015: 305-313.

[104] CRAM J A, XIA L C, NEEDHAM D M, et al. Cross-depth analysis of marine bacterial networks suggests downward propagation of temporal changes [J]. The ISME Journal, 2015, 9(12): 2573-2586.

[105] MILICI M, DENG Z L, TOMASCH J, et al. Co-occurrence analysis of microbial taxa in the Atlantic Ocean reveals high connectivity in the free-living bacterioplankton [J]. Frontiers in Microbiology, 2016, 7: 649.

[106] OSTERHOLZ H, SINGER G, WEMHEUER B, et al. Deciphering associations between dissolved organic molecules and bacterial communities in a pelagic marine system [J]. The ISME Journal, 2016, 10(7): 1717-1730.

[107] LIMA-MENDEZ G, FAUST K, HENRY N, et al. Determinants of community structure in the global plankton interactome [J]. Science, 2015, 348(6237):e1262073.

[108] ZHANG Y J, LI S, GAN R Y, et al. Impacts of gut bacteria on human health and diseases [J]. International Journal of Molecular Sciences, 2015, 16(4): 7493-7519.

[109] MARCHESI J R, ADAMS D H, FAVA F, et al. The gut microbiota and host health:A new clinical frontier [J]. Gut, 2016, 65(2): 330-339.

[110] LI D T, WANG P, WANG P P, et al. The gut microbiota:A treasure for human health [J]. Biotechnology Advances, 2016, 34 (7): 1210-1224.

[111] ECKBURG P B, BIK E M, BERNSTEIN C N, et al. Diversity of the human intestinal microbial flora [J]. Science, 2005, 308 (5728): 1635-1638.

[112] PALMER C, BIK E M, DIGIULIO D B, et al. Development of the human infant intestinal microbiota [J]. PLoS Biology, 2007, 5(7): e177.

[113] TURNBAUGH P J. Microbes and diet-induced obesity: Fast, cheap, and out of control [J]. Cell Host & Microbe, 2017, 21(3): 278-281.

[114] ISOLAURI E, SALMINEN S, RAUTAVA S. Early microbe contact and obesity risk: Evidence of causality? [J]. Journal of Pediatric Gastroenterology and Nutrition, 2016, 63(Suppl 1): S3-S5.

[115] LLOPIS M, CASSARD A M, WRZOSEK L, et al. Intestinal microbiota contributes to individual susceptibility to alcoholic liver disease [J]. Gut, 2016, 65(5): 830-839.

[116] XIE G X, WANG X N, LIU P, et al. Distinctly altered gut microbiota in the progression of liver disease [J]. Oncotarget, 2016, 7(15): 19355-19366.

[117] INSEL R, KNIP M. Prospects for primary prevention of type 1 diabetes by restoring a disappearing microbe [J]. Pediatric Diabetes, 2018, 19(8): 1400-1406.

[118] ZHUANG R L, GE X Y, HAN L, et al. Gut microbe-generated metabolite trimethylamine N-oxide and the risk of diabetes: A systematic review and dose-response meta-analysis [J]. Obesity Reviews, 2019, 20(6): 883-894.

[119] LEY R E, TURNBAUGH P J, KLEIN S, et al. Microbial ecology: Human gut microbes associated with obesity [J]. Nature, 2006, 444(7122): 1022-1023.

[120] TURNBAUGH P J, HAMADY M, YATSUNENKO T, et al. A core gut microbiome in obese and lean twins [J]. Nature, 2009, 457: 480-484.

[121] LARSEN N, VOGENSEN F K, VAN DEN BERG F W J, et al. Gut microbiota in human adults with type 2 diabetes differs from non-diabetic adults [J]. PLoS One, 2010, 5(2): e9085.

[122] HENAO-MEJIA J, ELINAV E, JIN C C, et al. Inflammasome-mediated dysbiosis regulates progression of NAFLD and obesity [J]. Nature, 2012, 482: 179-185.

[123] YAN A W, FOUTS D E, BRANDL J, et al. Enteric dysbiosis associated with a mouse model of alcoholic liver disease [J]. Hepatology, 2011, 53 (1): 96-105.

[124] LUCKE K, MIEHLKE S, JACOBS E, et al. Prevalence of Bacteroides and Prevotella spp. in ulcerative colitis [J]. Journal of Medical Microbiology, 2006, 55(Pt 5): 617-624.

[125] KIM M S, HWANG S S, PARK E J, et al. Strict vegetarian diet improves the risk factors associated with metabolic diseases by modulating gut microbiota and reducing intestinal inflammation [J]. Environmental Microbiology Reports, 2013, 5(5): 765-775.

[126] NI J, WU G D, ALBENBERG L, et al. Gut microbiota and IBD: Causation or correlation? [J]. Nature Reviews Gastroenterology & Hepatology, 2017, 14: 573-584.

[127] VUJKOVIC-CVIJIN I, DUNHAM R M, IWAI S, et al. Dysbiosis of the gut microbiota is associated with HIV disease progression and tryptophan catabolism [J]. Science Translational Medicine, 2013, 5(193): 193ra91.

[128] KRACK A, SHARMA R, FIGULLA H R, et al. The importance of the gastrointestinal system in the pathogenesis of heart failure [J]. European Heart Journal, 2005, 26(22): 2368-2374.

[129] YANG B B, WEI J B, JU P J, et al. Effects of regulating intestinal microbiota on anxiety symptoms: A systematic review [J]. General Psychiatry, 2019, 32(2): e100056.

[130] FINEGOLD S M. Desulfovibrio species are potentially important in regressive autism [J]. Medical Hypotheses, 2011, 77(2): 270-274.

[131] YEOH N, BURTON J P, SUPPIAH P, et al. The role of the microbiome in rheumatic diseases [J]. Current Rheumatology Reports, 2013, 15(3): 314.

[132] DEBELIUS J, SONG S J, VAZQUEZ-BAEZA Y, et al. Tiny microbes, enormous impacts: What matters in gut microbiome studies? [J]. Genome Biology, 2016, 17(1): 217.

[133] ZMORA N, SUEZ J, ELINAV E. You are what you eat: Diet, health and the gut microbiota [J]. Nature Reviews Gastroenterology & Hepatology, 2019, 16: 35-56.

[134] YANG J, YU J. The association of diet, gut microbiota and colorectal cancer: What we eat may imply what we get [J]. Protein & Cell, 2018, 9(5): 474-487.

[135] TANG L. Diet influences microbe-host interaction [J]. Nature Methods, 2019, 16: 361.

[136] DAVID L A, MAURICE C F, CARMODY R N, et al. Diet rapidly and reproducibly alters the human gut microbiome [J]. Nature, 2014, 505: 559-563.

[137] GOODRICH J K, WATERS J L, POOLE A C, et al. Human genetics shape the gut microbiome [J]. Cell, 2014, 159(4): 789-799.

[138] ZHERNAKOVA A, KURILSHIKOV A, BONDER M J, et al. Population-based metagenomics analysis reveals markers for gut microbiome composition and diversity [J]. Science, 2016, 352(6285): 565-569.

[139] VANAMALA J K P, KNIGHT R, SPECTOR T D. Can your microbiome tell you what to eat? [J]. Cell Metabolism, 2015, 22(6): 960-961.

[140] ZEEVI D, KOREM T, ZMORA N, et al. Personalized nutrition by prediction of glycemic responses [J]. Cell, 2015, 163(5): 1079-1094.

[141] LITTLE A E F, ROBINSON C J, PETERSON S B, et al. Rules of engagement: Interspecies interactions that regulate microbial communities [J]. Annual Review of Microbiology, 2008, 62: 375-401.

[142] FAUST K, SATHIRAPONGSASUTI J F, IZARD J, et al. Microbial co-occurrence relationships in the human microbiome [J]. PLoS

Computational Biology, 2012, 8(7): e1002606.

[143] FRIEDMAN J, ALM E J. Inferring correlation networks from genomic survey data [J]. PLoS Computational Biology, 2012, 8(9): e1002687.

[144] BAN Y G, AN L L, JIANG H M. Investigating microbial co-occurrence patterns based on metagenomic compositional data [J]. Bioinformatics, 2015, 31(20): 3322-3329.

[145] FANG H Y, HUANG C C, ZHAO H Y, et al. CCLasso: Correlation inference for compositional data through Lasso [J]. Bioinformatics, 2015, 31(19): 3172-3180.

[146] KURTZ Z D, MÜLLER C L, MIRALDI E R, et al. Sparse and compositionally robust inference of microbial ecological networks [J]. PLoS Computational Biology, 2015, 11(5): e1004226.

[147] FANG H Y, HUANG C C, ZHAO H Y, et al. gCoda: Conditional dependence network inference for compositional data [J]. Journal of Computational Biology: a Journal of Computational Molecular Cell Biology, 2017, 24(7): 699-708.

[148] CHEN J, LI H Z. Variable selection for sparse dirichlet-multinomial regression with an application to microbiome data analysis [J]. The Annals of Applied Statistics, 2013, 7(1): 10.1214/12-AOAS592.

[149] BISWAS S, MCDONALD M, LUNDBERG D S, et al. Learning microbial interaction networks from metagenomic count data [M]// Lecture Notes in Computer Science. Cham: Springer International Publishing, 2015: 32-43.

[150] COYTE K Z, SCHLUTER J, FOSTER K R. The ecology of the microbiome: Networks, competition, and stability [J]. Science, 2015, 350(6261): 663-666.

[151] RUAN Q S, DUTTA D, SCHWALBACH M S, et al. Local similarity analysis reveals unique associations among marine bacterioplankton species and environmental factors [J]. Bioinformatics, 2006, 22(20): 2532-2538.

[152] XIA L C, STEELE J A, CRAM J A, et al. Extended local similarity analysis (eLSA) of microbial community and other time series data with replicates [J]. BMC Systems Biology, 2011, 5(2): S15.

[153] DURNO W E, HANSON N W, KONWAR K M, et al. Expanding the boundaries of local similarity analysis [J]. BMC Genomics, 2013, 14 (Suppl 1): S3.

[154] DENG Y, JIANG Y H, YANG Y F, et al. Molecular ecological network analyses [J]. BMC Bioinformatics, 2012, 13: 113.

[155] SHAFIEI M, DUNN K A, BOON E, et al. BioMiCo: A supervised Bayesian model for inference of microbial community structure [J]. Microbiome, 2015, 3: 8.

[156] EILER A, HEINRICH F, BERTILSSON S. Coherent dynamics and association networks among lake bacterioplankton taxa [J]. The ISME Journal, 2012, 6(2): 330-342.

[157] CHOW C E T, KIM D Y, SACHDEVA R, et al. Top-down controls on bacterial community structure: Microbial network analysis of bacteria, T4-like viruses and protists [J]. The ISME Journal, 2014, 8(4): 816-829.

[158] QIN J J, LI Y R, CAI Z M, et al. A metagenome-wide association study of gut microbiota in type 2 diabetes [J]. Nature, 2012, 490: 55-60.

[159] BOLYEN E, RIDEOUT J R, DILLON M R, et al. Reproducible, interactive, scalable and extensible microbiome data science using QIIME 2 [J]. Nature Biotechnology, 2019, 37: 852-857.

[160] MEYER F, PAARMANN D, D'SOUZA M, et al. The metagenomics RAST server-a public resource for the automatic phylogenetic and functional analysis of metagenomes [J]. BMC Bioinformatics, 2008, 9: 386.

[161] MITCHELL A L, SCHEREMETJEW M, DENISE H, et al. EBI Metagenomics in 2017: Enriching the analysis of microbial communities, from sequence reads to assemblies [J]. Nucleic Acids Research, 2018, 46

(D1): D726-D735.

[162] TREANGEN T J, KOREN S, SOMMER D D, et al. MetAMOS: A modular and open source metagenomic assembly and analysis pipeline [J]. Genome Biology, 2013, 14(1): R2.

[163] KULTIMA J R, SUNAGAWA S, LI J H, et al. MOCAT: A metagenomics assembly and gene prediction toolkit [J]. PLoS One, 2012, 7(10): e47656.

[164] Andrews S. FastQC: a quality control tool for high throughput sequence data[J]. 2010.

[165] WRIGHT E S, YILMAZ L S, NOGUERA D R. DECIPHER, a search-based approach to chimera identification for 16S rRNA sequences [J]. Applied and Environmental Microbiology, 2012, 78(3): 717-725.

[166] SUN Y J, CAI Y P, LIU L, et al. ESPRIT: Estimating species richness using large collections of 16S rRNA pyrosequences [J]. Nucleic Acids Research, 2009, 37(10): e76.

[167] CHEN M J, KONG F X, CHEN F Z, et al. Genetic diversity of eukarytic microplankton in different areas of Lake Taihu [J]. Huan Jing Ke Xue= Huanjing Kexue, 2008, 29(3): 769-775.

[168] LI W Z. Fast program for clustering and comparing large sets of protein or nucleotide sequences [M]//NELSON KE. Encyclopedia of Metagenomics. Boston, MA: Springer, 2015: 173-177.

[169] QUINLAN A R, HALL I M. BEDTools: A flexible suite of utilities for comparing genomic features [J]. Bioinformatics, 2010, 26(6): 841-842.

[170] HYATT D, LOCASCIO P F, HAUSER L J, et al. Gene and translation initiation site prediction in metagenomic sequences [J]. Bioinformatics, 2012, 28(17): 2223-2230.

[171] OVERBEEK R, BEGLEY T, BUTLER R M, et al. The subsystems approach to genome annotation and its use in the project to annotate 1000 genomes [J]. Nucleic Acids Research, 2005, 33(17): 5691-5702.

[172] HUSON D H, AUCH A F, QI J, et al. MEGAN analysis of

metagenomic data [J]. Genome Research, 2007, 17(3): 377-386.

[173] SUBRAMANIAN A, TAMAYO P, MOOTHA V K, et al. Gene set enrichment analysis: A knowledge-based approach for interpreting genome-wide expression profiles [J]. Proceedings of the National Academy of Sciences of the United States of America, 2005, 102(43): 15545-15550.

[174] MOOTHA V K, LINDGREN C M, ERIKSSON K F, et al. PGC-1alpha-responsive genes involved in oxidative phosphorylation are coordinately downregulated in human diabetes [J]. Nature Genetics, 2003, 34(3): 267-273.

[175] HESS M, SCZYRBA A, EGAN R, et al. Metagenomic discovery of biomass-degrading genes and genomes from cow rumen [J]. Science, 2011, 331(6016): 463-467.

[176] NIELSEN H B, ALMEIDA M, JUNCKER A S, et al. Identification and assembly of genomes and genetic elements in complex metagenomic samples without using reference genomes [J]. Nature Biotechnology, 2014, 32: 822-828.

[177] ALNEBERG J, BJARNASON B S, DE BRUIJN I, et al. Binning metagenomic contigs by coverage and composition [J]. Nature Methods, 2014, 11: 1144-1146.

[178] BROWN C T. Strain recovery from metagenomes [J]. Nature Biotechnology, 2015, 33: 1041-1043.

[179] KANG D D, FROULA J, EGAN R, et al. MetaBAT, an efficient tool for accurately reconstructing single genomes from complex microbial communities [J]. PeerJ, 2015, 3: e1165.

[180] WANG J, JIA H J. Metagenome-wide association studies: Fine-mining the microbiome [J]. Nature Reviews Microbiology, 2016, 14: 508-522.

[181] GERARD P, LEPERCQ P, LECLERC M, et al. Bacteroides sp. strain D8, the first cholesterol-reducing bacterium isolated from human feces [J]. Applied and Environmental Microbiology, 2007, 73 (18):

5742-5749.

[182] IMELFORT M, PARKS D, WOODCROFT B J, et al. GroopM: An automated tool for the recovery of population genomes from related metagenomes [J]. PeerJ, 2014, 2: e603.

[183] PARKS D H, IMELFORT M, SKENNERTON C T, et al. CheckM: Assessing the quality of microbial genomes recovered from isolates, single cells, and metagenomes [J]. Genome Research, 2015, 25(7): 1043-1055.

[184] LAGESEN K, HALLIN P, RØDLAND E A, et al. RNAmmer: Consistent and rapid annotation of ribosomal RNA genes [J]. Nucleic Acids Research, 2007, 35(9): 3100-3108.

[185] WANG Q, GARRITY G M, TIEDJE J M, et al. Naive Bayesian classifier for rapid assignment of rRNA sequences into the new bacterial taxonomy [J]. Applied and Environmental Microbiology, 2007, 73(16): 5261-5267.

[186] ARMOUGOM F. Exploring microbial diversity using 16S rRNA high-throughput methods [J]. Journal of Computer Science & Systems Biology, 2009, 2(1):74-92.

[187] GIBBONS S M, CAPORASO J G, PIRRUNG M, et al. Evidence for a persistent microbial seed bank throughout the global ocean [J]. Proceedings of the National Academy of Sciences of the United States of America, 2013, 110(12): 4651-4655.

[188] CHOW C E T, SACHDEVA R, CRAM J A, et al. Temporal variability and coherence of euphotic zone bacterial communities over a decade in the Southern California Bight [J]. The ISME Journal, 2013, 7(12): 2259-2273.

[189] PEARSON K. Mathematical contributions to the theory of evolution.—On a form of spurious correlation which may arise when indices are used in the measurement of organs [J]. Proceedings of the Royal Society of London, 1897, 60(359-367): 489-498.

[190] AITCHISON J. The statistical analysis of compositional data [J]. Journal of the Royal Statistical Society Series B: Statistical Methodology, 1982, 44(2): 139-160.

[191] AITCHISON J, J EGOZCUE J. CompositionalData Analysis: Where Are We and Where Should We Be Heading? [J]. Mathematical Geology, 2005, 37(7): 829-850.

[192] TRAPNELL C, HENDRICKSON D G, SAUVAGEAU M, et al. Differential analysis of gene regulation at transcript resolution with RNA-seq [J]. Nature Biotechnology, 2013, 31: 46-53.

[193] ROBINSON M D, MCCARTHY D J, SMYTH G K. edgeR: A Bioconductor package for differential expression analysis of digital gene expression data [J]. Bioinformatics, 2010, 26(1): 139-140.

[194] WAINWRIGHT M J, JORDAN M I. Graphical models, exponential families, and variational inference [J]. Foundations and Trends® in Machine Learning, 2007, 1(1-2): 1-305.

[195] PINEDA A, DICKE M, PIETERSE C M J, et al. Beneficial microbes in a changing environment: Are they always helping plants to deal with insects? [J]. Functional Ecology, 2013, 27(3): 574-586.

[196] 王伟东，洪坚平. 微生物学 [M]. 北京：中国农业大学出版社，2015.

[197] RATKOWSKY D A, OLLEY J, MCMEEKIN T A, et al. Relationship between temperature and growth rate of bacterial cultures [J]. Journal of Bacteriology, 1982, 149(1): 1-5.

[198] AHMED A, XING E P. Recovering time-varying networks of dependencies in social and biological studies [J]. Proceedings of the National Academy of Sciences of the United States of America, 2009, 106(29): 11878-11883.

[199] RAZAVIAN N S, MOITRA S, KAMISETTY H, et al. Time-varying gaussian graphical models of molecular dynamics data[J]. Proceedings of 3DSIG, 2010.

[200] ZHOU S H, LAFFERTY J, WASSERMAN L. Time varying undirected

graphs [J]. Machine Learning, 2010, 80(2): 295-319.

[201] FRIEDMAN J, HASTIE T, TIBSHIRANI R. Sparse inverse covariance estimation with the graphical lasso [J]. Biostatistics, 2008, 9(3): 432-441.

[202] MEINSHAUSEN N, BÜHLMANN P. High-dimensional graphs and variable selection with the Lasso [J]. The Annals of Statistics, 2006, 34(3):1436-1462.

[203] SHIVAJI S. Microbial biodiversity: Shotgun libraries to metagenome [J]. IndianJournal of Medical Microbiology, 2001, 19(4): 171.

[204] CHAFFRON S, REHRAUER H, PERNTHALER J, et al. A global network of coexisting microbes from environmental and whole-genome sequence data [J]. Genome Research, 2010, 20(7): 947-959.

[205] WEI Z G, CHEN X, ZHANG X D, et al. Comparison of methods for biological sequence clustering [J]. IEEE/ACM Transactions on Computational Biology and Bioinformatics, 2023, 20(5): 2874-2888.

[206] ASSENOV Y, RAMÍREZ F, SCHELHORN S E, et al. Computing topological parameters of biological networks [J]. Bioinformatics, 2008, 24(2): 282-284.

[207] KING A J, FARRER E C, SUDING K N, et al. Erratum: Cooccurrence patterns of plants and soil bacteria in the high-alpine subnival zone track environmental harshness [J]. Frontiers in Microbiology, 2013, 4: 239.

[208] QIU L P, ZHANG Q, ZHU H S, et al. Erosion reduces soil microbial diversity, network complexity and multifunctionality [J]. The ISME Journal, 2021, 15(8): 2474-2489.

[209] VOGET S, LEGGEWIE C, UESBECK A, et al. Prospecting for novel biocatalysts in a soil metagenome [J]. Applied and Environmental Microbiology, 2003, 69(10): 6235-6242.

[210] MARTINEZ A, TYSON G W, DELONG E F. Widespread known and novel phosphonate utilization pathways in marine bacteria revealed by functional screening and metagenomic analyses [J]. Environmental

Microbiology, 2010, 12(1): 222-238.

[211] STEELE J A, COUNTWAY P D, XIA L, et al. Marine bacterial, archaeal and protistan association networks reveal ecological linkages [J]. The ISME Journal, 2011, 5(9): 1414-1425.

[212] TSENG C H, TANG S L. Marine microbial metagenomics: From individual to the environment [J]. International Journal of Molecular Sciences, 2014, 15(5): 8878-8892.

[213] LYNCH S V, PEDERSEN O. The human intestinal microbiome in health and disease [J]. The New England Journal of Medicine, 2016, 375(24): 2369-2379.

[214] CHO I, BLASER M J. The human microbiome: At the interface of health and disease [J]. Nature Reviews Genetics, 2012, 13: 260-270.

[215] SAHOO D, DILL D L, GENTLES A J, et al. Boolean implication networks derived from large scale, whole genome microarray datasets [J]. Genome Biology, 2008, 9(10): R157.

[216] SCHLOSS P D, HANDELSMAN J. Introducing DOTUR, a computer program for defining operational taxonomic units and estimating species richness [J]. Applied and Environmental Microbiology, 2005, 71(3): 1501-1506.

[217] SCHLOSS P D. Reintroducing mothur: 10 years later [J]. Applied andEnvironmental Microbiology, 2020, 86(2): e02343-e02319.

[218] HUSE S M, WELCH D M, MORRISON H G, et al. Ironing out the wrinkles in the rare biosphere through improved OTU clustering [J]. Environmental Microbiology, 2010, 12(7): 1889-1898.

[219] SAHOO D, DILL D L, TIBSHIRANI R, et al. Extracting binary signals from microarray time-course data [J]. Nucleic Acids Research, 2007, 35(11): 3705-3712.

[220] SINHA S, TSANG E K, ZENG H Y, et al. Mining TCGA data using Boolean implications [J]. PLoS One, 2014, 9(7): e102119.

[221] FUHRMAN J A, HEWSON I, SCHWALBACH M S, et al. Annually

reoccurring bacterial communities are predictable from ocean conditions [J]. Proceedings of the National Academy of Sciences of the United States of America, 2006, 103(35): 13104-13109.

[222] VIGIL P, COUNTWAY P D, ROSE J, et al. Rapid shifts in dominant taxa among microbial eukaryotes in estuarine ecosystems [J]. Aquatic Microbial Ecology, 2009, 54: 83-100.

[223] SOLÉ R V, MONTOYA J M. Complexity and fragility in ecological networks [J]. Proceedings of the Royal Society of London Series B: Biological Sciences, 2001, 268(1480): 2039-2045.

[224] TIMOTHY PENNINGTON J, CHAVEZ F P. Seasonal fluctuations of temperature, salinity, nitrate, chlorophyll and primary production at station H3/M1 over 1989-1996 in Monterey Bay, California [J]. Deep Sea Research Part Ⅱ: Topical Studies in Oceanography, 2000, 47(5/6): 947-973.

[225] THORSÉN E. Multinomial and Dirichlet-multinomial modeling of categorical time series [J]. Mathematical Statistics, Stockholm University. Bachelor Thesis, 2014, 2014: 6-33.

[226] ULRICH W, OLLIK M. Frequent and occasional species and the shape of relative-abundance distributions [J]. Diversity and Distributions, 2004, 10(4): 263-269.

[227] HONG S H, BUNGE J, JEON S O, et al. Predicting microbial species richness [J]. Proceedings of the National Academy of Sciences of the United States of America, 2006, 103(1): 117-122.

[228] UNTERSEHER M, JUMPPONEN A, OPIK M, et al. Species abundance distributions and richness estimations in fungal metagenomics—lessons learned from community ecology [J]. Molecular Ecology, 2011, 20(2): 275-285.

[229] TIBSHIRANI R. Regression shrinkage and selection via the lasso [J]. Journal of the Royal Statistical Society Series B: Statistical Methodology, 1996, 58(1): 267-288.

[230] LIU D C, NOCEDAL J. On the limited memory BFGS method for large scale optimization [J]. Mathematical Programming, 1989, 45 (1): 503-528.

[231] ANDREW G, GAO J F. Scalable training of L^1-regularized log-linear models [C]//Proceedings of the 24th international conference on Machine learning. Corvalis Oregon USA. ACM, 2007: 33-40.

[232] CHEN J H, CHEN Z H. Extended Bayesian information criteria for model selection with large model spaces [J]. Biometrika, 2008, 95(3): 759-771.

[233] MURRAY I, ADAMS R, MacKay D. Elliptical slice sampling [C]// Proceedings of the thirteenth international conference on artificial intelligence and statistics. JMLR Workshop and Conference Proceedings, 2010: 541-548.

[234] ALBERT R, BARABÁSI A L. Statistical mechanics of complex networks [J]. Reviews of Modern Physics, 2002, 74(1): 47-97.

[235] ZHAO T, LIU H, ROEDER K, et al. The hugePackage for High-dimensional Undirected Graph Estimation in R [J]. Journal of Machine Learning Research: JMLR, 2012, 13: 1059-1062.

[236] BAXTER N T, RUFFIN M T 4th, ROGERS M A M, et al. Microbiota-based model improves the sensitivity of fecal immunochemical test for detecting colonic lesions [J]. Genome Medicine, 2016, 8(1): 37.

[237] CHAMBOUVET A, LAABIR M, SENGCO M, et al. Genetic diversity of Amoebophryidae (Syndiniales) during Alexandrium catenella/tamarense (Dinophyceae) blooms in the Thau lagoon (Mediterranean Sea, France) [J]. Research in Microbiology, 2011, 162(9): 959-968.

[238] IRIGOIEN X, CHUST G, FERNANDES J A, et al. Factors determining the distribution and betadiversity of mesozooplankton species in shelf and coastal waters of the Bay of Biscay [J]. Journal of Plankton Research, 2011, 33(8): 1182-1192.

[239] VENKATARAMANA V, GAWADE L, BHARATHI M D, et al. Role

of salinity on zooplankton assemblages in the tropical Indian Estuaries during post monsoon [J]. Marine Pollution Bulletin, 2023, 190: 114816.

[240] ZHAO Z, ZHANG L, ZHANG G Q, et al. Hydrodynamic and anthropogenic disturbances co-shape microbiota rhythmicity and community assembly within intertidal groundwater-surface water continuum [J]. Water Research, 2023, 242: 120236.

[241] HAFFERSSAS A, SERIDJI R. Relationships between the hydrodynamics and changes in copepod structure on the Algerian coast [J]. Zoological Studies, 2010, 49(3): 353-366.

[242] GILG I C, AMARAL-ZETTLER L A, COUNTWAY P D, et al. Phylogenetic affiliations of mesopelagic acantharia and acantharian-like environmental 18S rRNA genes off the southern California coast [J]. Protist, 2010, 161(2): 197-211.

[243] KIM K Y, KIM Y S, HWANG C H, et al. Phylogenetic analysis of dinoflagellate gonyaulax polygramma SteinResponsible for harmful algal blooms based on the partial LSU rDNASequence data [J]. ALGAE, 2006, 21(3): 283-286.

[244] MUNK P. Differential growth of larval sprat Sprattus sprattus across a tidal front in the eastern North Sea [J]. Marine Ecology Progress Series, 1993, 99: 17-27.

[245] OSORE M, MWALUMA J M, FIERS F, et al. Zooplankton composition and abundance inMida Creek, Kenya [J]. Zoological Studies, 2004, 43(2): 415-424.

[246] WONG C C, YU J. Gut microbiota in colorectal cancer development and therapy [J]. Nature Reviews Clinical Oncology, 2023, 20: 429-452.

[247] YU J, FENG Q, WONG S H, et al. Metagenomic analysis of faecal microbiome as a tool towards targeted non-invasive biomarkers for colorectal cancer [J]. Gut, 2017, 66(1): 70-78.

[248] WONG S H, YU J. Gut microbiota in colorectal cancer: Mechanisms of action and clinical applications [J]. Nature Reviews Gastroenterology &

Hepatology, 2019, 16: 690-704.

[249] ZHANG Z F, WU Z Q, LIU H, et al. Genomic analysis and characterization of phages infecting the marine *Roseobacter* CHAB-I-5 lineage reveal a globally distributed and abundant phage genus [J]. Frontiers in Microbiology, 2023, 14: 1164101.

[250] CHO J C, GIOVANNONI S J. Cultivation and growth characteristics of a diverse group of oligotrophic marine Gammaproteobacteria [J]. Applied and Environmental Microbiology, 2004, 70(1): 432-440.

[251] LEFORT T, GASOL J M. Global-scale distributions of marine surface bacterioplankton groups along gradients of salinity, temperature, and chlorophyll: A meta-analysis of fluorescence *in situ* hybridization studies [J]. Aquatic Microbial Ecology, 2013, 70(2): 111-130.

[252] KIRCHMAN D L. Growth rates of microbes in the oceans [J]. Annual Review of Marine Science, 2016, 8: 285-309.

[253] SCHEPERJANS F, AHO V, PEREIRA P A B, et al. Gut microbiota are related to Parkinson's disease and clinical phenotype [J]. Movement Disorders: Official Journal of the Movement Disorder Society, 2015, 30(3): 350-358.

[254] SHOAIE S, GHAFFARI P, KOVATCHEVA-DATCHARY P, et al. Quantifying diet-induced metabolic changes of the human gut microbiome [J]. Cell Metabolism, 2015, 22(2): 320-331.

[255] SCHWAB C, BERRY D, RAUCH I, et al. Longitudinal study of murine microbiota activity and interactions with the host during acute inflammation and recovery [J]. The ISME Journal, 2014, 8(5): 1101-1114.

[256] LLOYD-PRICE J, MAHURKAR A, RAHNAVARD G, et al. Strains, functions and dynamics in the expanded Human Microbiome Project [J]. Nature, 2017, 550: 61-66.

[257] SANGWAN N, XIA F F, GILBERT J A. Recovering complete and draft population genomes from metagenome datasets [J]. Microbiome, 2016,

4: 8.

[258] HSIEH C J, SUSTIK M A, DHILLON I S, et al. QUIC: quadratic approximation for sparse inverse covariance estimation[J]. Journal of Machine Learning Research, 2014, 15(1): 2911-2947.

[259] ZHONG C M, MIAO D Q, FRÄNTI P. Minimum spanning tree based split-and-merge: A hierarchical clustering method [J]. Information Sciences, 2011, 181(16): 3397-3410.

[260] FENG Q, LIANG S S, JIA H J, et al. Gut microbiome development along the colorectal adenoma-carcinoma sequence [J]. Nature Communications, 2015, 6: 6528.

[261] ZELLER G, TAP J, VOIGT A Y, et al. Potential of fecal microbiota for early-stage detection of colorectal cancer [J]. Molecular Systems Biology, 2014, 10(11): 766.

[262] COLUCCI F. An oral commensal associates with disease:Chicken, egg, or red herring? [J]. Immunity, 2015, 42(2): 208-210.

[263] FLYNN K J, BAXTER N T, SCHLOSS P D. Metabolic and community synergy of oral bacteria in colorectal cancer [J]. mSphere, 2016, 1(3): e00102-e00116.

[264] DECELLE J, PROBERT I, BITTNER L, et al. An original mode of symbiosis in open ocean plankton [J]. Proceedings of the National Academy of Sciences of the United States of America, 2012, 109(44): 18000-18005.

[265] PARK M G, YIH W, COATS D W. Parasites and phytoplankton, with special emphasis on dinoflagellate Infections[1] [J]. Journal of Eukaryotic Microbiology, 2004, 51(2): 145-155.

[266] BONACOLTA A M, WEILER B A, PORTA－FITó T, et al. Beyond the Symbiodiniaceae: Diversity and role of microeukaryotic coral symbionts [J]. Coral Reefs, 2023, 42(2): 567-577.

[267] LANCELOT C, ROUSSEAU V, BECQUEVORT S, et al. Study and modeling of Phaeocystis in the nutrient-enriched Southern Bight of the

North Sea: A contribution of the Belgian AMORE (Advanced Modeling and Research on Eutrophication) project [C]//The impact of human activities on the marine environment quality and health: the EC impacts cluster: Proceedings of the first workshop (February 2002, Pau, France). EC Directorate-General for Research, Publications de l' Université de Pau, BU Sciences, Pau, 2003: 23-30.

[268] BURKHOLDER J M, GLASGOW H B Jr. Pfiesteria piscicida and other Pfiesreria-like dinoflagellates: Behavior, impacts, and environmental controls [J]. Limnology and Oceanography, 1997, 42 (5part2): 1052-1075.

[269] SKOVGAARD A, KARPOV S A, GUILLOU L. The parasitic dinoflagellates blastodinium spp. inhabiting the gut of marine, planktonic copepods: Morphology, ecology, and unrecognized species diversity [J]. Frontiers in Microbiology, 2012, 3: 305.

[270] ZHANG B Z, CAI G J, WANG H T, et al. Streptomyces alboflavus RPS and its novel and high algicidal activity against harmful algal bloom species Phaeocystis globosa [J]. PLoS One, 2014, 9(3): e92907.

[271] DONNELLAN C F, YANN L H, LAL S. Nutritional management of Crohn's disease [J]. Therapeutic Advances in Gastroenterology, 2013, 6 (3): 231-242.

[272] KNIGHT-SEPULVEDA K, KAIS S, SANTAOLALLA R, et al. Diet and inflammatory bowel disease [J]. Gastroenterology & Hepatology, 2015, 11(8): 511-520.

[273] SINGH R K, CHANG H W, YAN D, et al. Influence of diet on the gut microbiome and implications for human health [J]. Journal of Translational Medicine, 2017, 15(1): 73.

[274] SHEN J, ZUO Z X, MAO A P. Effect of probiotics on inducing remission and maintaining therapy in ulcerative colitis, Crohn's disease, and pouchitis: Meta-analysis of randomized controlled trials [J]. Inflammatory Bowel Diseases, 2014, 20(1): 21-35.

[275] PHILPOTT D J, GIRARDIN S E. Crohn′s disease-associated Nod2 mutants reduce IL10 transcription [J]. Nature Immunology, 2009, 10: 455-457.

[276] SUAU A, BONNET R, SUTREN M, et al. Direct analysis of genes encoding 16S rRNA from complex communities reveals many novel molecular species within the human gut [J]. Applied and Environmental Microbiology, 1999, 65(11): 4799-4807.

[277] SOCAŁA K, DOBOSZEWSKA U, SZOPA A, et al. The role of microbiota-gut-brain axis in neuropsychiatric and neurological disorders [J]. Pharmacological Research, 2021, 172: 105840.

[278] LEE M, CHANG E B. Inflammatory bowel diseases (IBD) and the microbiome-searching the crime scene for clues [J]. Gastroenterology, 2021, 160(2): 524-537.

[279] SAMARKOS M, MASTROGIANNI E, KAMPOUROPOULOU O. The role of gut microbiota in Clostridium difficile infection [J]. European Journal of Internal Medicine, 2018, 50: 28-32.

[280] ZHOU Z, SUN B, YU D S, et al. Gut microbiota: An important player in type 2 diabetes mellitus [J]. Frontiers in Cellular and Infection Microbiology, 2022, 12: 834485.

[281] AL SAMARRAIE A, PICHETTE M, ROUSSEAU G. Role of the gut microbiome in the development of atherosclerotic cardiovascular disease [J]. International Journal of Molecular Sciences, 2023, 24(6): 5420.

[282] MOHAJERI M H, LA FATA G, STEINERT R E, et al. Relationship between the gut microbiome and brain function [J]. Nutrition Reviews, 2018, 76(7): 481-496.

[283] FAN Y, PEDERSEN O. Gut microbiota in human metabolic health and disease [J]. Nature Reviews Microbiology, 2021, 19: 55-71.

[284] OOZEER R, RESCIGNO M, ROSS R P, et al. Gut health: Predictive biomarkers for preventive medicine and development of functional foods [J]. The British Journal of Nutrition, 2010, 103(10): 1539-1544.

[285] TACKMANN J, ARORA N, SCHMIDT T S B, et al. Ecologically informed microbial biomarkers and accurate classification of mixed and unmixed samples in an extensive cross-study of human body sites [J]. Microbiome, 2018, 6(1): 192.

[286] ASADI A, SHADAB MEHR N, MOHAMADI M H, et al. Obesity and gut-microbiota-brain axis: A narrative review [J]. Journal of Clinical Laboratory Analysis, 2022, 36(5): e24420.

[287] STANISLAWSKI M A, DABELEA D, LANGE L A, et al. Gut microbiota phenotypes of obesity [J]. NPJ Biofilms and Microbiomes, 2019, 5: 18.

[288] HUGERTH L W, ANDREASSON A, TALLEY N J, et al. No distinct microbiome signature of irritable bowel syndrome found in a Swedish random population [J]. Gut, 2020, 69(6): 1076-1084.

[289] MANOR O, DAI C L, KORNILOV S A, et al. Health and disease markers correlate with gut microbiome composition across thousands of people [J]. Nature Communications, 2020, 11: 5206.

[290] YANG Y Q, CHEN N, CHEN T. Inference of environmental factor-microbe and microbe-microbe associations from metagenomic data using a hierarchical Bayesian statistical model [J]. Cell Systems, 2017, 4(1): 129-137. e5.

[291] PASOLLI E, TRUONG D T, MALIK F, et al. Machine learning meta-analysis of large metagenomic datasets: Tools and biological insights [J]. PLoS Computational Biology, 2016, 12(7): e1004977.

[292] TIERNEY B T, HE Y X, CHURCH G M, et al. The predictive power of the microbiome exceeds that of genome-wide association studies in the discrimination of complex human disease[J]. BioRxiv, 2020: 2019. 12. 31. 891978.

[293] SALOSENSAARI A, LAITINEN V, HAVULINNA A S, et al. Taxonomic signatures of long-term mortality risk in human gut microbiota[J]. Epidemiology, 2020, 12(30).

[294] KHAN I, ULLAH N, ZHA L J, et al. Alteration of gut microbiota in inflammatory bowel disease (IBD):Cause or consequence? IBD treatment targeting the gut microbiome [J]. Pathogens, 2019, 8(3): 126.

[295] KNOX N C, FORBES J D, VAN DOMSELAAR G, et al. The gut microbiome as a target for IBD treatment:Are we there yet? [J]. Current Treatment Options in Gastroenterology, 2019, 17(1): 115-126.

[296] LABUS J S, HOLLISTER E B, JACOBS J, et al. Differences in gut microbial composition correlate with regional brain volumes in irritable bowel syndrome [J]. Microbiome, 2017, 5(1): 49.

[297] PYLERIS E, GIAMARELLOS-BOURBOULIS E J, TZIVRAS D, et al. The prevalence of overgrowth by aerobic bacteria in the small intestine by small bowel culture: Relationship with irritable bowel syndrome [J]. Digestive Diseases and Sciences, 2012, 57(5): 1321-1329.

[298] ZOLLNER-SCHWETZ I, HERZOG K A T, FEIERL G, et al. The toxin-producing pathobiont klebsiella oxytoca is not associated with flares of inflammatory bowel diseases [J]. Digestive Diseases and Sciences, 2015, 60(11): 3393-3398.

[299] LLOYD-PRICE J, ARZE C, ANANTHAKRISHNAN A N, et al. Multi-omics of the gut microbial ecosystem in inflammatory bowel diseases [J]. Nature, 2019, 569: 655-662.

[300] FRANK D N, ST AMAND A L, FELDMAN R A, et al. Molecular-phylogenetic characterization of microbial community imbalances in human inflammatory bowel diseases [J]. Proceedings of the National Academy of Sciences of the United States of America, 2007, 104(34): 13780-13785.

[301] SAULNIER D M, RIEHLE K, MISTRETTA T A, et al. Gastrointestinal microbiome signatures of pediatric patients with irritable bowel syndrome [J]. Gastroenterology, 2011, 141(5): 1782-1791.

[302] GIONGO A, GANO K A, CRABB D B, et al. Toward defining the autoimmune microbiome for type 1 diabetes [J]. The ISME Journal,

2011，5(1)：82-91.

[303] BROWN C T，DAVIS-RICHARDSON A G，GIONGO A，et al. Gut microbiome metagenomics analysis suggests a functional model for the development of autoimmunity for type 1 diabetes [J]. PLoS One，2011，6(10)：e25792.

[304] VAN NOOD E，VRIEZE A，NIEUWDORP M，et al. Duodenal infusion of donor feces for recurrent Clostridium difficile [J]. The New England Journal of Medicine，2013，368(5)：407-415.

[305] CHEN Y F，YANG F L，LU H F，et al. Characterization of fecal microbial communities in patients with liver cirrhosis [J]. Hepatology，2011，54(2)：562-572.

[306] SOBHANI I，TAP J，ROUDOT-THORAVAL F，et al. Microbial dysbiosis in colorectal cancer (CRC) patients [J]. PLoS One，2011，6(1)：e16393.

[307] DICKSVED J，HALFVARSON J，ROSENQUIST M，et al. Molecular analysis of the gut microbiota of identical twins with Crohn's disease [J]. The ISME Journal，2008，2(7)：716-727.

[308] MANICHANH C，RIGOTTIER-GOIS L，BONNAUD E，et al. Reduced diversity of faecal microbiota in Crohn's disease revealed by a metagenomic approach [J]. Gut，2006，55(2)：205-211.

[309] SOKOL H，SEKSIK P，RIGOTTIER-GOIS L，et al. Specificities of the fecal microbiota in inflammatory bowel disease [J]. Inflammatory Bowel Diseases，2006，12(2)：106-111.

[310] VAN KEULEN K，KNOL W，SCHRIJVER E J M，et al. Prophylactic use of haloperidol and changes in glucose levels in hospitalized older patients [J]. Journal of Clinical Psychopharmacology，2018，38(1)：51-54.

[311] COZMA-PETRUŢ A，LOGHIN F，MIERE D，et al. Diet in irritable bowel syndrome：What to recommend，not what to forbid to patients! [J]. World Journal of Gastroenterology，2017，23(21)：3771-3783.

[312] SIMRÉN M, BARBARA G, FLINT H J, et al. Intestinal microbiota in functional bowel disorders: A Rome foundation report [J]. Gut, 2013, 62(1): 159-176.

[313] SIMPSON M, LYON C. PURL: Do probiotics reduce C diff risk in hospitalized patients? [J]. The Journal of Family Practice, 2019, 68(6): 351;352;354.

[314] LOMER M C E, PARKES G C, SANDERSON J D. Review article: Lactose intolerance in clinical practice—myths and realities [J]. Alimentary Pharmacology & Therapeutics, 2008, 27(2): 93-103.

[315] LIND L, INGELSSON E, SUNDSTRÖM J, et al. Methylation-based estimated biological age and cardiovascular disease [J]. European Journal of Clinical Investigation, 2018, 48(2): 10.1111/eci.12872.

[316] SPENCE J D, PILOTE L. Importance of sex and gender in atherosclerosis and cardiovascular disease [J]. Atherosclerosis, 2015, 241(1): 208-210.

[317] BERG G, RYBAKOVA D, FISCHER D, et al. Microbiome definition re-visited: Old concepts and new challenges [J]. Microbiome, 2020, 8(1): 103.

[318] FOSTER J A, MCVEY NEUFELD K A. Gut-brain axis: How the microbiome influences anxiety and depression [J]. Trends in Neurosciences, 2013, 36(5): 305-312.

[319] GEHRIG J L, VENKATESH S, CHANG H W, et al. Effects of microbiota-directed foods in gnotobiotic animals and undernourished children [J]. Science, 2019, 365(6449): eaau4732.

[320] CHU H, KHOSRAVI A, KUSUMAWARDHANI I P, et al. Gene-microbiota interactions contribute to the pathogenesis of inflammatory bowel disease [J]. Science, 2016, 352(6289): 1116-1120.

[321] PEDERSEN H K, GUDMUNDSDOTTIR V, NIELSEN H B, et al. Human gut microbes impact host serum metabolome and insulin sensitivity [J]. Nature, 2016, 535: 376-381.

[322] JIE Z Y, XIA H H, ZHONG S L, et al. The gut microbiome in atherosclerotic cardiovascular disease [J]. Nature Communications, 2017, 8: 845.

[323] SAMPSON T R, MAZMANIAN S K. Control of brain development, function, and behavior by the microbiome [J]. Cell Host & Microbe, 2015, 17(5): 565-576.

[324] DAVAR D, DZUTSEV A K, MCCULLOCH J A, et al. Fecal microbiota transplant overcomes resistance to anti-PD-1 therapy in melanoma patients [J]. Science, 2021, 371(6529): 595-602.

[325] YANG W J, CONG Y Z. Gut microbiota-derived metabolites in the regulation of host immune responses and immune-related inflammatory diseases [J]. Cellular & Molecular Immunology, 2021, 18: 866-877.

[326] SKELLY A N, SATO Y, KEARNEY S, et al. Mining the microbiota for microbial and metabolite-based immunotherapies [J]. Nature Reviews Immunology, 2019, 19: 305-323.

[327] SANNA S, VAN ZUYDAM N R, MAHAJAN A, et al. Causal relationships among the gut microbiome, short-chain fatty acids and metabolic diseases [J]. Nature Genetics, 2019, 51: 600-605.

[328] KLÜNEMANN M, ANDREJEV S, BLASCHE S, et al. Bioaccumulation of therapeutic drugs by human gut bacteria [J]. Nature, 2021, 597: 533-538.

[329] SHOCK T, BADANG L, FERGUSON B, et al. The interplay between diet, gut microbes, and host epigenetics in health and disease [J]. The Journal of Nutritional Biochemistry, 2021, 95: 108631.

[330] SHAPIRO H, GOLDENBERG K, RATINER K, et al. Smoking-induced microbial dysbiosis in health and disease [J]. Clinical Science, 2022, 136(18): 1371-1387.

[331] FORSLUND S K, CHAKAROUN R, ZIMMERMANN-KOGADEEVA M, et al. Combinatorial, additive and dose-dependent drug-microbiome associations [J]. Nature, 2021, 600: 500-505.

[332] YAO G C, ZHANG W L, YANG M L, et al. MicroPhenoDB associates metagenomic data with pathogenic microbes, microbial core genes, and human disease phenotypes [J]. Genomics, Proteomics & Bioinformatics, 2020, 18(6): 760-772.

[333] TANG J, WU X L, MOU M J, et al. GIMICA: Host genetic and immune factors shaping human microbiota [J]. Nucleic Acids Research, 2021, 49(D1): D715-D722.

[334] ZENG X, YANG X, FAN J J, et al. MASI: Microbiota-active substance interactions database [J]. Nucleic Acids Research, 2021, 49(D1): D776-D782.

[335] SKOUFOS G, KARDARAS F S, ALEXIOU A, et al. Peryton: A manual collection of experimentally supported microbe-disease associations [J]. Nucleic Acids Research, 2021, 49(D1): D1328-D1333.

[336] FARRELL M J, BRIERLEY L, WILLOUGHBY A, et al. Past and future uses of text mining in ecology and evolution [J]. Proceedings Biological Sciences, 2022, 289(1975): 20212721.

[337] GU W H, YANG X, YANG M H, et al. MarkerGenie: An NLP-enabled text-mining system for biomedical entity relation extraction [J]. Bioinformatics Advances, 2022, 2(1): vbac035.

[338] WU C K, XIAO X Y, YANG C Q, et al. Mining microbe-disease interactions from literature via a transfer learning model [J]. BMC Bioinformatics, 2021, 22(1): 432.

[339] FU C C, ZHONG R, JIANG X B, et al. An integrated knowledge graph for microbe-disease associations [C]//Health Information Science: 9th International Conference, HIS 2020, Amsterdam, The Netherlands, October 20-23, 2020, Proceedings 9. Springer International Publishing, 2020: 79-90.

[340] WU S C, SUN C Q, LI Y Z, et al. GMrepo: A database of curated and consistently annotated human gut metagenomes [J]. Nucleic Acids Research, 2020, 48(D1): D545-D553.

[341] REYNOLDS C S, WALSBY A E. WATER-BLOOMS [J]. Biological Reviews, 1975, 50(4): 437-481.

[342] VAN DEN HOEK C, MANN D G, JAHNS H M. Algae: an introduction to phycology [M]. Cambridge: Cambridge University Press, 1995.

[343] ANZECC A. Australian and New Zealand guidelines for fresh and marine water quality [J]. Australian and New Zealand Environment and Conservation Council and Agriculture and Resource Management Council of Australia and New Zealand, Canberra, 2000, 1: 1-314.

[344] 胡鸿钧. 水华蓝藻生物学 [M]. 北京：科学出版社，2011.

[345] 谢雄飞，肖锦. 水体富营养化问题评述 [J]. 四川环境，2000，19(2): 22-25.

[346] PETTERSSON L H, POZDNYAKOV D. Monitoring of Harmful Algal Blooms [M]. Berlin, Heidelberg: Springer Berlin Heidelberg, 2012.

[347] PAERL H W. Mitigating harmful cyanobacterial blooms in a human- and climatically-impacted world [J]. Life, 2014, 4(4): 988-1012.

[348] QIN B Q, ZHU G W, GAO G, et al. A drinking water crisis in Lake Taihu, China: Linkage to climatic variability and lake management [J]. Environmental Management, 2010, 45(1): 105-112.

[349] GUO L. Doing battle with the green monster of Taihu Lake [J]. Science, 2007, 317(5842): 1166.

[350] PAERL H W, HALL N S, CALANDRINO E S. Controlling harmful cyanobacterial blooms in a world experiencing anthropogenic and climatic-induced change [J]. The Science of the Total Environment, 2011, 409(10): 1739-1745.

[351] MOU X Z, JACOB J, LU X X, et al. Diversity and distribution of free-living and particle-associated bacterioplankton in Sandusky Bay and adjacent waters of Lake Erie Western Basin [J]. Journal of Great Lakes Research, 2013, 39(2): 352-357.

[352] LIU Y M, CHEN W, LI D H, et al. Cyanobacteria-/ cyanotoxin-

contaminations and eutrophication status before Wuxi drinking water crisis in Lake Taihu, China [J]. Journal of Environmental Sciences (China), 2011, 23(4): 575-581.

[353] CATHERINE Q, SUSANNA W, ISIDORA E S, et al. A review of current knowledge on toxic benthic freshwater cyanobacteria—ecology, toxin production and risk management [J]. Water Research, 2013, 47(15): 5464-5479.

[354] CARMICHAEL W W. Health effects of toxin-producing cyanobacteria: "the CyanoHABs" [J]. Human and Ecological Risk Assessment, 2001, 7(5): 1393-1407.

[355] 戴秀丽，钱佩琪，叶凉，等. 太湖水体氮、磷浓度演变趋势(1985—2015年)[J]. 湖泊科学，2016，28(5)：935-943.

[356] 中国科学院南京地理研究所. 太湖综合调查初步报告 [M]. 北京：科学出版社，1965.

[357] 钱奎梅，陈宇炜，宋晓兰. 太湖浮游植物优势种长期演化与富营养化进程的关系 [J]. 生态科学，2008，27(2)：65-70.

[358] 宋晓兰，刘正文，潘宏凯，等. 太湖梅梁湾与五里湖浮游植物群落的比较 [J]. 湖泊科学，2007，19(6)：643-651.

[359] 李娣，李旭文，牛志春，等. 太湖浮游植物群落结构及其与水质指标间的关系 [J]. 生态环境学报，2014,23(11)：1814-1820.

[360] 秦伯强，王小冬，汤祥明，等. 太湖富营养化与蓝藻水华引起的饮用水危机——原因与对策 [J]. 地球科学进展，2007，22(9)：896-906.

[361] 陆桂华，张建华，等. 太湖蓝藻监测处置与湖泛成因 [M]. 北京：科学出版社，2011.

[362] 陆桂华，张建华，马倩，等. 太湖生态清淤及调水引流 [M]. 北京：科学出版社，2012.

[363] 朱明胜，蒋加新，朱法明，等. 增殖放流对太湖水环境治理的作用及相关政策建议 [J]. 渔业信息与战略，2017，32(3)：191-196.

[364] BELL W, MITCHELL R. Chemotactic and growth responses of marine bacteria to algal extracellular products [J]. The Biological Bulletin,

1972, 143(2): 265-277.

[365] XING P, GUO L, TIAN W, et al. Novel Clostridium populations involved in the anaerobic degradation of Microcystis blooms [J]. The ISME Journal, 2011, 5(5): 792-800.

[366] PANG X H, SHEN H, NIU Y, et al. Dissolved organic carbon and relationship with bacterioplankton community composition in 3 lake regions of Lake Taihu, China [J]. Canadian Journal of Microbiology, 2014, 60(10): 669-680.

[367] KAPUSTINA L L. Experimental study of Microcystis-associated and free-living bacteria [J]. Microbiology, 2006, 75(5): 606-610.

[368] YANG L, WEI H Y, KOMATSU M, et al. Isolation and characterization of bacterial isolates algicidal against a harmful bloom-forming cyanobacterium Microcystis aeruginosa [J]. Biocontrol Science, 2012, 17(3): 107-114.

[369] DUNYACH-REMY C, CADIÈRE A, RICHARD J L, et al. Polymerase chain reaction-denaturing gradient gel electrophoresis (PCR-DGGE): A promising tool to diagnose bacterial infections in diabetic foot ulcers [J]. Diabetes & Metabolism, 2014, 40(6): 476-480.

[370] PRABHAKAR A, BISHOP A H. Comparative studies to assess bacterial communities on the clover phylloplane using MLST, DGGE and T-RFLP [J]. World Journal of Microbiology and Biotechnology, 2014, 30(1): 153-161.

[371] XIONG X M, HU Y L, YAN N F, et al. PCR-DGGE analysis of the microbial communities in three different Chinese "Baiyunbian" liquor fermentation starters [J]. Journal of Microbiology and Biotechnology, 2014, 24(8): 1088-1095.

[372] MOHIT V, ARCHAMBAULT P, TOUPOINT N, et al. Phylogenetic differences in attached and free-living bacterial communities in a temperate coastal lagoon during summer, revealed via high-throughput 16S rRNA gene sequencing [J]. Applied and Environmental

Microbiology, 2014, 80(7): 2071-2083.

[373] WHITELEY A S, JENKINS S, WAITE I, et al. Microbial 16S rRNA Ion Tag and community metagenome sequencing using the Ion Torrent (PGM) Platform [J]. Journal of Microbiological Methods, 2012, 91(1): 80-88.

[374] GUGLIANDOLO C, LENTINI V, MAUGERI T L. Distribution and diversity of bacteria in a saline meromictic lake as determined by PCR-DGGE of 16S rRNA gene fragments [J]. Current Microbiology, 2011, 62(1): 159-166.

[375] CLAESSON M J, WANG Q, O'SULLIVAN O, et al. Comparison of two next-generation sequencing technologies for resolving highly complex microbiota composition using tandem variable 16S rRNA gene regions [J]. Nucleic Acids Research, 2010, 38(22): e200.

[376] ZHANG J Y, ZHU C M, GUAN R, et al. Microbial profiles of a drinking water resource based on different 16S rRNA V regions during a heavy cyanobacterial bloom in Lake Taihu, China [J]. Environmental Science and Pollution Research, 2017, 24(14): 12796-12808.

[377] TANG X M, LI L L, SHAO K Q, et al. Pyrosequencing analysis of free-living and attached bacterial communities in Meiliang Bay, Lake Taihu, a large eutrophic shallow lake in China [J]. Canadian Journal of Microbiology, 2015, 61(1): 22-31.

[378] PARVEEN B, RAVET V, DJEDIAT C, et al. Bacterial communities associated with Microcystis colonies differ from free-living communities living in the same ecosystem [J]. Environmental Microbiology Reports, 2013, 5(5): 716-724.

[379] SHI L M, CAI Y F, KONG F X, et al. Changes in abundance and community structure of bacteria associated with buoyant Microcystis colonies during the decline of cyanobacterial bloom (autumn-winter transition) [J]. Annales De Limnologie - International Journal of Limnology, 2011, 47(4): 355-362.

[380] STEFFEN M M, LI Z, EFFLER T C, et al. Comparative metagenomics of toxic freshwater cyanobacteria bloom communities on two continents [J]. PLoS One, 2012, 7(8): e44002.

[381] HU C M, LEE Z P, MA R H, et al. Moderate Resolution Imaging Spectroradiometer (MODIS) observations of cyanobacteria blooms in Taihu Lake, China [J]. Journal of Geophysical Research: Oceans, 2010, 115(C4): 261-263.

[382] OKSANEN J, KINDT R, O′HARA R B, et al. vegan: community ecology package. Version 2. 0-2 [J]. R package URL, 2011, 48(9): 1-21.

[383] STODDARD S F, SMITH B J, HEIN R, et al. rrnDB: Improved tools for interpreting rRNA gene abundance in bacteria and Archaea and a new foundation for future development [J]. Nucleic Acids Research, 2015, 43(D1): D593-D598.

[384] WU L W, YANG Y F, CHEN S, et al. Microbial functional trait of rRNA operon copy numbers increases with organic levels in anaerobic digesters [J]. The ISME Journal, 2017, 11(12): 2874-2878.

[385] ZHOU J Z, DENG Y, LUO F, et al. Functional molecular ecological networks [J]. mBio, 2010, 1(4): e00169-e00110.

[386] ZHOU J Z, DENG Y, LUO F, et al. Phylogenetic molecular ecological network of soil microbial communities in response to elevated CO_2 [J]. mBio, 2011, 2(4): e00122-e00111.

[387] GERLOFF G C, SKOOG F. Cell contents of nitrogen and phosphorous as a measure of their availability for growth of microcystis aeruginosa [J]. Ecology, 1954, 35(3): 348-353.

[388] SOMMER U. Nutrient status and nutrient competition of phytoplankton in a shallow, hypertrophic lake [J]. Limnology and Oceanography, 1989, 34(7): 1162-1173.

[389] VÉZIE C, RAPALA J, VAITOMAA J, et al. Effect of nitrogen and phosphorus on growth of toxic and nontoxic microcystis strains and on

intracellular microcystin concentrations [J]. Microbial Ecology, 2002, 43(4): 443-454.

[390] HECKY R E, KILHAM P. Nutrient limitation of phytoplankton in freshwater and marine environments: A review of recent evidence on the effects of enrichment [J]. Limnology and Oceanography, 1988, 33(4_part_2): 796-822.

[391] DELWICHE C C. The nitrogen cycle [J]. Scientific American, 1970, 223(3): 136-146.

[392] NIU Y, SHEN H, CHEN J, et al. Phytoplankton community succession shaping bacterioplankton community composition in Lake Taihu, China [J]. Water Research, 2011, 45(14): 4169-4182.

[393] ZHANG X W, FU J, SONG S, et al. Interspecific competition between Microcystis aeruginosa and Anabaena flos-aquae from Taihu Lake, China [J]. Zeitschrift Fur Naturforschung C, Journal of Biosciences, 2014, 69(1/2): 53-60.

[394] FERNÁNDEZ C, ESTRADA V, PARODI E R. Factors triggering cyanobacteria dominance and succession during blooms in a hypereutrophic drinking water supply reservoir [J]. Water, Air, & Soil Pollution, 2015, 226(3): 73.

[395] WU W J, LI G B, LI D H, et al. Temperature may be the dominating factor on the alternant succession of aphanizomenon flos-aquae and microcystis aeruginosa in Dianchi lake [J]. Fresenius Environmental Bulletin, 2010, 19(5): 846-853.

[396] PECHAL J L, CRIPPEN T L, BENBOW M E, et al. The potential use of bacterial community succession in forensics as described by high throughput metagenomic sequencing [J]. International Journal of Legal Medicine, 2014, 128(1): 193-205.

[397] LIU Z Z, ZHU J P, LI M, et al. Effects of freshwater bacterial siderophore on Microcystis and Anabaena [J]. Biological Control, 2014, 78: 42-48.

[398] FIORE M F, ALVARENGA D O, VARANI A M, et al. Draft genome sequence of the Brazilian toxic bloom-forming cyanobacterium microcystis aeruginosa strain SPC777 [J]. Genome Announcements, 2013, 1(4): e00547-e00513.

[399] TILMAN D. Resource competition and community structure [M]. Princeton, NJ: Princeton University Press, 1982.

[400] HIBBING M E, FUQUA C, PARSEK M R, et al. Bacterial competition:Surviving and thriving in the microbial jungle [J]. Nature Reviews Microbiology, 2010, 8: 15-25.

[401] LAURO F M, MCDOUGALD D, THOMAS T, et al. The genomic basis of trophic strategy in marine bacteria [J]. Proceedings of the National Academy of Sciences of the United States of America, 2009, 106(37): 15527-15533.

[402] VIEIRA-SILVA S, ROCHA E P C. The systemic imprint of growth and its uses in ecological (meta) genomics [J]. PLoS Genetics, 2010, 6 (1): e1000808.

[403] NEMERGUT D R, KNELMAN J E, FERRENBERG S, et al. Decreases in average bacterial community rRNA operon copy number during succession [J]. The ISME Journal, 2016, 10(5): 1147-1156.

[404] KOMÁRKOVÁ J, JEZBEROVÁ J, KOMÁREK O, et al. Variability of Chroococcus (Cyanobacteria) morphospecies with regard to phylogenetic relationships [J]. Hydrobiologia, 2010, 639(1): 69-83.

[405] XING P, KONG F X, CAO H S, et al. Relationship between bacterioplankton and phytoplankton community dynamics during late spring and early summer in Lake Taihu, China [J]. Acta Ecologica Sinica, 2007, 27(5): 1696-1702.

[406] WILHELM S W, FARNSLEY S E, LECLEIR G R, et al. The relationships between nutrients, cyanobacterial toxins and the microbial community in Taihu (Lake Tai), China [J]. Harmful Algae, 2011, 10 (2): 207-215.

[407] MONTOYA J M, PIMM S L, SOLÉ R V. Ecological networks and their fragility [J]. Nature, 2006, 442: 259-264.

[408] WOLIÑKA A, KUZNIAR A, ZIELENKIEWICZ U, et al. Metagenomic analysis of some potential nitrogen-fixing bacteria in arable soils at different formation processes [J]. Microbial Ecology, 2017, 73(1): 162-176.

[409] WIERSINGA W J, VAN DER POLL T, WHITE N J, et al. Melioidosis: Insights into the pathogenicity of Burkholderia pseudomallei [J]. Nature Reviews Microbiology, 2006, 4: 272-282.

[410] SALINERO K K, KELLER K, FEIL W S, et al. Metabolic analysis of the soil microbe Dechloromonas aromatica str. RCB: Indications of a surprisingly complex life-style and cryptic anaerobic pathways for aromatic degradation [J]. BMC Genomics, 2009, 10(1): 351.

[411] COATES J D, CHAKRABORTY R, LACK J G, et al. Anaerobic benzene oxidation coupled to nitrate reduction in pure culture by two strains of Dechloromonas [J]. Nature, 2001, 411: 1039-1043.

[412] BEVERSDORF L J, MILLER T R, MCMAHON K D. The role of nitrogen fixation in cyanobacterial bloom toxicity in a temperate, eutrophic lake [J]. PLoS One, 2013, 8(2): e56103.

[413] BLOMQVIST P, PETTERSSON A, HYENSTRAND P. Ammonium-nitrogen: A key regulatory factor causing dominance of non-nitrogen-fixing cyanobacteria in aquatic systems [J]. Archiv Für Hydrobiologie, 1994, 132(2): 141-164.

[414] CONLEY D J, PAERL H W, HOWARTH R W, et al. Controlling eutrophication: Nitrogen and phosphorus [J]. Science, 2009, 323(5917): 1014-1015.

[415] ZENG Y H, SELYANIN V, LUKEŠ M, et al. Characterization of the microaerophilic, bacteriochlorophyll a-containing bacterium Gemmatimonas phototrophica sp. nov., and emended descriptions of the genus Gemmatimonas and Gemmatimonas aurantiaca [J]. International Journal of Systematic and

Evolutionary Microbiology, 2015, 65(8): 2410-2419.

[416] CHEN C, ZHANG Z C, DING A Z, et al. Bar-Coded Pyrosequencing Reveals the Bacterial Community during Microcystis water Bloom in Guanting Reservoir, Beijing [J]. Procedia Engineering, 2011, 18: 341-346.

[417] QU J H, YUAN H L. Sediminibacterium salmoneum gen. nov., sp. nov., a member of the Phylum Bacteroidetes isolated from sediment of a eutrophic reservoir [J]. International Journal of Systematic and Evolutionary Microbiology, 2008, 58(9): 2191-2194.

[418] SHIA L M, CAI Y F, WANG X Y, et al. Community structure of bacteria associated with Microcystis Colonies from cyanobacterial blooms [J]. Journal of Freshwater Ecology, 2010, 25(2): 193-203.

[419] SHI L M, CAI Y F, KONG F X, et al. Specific association between bacteria and buoyant Microcystis colonies compared with other bulk bacterial communities in the eutrophic Lake Taihu, China [J]. Environmental Microbiology Reports, 2012, 4(6): 669-678.

[420] DERRIEN M, VEIGA P. Rethinking diet to aid human-microbe symbiosis [J]. Trends in Microbiology, 2017, 25(2): 100-112.